灵渠秦堤渗水病害研究与治理

刘立志 张进德 陆卫 贾洪彪◎编著

知识产权出版社
全国百佳图书出版单位
—北京—

图书在版编目（CIP）数据

灵渠秦堤渗水病害研究与治理 / 刘立志等编著. —北京：知识产权出版社，2024.8.
ISBN 978-7-5130-9404-7

Ⅰ. TV698.2

中国国家版本馆 CIP 数据核字第 2024KF8860 号

内容简介

本书是在对灵渠秦堤渗水病害治理工程研究与实施的基础上撰写的。全书紧密围绕秦堤渗水病害治理这一难题，采用现场调查与测试、物探勘测、现场监测、理论分析、数值模拟计算等综合方法对秦堤渗水病害形成机理、影响因素及对文物保护的威胁开展系统研究，在此基础上制定治理方案并实施。结合治理效果监测与评价，得出治理工程十分有效的结论，为同类别文物保护积累了宝贵经验，有进一步推广的价值。

本书可供文物保护、水利工程、地质工程等领域的科研人员、工程技术人员及高等院校相关专业的师生参考。

责任编辑： 张雪梅　　**责任印制：** 刘译文

封面设计： 杨杨工作室・张冀

灵渠秦堤渗水病害研究与治理

LINGQU QINDI SHENSHUI BINGHAI YANJIU YU ZHILI

刘立志　张进德　陆　卫　贾洪彪　编著

出版发行：	知识产权出版社有限责任公司	网　　址：	http://www.ipph.cn
电　　话：	010-82004826		http://www.laichushu.com
社　　址：	北京市海淀区气象路 50 号院	邮　　编：	100081
责编电话：	010-82000860 转 8171	责编邮箱：	laichushu@cnipr.com
发行电话：	010-82000860 转 8101	发行传真：	010-82000893
印　　刷：	三河市国英印务有限公司	经　　销：	新华书店、各大网上书店及相关专业书店
开　　本：	720mm×1000mm　1/16	印　　张：	14
版　　次：	2024 年 8 月第 1 版	印　　次：	2024 年 8 月第 1 次印刷
字　　数：	240 千字	定　　价：	89.00 元

ISBN 978-7-5130-9404-7

前　言

灵渠开凿于秦代，距今已有2200多年的历史，是我国现存并且还在继续使用的世界上最古老的运河之一。灵渠集交通、漕运、灌溉、防洪等功能于一体，从秦汉时期的军事和政治用途，到唐宋时期水运商贸渠道的功能转换，至元明清时期逐渐形成航道、农田、县治、自然村落、商贸集市为一体的综合文化景观，发展到近现代的农田利用和文化遗产综合保护利用，为我国社会发展进程作出了不可磨灭的贡献，更是历史的见证和社会融合与发展的见证。

灵渠秦堤是指灵渠南渠南陡口到兴安城区上水门街口灵渠和湘江故道之间约2千米长的堤岸。受堤岸两侧上下水位差等地质、自然原因影响，秦堤堤坝渗水严重，坝体内部土体流失严重，坝体顶部地表出现大小不一的下沉陷坑，地表路面也破损不堪，对秦堤坝体文物本体造成较大的危害，对灵渠的正常使用、管理人员和游人安全造成较大影响。渗水最严重、影响较大的区段为美龄桥—粟家桥段（长约1150m）。2011年9月广西壮族自治区文物局和兴安县博物馆决定对秦堤渗水严重的区段进行整体治理。2011年12月—2012年3月，通过多次方案讨论比选，确定完成灵渠渗水治理及环境整治工程方案设计。国家文物局于2012年5月通过专家评审。项目实施分两期完成：一期为美龄桥至泄水天平渗水治理，堤坝渗水治理长度约为500m，2013年9月开工，2014年6月完工；二期为泄水天平至粟家桥渗水治理和渠首大小天平环境整治，堤坝渗水治理长度约为650m，2014年6月开工，2016年10月完工（其中渗水部分2015年5月完工）。

为实时监控堤坝注浆加固效果，由中国地质大学（武汉）承担第三方现场渗水监测任务，并对堤坝渗水机理进行建模分析对比研究，以对现场渗水治理工程的实施进行指导。在项目实施过程中，根据注浆钻孔揭露地层情况、监测孔水位变化、周边泄水孔漏浆情况等对钻孔深度、钻孔数量和注浆压力、旋喷桩注浆方向等进行局部调整，使得堤坝内部渗水通道得到有效填充封堵，和旋喷桩形成有效的防渗墙体。通过对现场渗水的监测分析和施工中的调整控制，项目实施完成后，渗水治理效果明显，所有原渗流点均不再出现渗流现象，堤坝外侧（湘江岸）挡墙表面潮湿现象消失。在渗水注浆加固工程完成后的2016—2018年连续三年雨季洪水期间，现场查看渗水治理区域洪水冲刷和浸泡情况下堤坝渗漏和地表塌陷或局部变化等情况，没有发现堤坝出现渗漏和堤坝地面塌陷变形的问题。经过2015—2023年的长期观测，在渗水治理区域没有出现堤坝渗水痕迹和地表变形塌陷等问题，表明该项目渗水治理措施比较合理，效果明显。

本书主要内容包括：灵渠简介、构成、历史沿革等概况，秦堤渗水病害现状及表现形式，秦堤渗水数值模拟分析、影响因素量化分析及变形预测，渗水治理措施和施工概况，渗水治理效果监测分析。本书以具体项目为依托，以理论与实践相结合为原则，全面、系统地介绍秦堤渗水治理加固技术。通过建模分析研究渗水机理，根据现场监测数据检验、分析渗水治理效果和指导工程实施，保证渗水治理措施和现场施工的可行性和可靠性，是该项目渗水机理研究分析和工程措施合理验证的有益经验，可为类似项目提供一定的借鉴。

本书由多个单位的人员共同撰写，其中第1章由兴安县灵渠保护中心蒋官元、陈兴华和灵渠博物院唐莉静、左志强、李怀平、秦幸福等整理编写；第2、3章和第6章设计部分由中铁西北科学研究院有限公司吴冠仲高级工程师、苏文俊高级工程师整理编写；第6章施工部分主要由广西文物保护研究设计中心整理编写；第4、5、7章由中国地质大学（武汉）贾洪彪教授和研究生王涛等整理编写。

感谢广西文物保护研究设计中心和广西鼎之晟园林古建筑工程有限公司资助本书出版。

由于编者水平有限，加之地下水渗流情况复杂、地下岩土成分及分布不均一，且渗水建模理论计算方法及材料、施工技术等不断发展，书中难免有疏漏和不足之处，敬请读者批评指正。

目　　录

第1章 灵渠概况

1.1 灵渠简介

灵渠，古称秦凿渠、零渠、陡河、兴安运河、湘桂运河，是我国古代劳动人民创造的一项伟大工程。灵渠位于广西壮族自治区兴安县境内，全长36.4km，分为南北两渠，其中南渠长33.15km，北渠长3.25km，于公元前214年凿成通航。灵渠流向由东向西，将兴安县东面的海洋河（湘江源头，流向为由南向北）和兴安县西面的大溶江（漓江源头，流向为由北向南）相连，是一条连接湖南湘江和广西漓江两大河流的古运河，与陕西的郑国渠、四川的都江堰一道并称为“秦代三大水利工程”，郭沫若先生称之为“与长城南北相呼应，同为世界之奇观”，有着“世界古代水利建筑明珠”的美誉。

灵渠，连接湘、漓二江，沟通了长江和珠江两大水系，成为北接湖广、南连两粤的水运交通枢纽。从洞庭出发南下，进入湘江，经灵渠入漓江，接桂江入西江，在广东三水汇于珠江。灵渠是连接湘江与漓江、长江流域与珠江流域、中原与岭南的一条古代运河，主要由大小天平坝、铧嘴、南北两渠、秦堤、泄水天平、陡门、堰坝、古桥、水涵及其上的附属建筑物、附属设施等构成。灵渠开凿于秦代，距今已有2200多年的历史，是我国现存并且还在继续使用的世界上最古老的运河之一。灵渠集交通、漕运、灌溉、防洪等功能于一体，从最初用于粮草运输，到后来成为不可忽视的通商渠道，为我国社会发展作出了不可磨灭的贡献，更是历史的见证。灵渠是世界上最古老的运河，显示了中国的智慧和伟力，以及我国古代水利建设的先进水平。

1963年2月26日灵渠被列为广西壮族自治区重点文物保护单位，1988年1月13日国务院批准灵渠为全国重点文物保护单位。2007年灵渠列入世界文化遗产预备名单，2012年列入更新后的世界文化遗产预备名单，2018年8月

14日入选2018年（第五批）世界灌溉工程遗产名录。

1.2 灵渠发展历史

灵渠开凿于秦始皇三十三年以前，是世界上最古老的运河之一。其东接湘江，西连漓江，沟通了长江及珠江两大水系，推动了秦始皇统一岭南的进程，促进了中国南疆的统一。灵渠的开通极大地方便了中原与岭南乃至东南亚在政治、文化、经济、外交等诸多领域的交流，在不同朝代、不同时期始终是人民生产生活与文化交流的重要纽带。南宋周去非说："尝观禄之遗迹，窃叹始皇之猜忍，其余威能罔水行舟，万世之下乃赖之。岂唯始皇，禄亦人杰矣。"对这一工程给予了"万世之下乃赖之"的评价，充分道出了灵渠的重要价值。灵渠历经两千余年的变迁，也带动了地方文化发展，如今，灵渠的水利设施及其周边的遗址、村落、农田、亭、桥、祠、庙，乃至诸多碑刻题记、诗词歌赋、信仰民俗等共同构成了以运河为核心的综合文化景观。

灵渠在历朝历代均得到广泛的利用和价值体现，根据其在不同历史时期的突出作用可分为以下几个阶段：先秦时期的创建前阶段、秦汉时期的创建阶段、唐宋时期的发展完善阶段、元明清时期的繁荣转型阶段、民国至20世纪70年代的近现代转型阶段及20世纪80年代以后的新时期遗产保护与综合利用阶段。

1.2.1 先秦时期：灵渠创建前阶段

早在上古时期，岭南越族及其先民就与中原王朝有一定的交通往来，进行着政治、经济、文化等方面的交往。"帝颛顼高阳者……北至于幽陵，南至于交趾，西至于流沙，东至于蟠木。"大约在新石器时代晚期，相传虞舜（公元前2255—前2207年）曾出巡岭南。"南抚交趾……北山戎……四海之内咸戴帝舜之功。""舜年二十以孝闻……践帝位三十九年，南巡狩，崩于苍梧之野。葬于江南九疑，是为零陵。"民间长期以来也有舜到过岭南的传说，桂林东北部有一独山名为舜山，又称虞山，唐代山上还建有舜祠。

商汤定四方献令，岭南地方开始命名为"南越"。《逸周书·商书·伊尹朝献》载："伊尹受命，于是为四方令曰：'臣请……正南，瓯、邓……请令以珠玑、玳瑁、象齿、文犀、翠羽、菌鹤、短狗为献'。"这里的"瓯"就是当时分布在广西境内百越民族的支系，这说明，在商汤时代，岭南与岭北地区在经济上已经有往来了，1977 年兴安县出土的商代的铜卣和铜斧印证了这一点。

到了周朝初期，岭南和岭北的交往更加频繁。生活在岭北（包括广大中原地区）的人们，对岭南的情况了解得更加详细，并将南越划分出较小的区域和民族，如南海、瓯人、雒人（即雒越人）等。周武王定南岭为藩服，使南海贡鱼革、珍珠、大贝，瓯人贡蝉蛇，洛人贡大竹。1976 年在灌阳出土了一口圈带纹铜钟，器物的形制、纹饰和中原出土的同类器物基本相同，属西周时期的器物。1971 年恭城县出土的文物中除了有与中原类似的器物，靴形钺和扁茎剑等则体现了地方特色，反映了当时南北文化的交流。

春秋战国时期，岭南基本上属于楚国的势力范围。《舆地广记》中载："古百越之地，战国属楚。"岭北的文化随着北方的捕逃人、商人的活动输入岭南。灌阳、全州、兴安、平乐等地相继有战国墓葬被发现，出土的文物中有锄、斧、刀、凿等铁制的生产工具，还有戈、剑、矛、钺等青铜兵器及陶制生活用具等，这些文物大部分是南北文化结合的产物。

从地理形势上看，先秦时期广西东北部地区和岭北湖南地区的交通主要有两条路线：一条是在湖南境内沿着湘江，通过湘桂走廊进入广西的全州、兴安一带；另一条是从湖南道县、江华一带通过萌渚岭（临桂岭）隘口到达广西的贺县、钟山一带。其中，湘桂走廊自开发以来就成为南北交通要道，但因为陆路交通不便，又无发达的水利交通，文化交流、贸易交往规模有限，仅限于民间自发的贸易交流。

1.2.2　秦汉时期：灵渠创建阶段

灵渠开凿伊始用于为国家统一和巩固边防运送军粮。秦始皇于二十六年（公元前 221 年）灭齐后，即派尉屠睢率兵 50 万进军岭南，对南方百越民族进行征服战争，同时命"监禄（后称史禄）转饷，又以卒凿渠，而通粮道"。始皇三十三年（公元前 214 年）灵渠凿成，把长江水系和珠江水系连接了起来。水路的畅通使得北方的军需和舟船能够运往岭南腹地，确保了秦军最终的胜利，并在岭南设立桂林（治今桂平西）、象郡（治今岘港）、南海（治今广州）三郡，统一了中国。西汉时灵渠也曾用于军事运输目的。汉武帝元鼎五年（公元前 112 年）秋，"故归义越侯二人为戈船、下厉将军，出零陵，或下离水，或抵苍梧"，其中“下离水”的一支汉军曾经取道灵渠。东汉建武十七年至十八年（41—42年），伏波将军马援平定南方叛乱，也曾路经灵渠运送兵粮，并对其进行过修治。这说明灵渠自开凿以来一直作为军事运输线路发挥了重要作用。

在秦一统岭南地区后，经过汉朝初期的巩固与发展，中原地区的政治制度逐步融入岭南地区。伴随着制度的渗透，广西地区亦逐渐繁荣起来。秦时，在大溶江与灵渠汇合的三角洲上出现了用泥构筑的高耸城垣，即秦城遗址。宋人曹辅《古秦城》说“海穷山尽尚南征，髀肉销残只白惊。回首长安八千里，此中那得有秦城？”范成大《桂海虞衡志》说秦城“相传秦戍五岭时筑……”周去非《岭外代答》也说“湘水之南，灵渠之口，大融江和小融江之间，有遗堞存焉，名曰秦城”。这些起到军事作用的城堡形成了最初的商贸活动的货物集散地。秦统一岭南后，大量中原的汉人经由灵渠南迁岭南居住。《汉书·晁错传》载，秦朝“先发吏有谪及赘婿、贾人，后以尝有市籍者……”，贾人即商人，商人被发配到岭南，对广西商业的发展无疑会起到促进作用。汉武帝平定南越国后，中原地区的农业、手工业迅速在当地得到发展，进一步促进了商业的繁荣。

在汉武帝时，中国海船曾携带大批丝绸、黄金，从雷州半岛起航，通过海上丝绸之路出访今越南、泰国、马来半岛、缅甸等地，并远航到印度的黄支国（今印度康契普拉），换取这些国家的特产。在灵渠周边发现的石马坪汉晋墓群、田心汉墓、界首汉晋墓群中出土的鎏金饼、玻璃珠、玛瑙珠、水晶珠、香熏炉、陶黑奴俑等证明了灵渠是连接海上丝绸之路与中原地区的重要通道，有着我国对外沟通交流的最初的物质印记。

总的来说，灵渠在这一阶段起到了重要的军事和政治统一的功能，其后灵渠到漓江流域逐渐与中原文明接轨，在行政管理、城市建设、货币流通等诸多方面得到了迅速发展，成为岭南地区接受中原文化最早、发展最快的区域。

1.2.3 唐宋时期：发展完善阶段

隋的统一结束了魏晋南北朝长期分裂的局面，大一统的国家格局要求国内交通必须通畅，隋开以洛阳为中心的南北大运河就是这一要求的产物。进入唐代，中国历史进入了一个繁荣稳定的阶段，南北政治、经济融为一体，中原与岭南的交通更显重要。除了经江西越大庾岭（梅岭）进入岭南沿浈江而下入北江达广州一线外，原来主要为军事目的而利用的由湘西南经灵渠入岭南经漓江下西江到广州一线也在日常的交通运输中日益重要起来，在这样的背景下，灵渠的整修开始成为中央和地方官员所考虑的重要事项。“安史之乱”后，中原及北方的藩镇割据日益严重，后来几至财赋不入，中央财赋所赖全在东南诸州，在此情况下，灵渠一线岭南地区的经济地位日显重要。同时，经过秦汉以来的融合，岭南地区在政治制度上已经与中原地区一致。在诸多大背景下，灵渠的重要交通作用得到充分体现，航运量的迅速增加也迫切需要重新整修疏浚灵渠，以改良航运条件。

唐代灵渠的第一次整修是由李渤主持完成的。宝历初年（825 年），观察使李渤对灵渠“重为疏引，仍增旧迹，以利行舟。遂铧其堤以扼旁流，斗其门以级其直注”。这次整修内容包括：第一，造铧堤。在记述灵渠的历史文献中，这是第一次明确描述铧堤，因此可以大致推断这个堤型是由唐代李渤时开始修建的。第二，分别在南北渠口做南陡和北陡，即进水闸。第三，重建渠道上的陡门，共有十八座。铧堤和陡门的出现完全改变了全渠的面貌，大大延长了通航时间，并使行船顺利，其结果是“且使泝沿，不复稽涩”。李渤的重修在规划设计上是一次革命，但施工质量不高，因而其后有了鱼孟威的第二次修建灵渠。当时“主役吏不能协公心，尚或杂束筱为堰，间散木为门，不历多年，又闻湮圮，于今亦三纪余焉”，导致“役夫牵制之劳，行者稽留之困，又积倍于李公前时”。鱼孟威在重修灵渠时吸取了这一教训，在工程质量上狠下功夫，“其铧堤悉用巨石堆积，延至四十里，切禁其杂束筱也；其陡门悉用坚木排竖，增至十八重，切禁其间散材也。浚决碛砾，控引汪洋”。这次重修主要做了三件事：一是修整了铧堤铧嘴。为加强其稳定性，选用的石料块度都很大。“延至四十里”指的是同时加固了秦堤。二是加固了陡门，用大木排竖，这与唐宋时各种闸门上部结构为木质是一致的。三是疏浚河道。经此次整修，李渤的整治规划得以完好实现，效果很好。当时的情况是“渠遂汹涌。虽百斛大舸，一夫可涉。由是科徭顿息，来往无滞，不使复有胥怨者”。

宋代，灵渠经多次修整而更趋完善。较知名的重修是在嘉祐三年（1058 年）刑狱都水监李师中主持的一次。他完成的工作是“燎石以攻，既导既辟。作三十四日乃成陡门三十六，舟楫以通”。这次工程有两项重点，都在渠道上：一是凿石，疏浚灵渠。渠道的某些区段受坚硬岩石的限制，加之开石施工效率低、工费大，虽经几次阔凿，尺寸仍不够大，需继续开扩断面。二是将唐代的十八座陡门增建为三十六座，对不利的河段控制能力更强了。从李渤修渠至此，完成了灵渠治理规划的全部内容，灵渠工程技术的发展基本完善。

随着工程技术的不断完善，灵渠的航运能力大大提升，这极大地促进了中原和岭南地区的交通及两广的经济发展。有文献显示，在唐代天宝元年（742年），曾在长安城东修建广运潭，供全国各地向都城运送财物的内河船只停泊装卸之用，其中在一次专供皇帝欣赏的各地船舶展览中，有满载玳瑁、珍珠、象牙、沉香的南海郡（今广州）船只和满载蕉、葛、蛇胆的始安（今桂林）船，这些船只都是经过灵渠而入长江，再经大运河而来的。在宋代，两广地区的食盐行销湖南，广西的稻谷北运临安，都依赖水路运输。显然，灵渠是货物往来依托的主要交通线，位于灵渠沿线的宋代严关窑遗址间接证明了当时灵渠沿线手工业技术的发达，严关窑出产的瓷器依赖灵渠北运，输入江淮和中原地区。同时，因为航运设施精细化，所以在水量调节上有更多的余水可以用于灌溉，加之唐宋以来广西的移民增多，中原农耕文化影响深入，灵渠周边更多的田地得到耕种，对于灌溉用水也更加倚重。航运能力大大提高也促进了南北文化交流的繁荣，唐始安县分置临源县，唐卫国公李靖在此筑城，城北有灵渠、湘江，后改为全义县，柳宗元的《全义县复北门记》中的全义县即此地。乳洞岩、严关、飞来石等石刻及出土的大量文物、佛教器物等相关遗存证实了这一时期该地区受到儒家文化、佛教文化的深刻影响。

唐宋时期海上丝绸之路日益兴盛。中唐之后，西北丝绸之路阻塞，华北地区经济衰弱，华南地区经济日益发展，海上交通开始兴盛。唐人杜佑说：“元鼎（公元前 116—前 111 年）中遣伏波将军路博德开百越，置日南郡，其徼外诸国自武帝以来皆献见……大唐贞观以后，声教远被，自古未通者，重译而至，又多于梁、隋焉。”宋朝在多地设立市舶司专门管理海外贸易，对外贸易达到了一个新的高度。作为连通南北的水运通道，灵渠在此时期的货运重心逐渐向贸易运输转移，繁忙的水运也为地区的发展提供了巨大的推动力。

1.2.4 元明清时期：繁荣转型阶段

唐宋以后，两广地区经济、文化更加繁荣，政治地位随之提高，灵渠的利用也更为频繁。明清两代是灵渠航运的黄金时代。南宋时期汉族政权的中心转移到南方，大量汉人南迁入岭南繁衍生息，灵渠地处的湘桂走廊就是移民的要道之一。人口的激增带来了农业的繁荣，两宋以来，灵渠周边地区就成了重要的农业区，这也使得灵渠在灌溉方面的作用越来越大，这种角色的转变带来了水工设施在布局和构造上的调整。相关文献记载显示这一时期灵渠的疏浚和维修次数达到了历史新高。

元代较为重要的灵渠维修工程发生在至正年间。至正十三年夏，洪水暴涨，导致“堤者圮，陡者溃，渠以大涸，壅漕绝溉”。至正十四年九月，广西道肃政廉访副使也儿吉尼主持修复工作。此次修复工程历时四个月，采用填筑、开挖、块石加工、砌筑等多种措施，修复铧堤及溃坏的陡门，恢复航运与灌溉之利，但没有新创。

明代有文献记载，灵渠的修缮惯例是“五年大修，三年小修”，而所有维修中对灵渠水利工程布置产生较大影响的有明初严震直维修和成化年间单渭维修这两次。洪武二十九年（1396 年），监察御史严震直受命主持修渠。工程历时两个半月（9 月 11 日至 11 月底），疏通渠道 5159 丈（约 17 179m），修建堤岸 126 丈（约 420m），筑渼潭及龙母祠前土堤 151 丈（约 500m），增高中江石岸 45 丈（约 150m），修斜坡、泄水坡 5 处，砌陡岸 36 处，使得漕运通畅。这次维修还考虑到了农田水利，修灌溉水涵 24 处。这次工程质量较高，但由于维修中加高了大、小天平，另外两处泄水涵的泄水量也较以前下降，遇到洪水暴发时，洪水全部流向北渠，导致北渠崩溃。由于南渠水浅，不能正常通航，农田灌溉也无法保证。永乐二年（1404 年）2 月，再次对灵渠进行修复，恢复旧观。另一次修筑是在成化二十一年（1485 年）冬至二十三年秋，历时两年。从孔镛的《重修灵渠记》中可以看出，这是一次较大的工程，工程结构和施工方法都有显著的进步和特色，现代灵渠的面貌与此次修筑有很大关系。该次工程主要包括两方面：第一，有一套完整的施工导流方案，先做一条导流渠，后在铧嘴北，大约在北渠口附近做下游围堰，一端与导流渠一岸相接，使导流渠通入北渠，做上游围堰拦湘江上游水入导流渠，入北渠排走，这样，两围堰之间的水都可以通过损坏的天平泄空，则天平和南渠都可在陆上施工，这种导流方法与现代相似；第二，重修天平和铧嘴。此次渠道工程重点在堤防、护岸和陡门。维修的结果是“凡有缺坏，葺理无遗。爰得两渠，舟舸交通，田畴均溉，复旧为新，较之旧规，相去万万”，收到了很好的效果。

清代修筑灵渠更加频繁，其中最重要的是康熙年间陈元龙发起的维修及光绪年间李秉衡主持的维修这两次。康熙年间，灵渠已经严重损坏，大小天平“倾决殆尽，旧设三十六陡存其迹者仅十四陡，余皆荡然”。康熙五十三年（1714

年），广西巡抚陈元龙等人倡议官员捐俸修复灵渠，命桂林知府黄之孝具体主持修复工程。工程内容主要包括：将大小天平上原来横置的巨石改为龟背状，将平铺的鱼鳞石改为以长石直插，以增强其抗洪能力；修整了尚存的14座陡门，已经废弃的22座陡门修复了8座，所有改建的陡门一律掘地七八尺，以大木排桩，上以巨石合缝筑就；疏浚航道，将自兴安北乡河口至灵川大河脚盆滩之间“所在滩石凿去殆尽”。此外，还利用工程剩余经费购置了20多亩渠田，其收入作为渠道管理人员“渠目”“渠长”等人的薪俸，从而为灵渠的后续管理提供了切实的经费保障。光绪十一年（1885 年），湘江上游发生特大洪水，灵渠铧嘴被冲垮 100m，广西护理抚院李秉衡请旨修建灵渠。这次维修工程主要包括以下几个部分：将铧嘴改建在原址下游30丈（约100m）处；大小天平采用叠石法加固，以灰泥接缝，外以巨石覆盖；除了对原有的22个陡门进行维修以外，还新建了滑石、鸾塘、牛角3个陡门。光绪十二年（1886年）十月又动工修了社公坝，凿去石门槛、倒脱靴、黑石坝3处暗礁，疏浚了渠道。现今所见灵渠，基本上即为这次维修后的面貌。

另外，由于灵渠承担起越来越重要的灌溉功能，所以在后期的维修中加入了一些有利于灌溉的水工设施。例如，明代严震直维修灵渠时修建灌溉水涵24处，清代更建造了回龙堤和海阳堤这两处灌溉和防洪为一体的设施。回龙堤在北渠下游，雍正庚戌年（1730年）创建石堤，堤上设有涵洞，“万亩田畴利赖”。海阳堤在北渠口。因为漫越大小天平石堤的洪水沿湘江故道直冲湘江右岸的沙洲，两岸平畴皆不得受灌溉。海阳堤修成后，洪水受到制约，两岸农田得以保存。另外，为了配合灌溉，在灵渠沿岸设置了许多水车用于提水，其主要形式有龙骨车和筒车两种。灵渠的灌溉惠泽了周边广阔的农田，带来了极大的效益。针对这些水利设施，经灵渠进京朝贡的使臣有一些记载。例如，冯克宽《望江晓发》诗旁注：岸边架筒车“置运轴以注田”。清康熙三十七年（1698年）武辉珽《灵渠沂陡》诗句：“注水竹篱通涸鹢，灌田坝轴活枯苗。”乾隆七年（1742年）阮宗室《泝阼漫成》前记：“见土人多作水坝置翻车运水注以田。”有资料记载，到清代初年，“近渠之田，资灌溉者不下数百顷”。根据唐兆民先生的统计，解放前夕，仅兴安县城附近依靠灵渠水涵的水直接自流灌溉的稻田就超过167公顷，整个灵渠灌溉的实际面积是596公顷。

在明代前期（1368—1566年），统治者为了加强对海外贸易的控制和垄断，实行了一种招徕海外诸国入明朝朝贡贸易的制度，准许这些国家在朝贡时随带货物来中国进行贸易。海外与明朝保持朝贡贸易关系的有六十五国之多，安南（今越南）即其中之一。由海外运载而来的沉重的商品、货物大都由廉价的水路运输到中原地区，因此，作为连接珠江水系和长江水系的纽带，灵渠承担了沟通海外与内地贸易的重要使命。如后黎朝冯克宽明万历二十五年（1597 年）以七十岁高龄出使明朝，写《望江晓发》诗注："灵渠，宋时所凿，以通灵洲。水道浅浃，盘曲七十二湾。官置石陡三十六处，遏住水势，待水来多，然后放行，一级高一级。"他写有《过兴安县题马头山》："画眉塘面水弯纡，七十余弯见马头。"他还写有《过灵渠》："尺不容篙浅浅渠，绿亭青护水清纾。石头陡陡三十六，山畔弯弯八九余。"

到清代，两广的商品生产有较大的发展，商货流通日益增加。粮食本来就不足的广东，由于扩大了经济作物的种植面积，粮田面积进一步缩小，除了要从广西运去大米以外，还要通过灵渠转运楚米。随着商品贸易的发展，货币流通量增大，清政府需要多铸钱。云南盛产铜，广西以北和华东要铸钱的一些省份也要通过灵渠运铜。清代灵渠还是往中原地区运盐的重要通道，大溶江码头、三里陡码头当年均为运盐的码头。由于灵渠沟通长江和珠江两大水系，成了连接三楚两粤之要津、联系西南与楚粤的纽带，实为南方一条咽喉通道。它对于商品流通起着十分重要的作用。正如清代乾隆年间两广总督杨应据在《修复斗河碑记》中所说："夫其带荆楚，襟两粤，达黔滇，商旅不徒步，安枕而行千里，资往来之便。"同时，清康熙朝、乾隆朝不断有东南亚使者过灵渠。乾隆七年（1742 年）阮宗窐出使中国，在《沂阼漫成》诗前记中说："舟行兴安县界，入灵渠口……水道浅浃，盘曲难行，官置石陡三十六处，遏住水势，待盈科然后放行，一级高一级，徐徐转上。"明清时期出现了大量文献记载，碑刻亦众多，包括清乾隆、道光两朝修的《兴安县志》，以及《灵渠凿石开滩记》《重修兴安陡河碑记》《重修陡河碑记》《重修兴安陡河碑记》等诸多碑刻和诗词歌赋在这一时期大量涌现。湖南会馆、江西会馆、伏波祠及重修的四贤祠、海阳庙、分水龙王庙等馆庙祠亭，包括现存石拱桥、船闸、码头、商埠等都是明清时代的遗存。

灵渠作用的深入发挥带来了湘桂走廊大地景观的成形，有航道、农田、县治、周围的自然村落、商贸集市等，形成了综合的文化景观，也代表着这一地区中原文化与当地文化已经完全融合。

1.2.5 民国至20世纪70年代：近现代转型阶段

民国27年（1938年），由于湘桂铁路、桂黄公路通车，灵渠在航运方面的作用逐渐被陆路运输取代。1958年，三里陡建设水利闸坝后，灵渠断航，仅南陡口至县城一带有少数农副业船通航。20世纪70年代后灵渠的交通功能基本丧失。灵渠的灌溉作用则日益显著。中华人民共和国成立以后，人民政府组织沿岸人民对灵渠大加整治，兴建排灌工程，对灵渠水进行合理分配使用，充分发挥了它的效益。据统计，灵渠两侧已修建大小渠道34条，总长110km多，修建了支灵水库等4项蓄水工程和60多个山塘，构成了一个以灵渠为主干的水利灌溉网，灌田面积可达四万多亩，是历史上任何时期都无法比拟的。

1.2.6 20世纪80年代以后：新时期遗产保护与综合利用阶段

20世纪80年代以后，灵渠作为杰出的古代文化遗产逐渐得到重视，在水利史研究、遗产保护和传承、文化旅游等方面产生了越来越重要的影响。与此同时，伴随着城市化进程的逐步推进及新农村建设的逐步进行，灵渠两千多年以来形成的传统文化景观也面临着现代化建设的威胁，如农业的减少和工业的发展、航运的消失和灌溉用水量的压力、现代生活对于传统聚落形态和生活方式的挑战等。但是传统文化的发掘和遗产保护理念逐步深入人心，当地居民身份感的重拾等，都是灵渠得到保护和持续发展的动力。

1963年灵渠被列为广西壮族自治区文物保护单位，1982年被命名为国家重点风景名胜区，1988年被列为第三批全国重点文物保护单位，2006年灵渠渠首段被评为国家4A级景区，同年秦城遗址被列为第六批全国重点文物保护单位。灵渠周边的相关遗产也逐步被纳入自治区、市县级的文物保护体系及非物质遗产保护工作的框架中。

2006年，灵渠整体被国家文物局选入第一批中国世界遗产的预备名录。2011年底至2012年初，在中国第二次遴选世界遗产预备名录的活动中，灵渠完成了世界遗产预备名录申报文本和遗产地保护管理规划纲要的编写工作，并再次列入世界遗产的预备名录。申请列入世界遗产名录（简称“申遗”）工作大大促进了灵渠保护的规范化、科学化进程。从2012年至今，灵渠已经颁布了专门的保护管理办法，编制了符合世界遗产保护要求的遗产地保护管理规划，并设立了专门的保护管理机构，大大增强了保护的力量，全方位的保护体系得以建立。同时，灵渠全线的保护工程、环境整治工程、展示利用工程和秦城遗址的深入考古研究工作也正在积极地推进。

自秦汉以来，灵渠成为岭南与中原地区联系的主要通道。据史料记载，自汉代至民国的两千多年间，对灵渠的维修和改建共有 37 次，其中汉代 2 次、唐代 2 次、宋代 7 次、元代 3 次、明代 6 次、清代 15 次、民国 2 次。可见，在中国大一统时期，为了保证灵渠畅通，历代政府均对灵渠进行过修缮，这也从另一个角度体现了灵渠在政治、经济、社会、文化、军事等诸多方面的重要作用。

灵渠历朝历代吸引了大量历史文化名人前来游览参观，留下了许多记述和歌颂灵渠的不朽诗篇、佳作，也沿着灵渠修建了许多重要的楼台、桥梁，保留了大量的配套建筑。新中国成立后，灵渠每年吸引着全国各地和世界各地的 20 多万名游客前来参观、旅游，也吸引着许多慕名而来专程考察的各界领导、学者、新闻媒体和文物保护工作者。

1.3 灵渠组成

灵渠主要流经兴安镇、严关镇、溶江镇、湘漓镇，其主体工程包括渠首、南渠和北渠三部分。灵渠的主要工程设计原理是：用由大小天平和铧嘴组成的分水设施截断湘江的支流，将其一股（今称南渠）引入漓江上源支流，将另一股（今称北渠）重开新渠，几经曲折再并入湘江，从而将二者沟通，建立了长江水系和珠江水系之间的交通联系。整体工程充分利用已有的自然水系和地貌环境，所有水工设施因地制宜、综合运作，体现了我国古代水利工程的独特风格和高超水平。两千余年来，灵渠久运不衰，成为近代以前岭南（今广东、广西）与中原地区最主要的交通线路。灵渠主体工程由铧嘴、大天平、小天平、南渠、北渠、泄水天平、水涵、陡门、堰坝、秦堤（含四贤祠）、古桥、水涵、石刻、遗址、码头等部分组成，尽管兴建时间先后不同，但它们互相关联，成为灵渠不可缺少的组成部分。

1.3.1 灵渠铧嘴

灵渠铧嘴位于兴安县城东南 3km 海洋河的分水塘（又称渼潭）拦河大坝的上游，由于前锐后钝，形如犁铧，故称“铧嘴”，是与大小天平衔接的具有分水作用的砌石坝。从大小天平的衔接处向上游砌筑，锐角所指的方向与海洋河主流方向相对，把海洋河水劈分为二，一由南渠而合于漓，一由北渠而归于湘。铧嘴原来的位置在现存铧嘴30丈（约100m）外的上游，清光绪十一年至十四年（1885—1888年）修渠时，由于铧嘴被淤积的砂石所淹，才把它移建于现今的位置。但现今的形状却不是前锐后钝，而是一个一边长40m，另一边长38m，宽22.8m，高2.3m，四周用长约1.7m、厚和宽0.6～1m的大块石灰岩砌成的斜方形平台。2006年，在这个平台末端的南边又筑了长约30m的石堤。整个铧嘴由大小天平的衔接处至铧嘴的尖端长90m。

1.3.2 灵渠大天平、小天平

接铧嘴下游是拦截海洋河的拦河坝，大天平即拦河坝的右部，小天平为拦河坝的左部，大天平与小天平衔接成“人”字形（夹角108°）。因二者原属湘江故道，稍有崩坏，则无滴水入渠。小天平左端设有南陡，即引水入南渠的进水口；大天平右端设有北陡，即引水入北渠的进水口。据1985年12月—1986年1月广西壮族自治区桂林水利电力设计院和水电建筑工程处对灵渠大小天平进行勘测，大天平坝顶长344m，宽12.9～25.2m，砌石体最大高度2.24m，上游溢流面高程213.7m，河床底高程213.5m，下游鼻坎高程212.3m，河床冲刷坑底高程210.9m；小天平坝顶长130m，宽24.3m，砌石体最大高度2.24m，上游溢流面高程213.3m，河床底高程212.8m，下游鼻坎高程212m，河床冲刷坑底高程210.8m。大小天平均为面流式拦河堰，轴线之间夹角为108°，与河床方向的夹角大天平为57°，小天平为51°。坝体外部为浆砌条石及鱼鳞石护面，上游条石砌成台阶状，上游条石顶面用石榫连接形成整体，天平中部块石近于直立砌筑，称为鱼鳞石，厚0.7～1.3m。鱼鳞石下伏的砂卵石，上部为人工混黏土的砂卵石坝体，下部为原生沉积砂卵石。上下两部分很难分清。条石及鱼鳞石之间的胶结物，一部分为砂黏土及石灰，已风化松散，另一部分是掺有桐油的乳白及粉红色胶结物，结构致密，抗风化力强，特别坚硬。

1.3.3 灵渠渠系

1. 南渠

南渠全长33.15km，渠道南陡口底部高程为212.08m，汇入大溶江处的灵河口河床高程为181.82m，平均坡降0.91‰。按照渠道性质，可以分为三段：第一段从分水塘到与漓江支流始安水相接处，为人工渠道；从始安水入口到灵渠与清水河汇合处，因其原有自然河道窄小，开凿时要扩宽和加深，属于半人工渠道；从清水河口到灵渠入大溶江口，属于人工整治过的天然河道。

第一段：人工渠道。

从南陡至大湾陡共 3km，是分水岭前一段，大致是左岸沿分水岭脚下开凿渠道，右岸修筑拦水堤防（即为秦堤），水流其间。从南陡到兴安县城区前，渠道与湘江故道平行并相距很近，最近处只以秦堤相隔；由粟家桥到接龙桥为兴安城区，两岸皆为房屋密集的街道，渠宽仅 5m；从接龙桥到大湾陡长 900m，仍为左岸傍岭，右岸为堤，堤外原有大片农田，高程明显低于渠道水面，是灵渠灌溉的主要地区之一，现农田已经逐渐被城市建设取代。从大湾陡到始安水入口，全长 900m，是灵渠穿越分水岭的一段。这段分水岭称太史庙山，与灵渠水面相对高度都在 10m 以上，大湾陡西至祖湾陡的 400m 是人工开凿的岸高不同的“V”形河谷，是灵渠工程量最大的一处。由祖湾陡到始安水口也为人工渠道，它利用原有的沟谷地形，因此工程量较小。此渠段渠宽在 9m 左右。

第二段：半人工运河。

从始安水入口到清水河入口的灵渠航道是在始安水原窄小河道的基础上人工扩挖而成，因此称为半人工运河段。此段渠宽 9～15m 不等，全段地势陡峻，坡降很大，因此河道多弯曲，且陡门密集，都是为延缓坡度、平稳水流而设。从始安水入口至霞云桥（距分水塘 5.8km）处，渠道较平直，渠底起伏也小，航行条件稍好。距分水塘 9.4～10km 一段，共长 600m，但其直线距离仅是一半，共有近似 180° 的反曲线七八处；距分水塘 10.03～10.09km 的 60m 渠道是一个大弯道，直线距离只有 20m。这两段是典型的弯道代闸河道。

第三段：天然河道。

在星桥陡处，清水河入灵渠，该河为灵渠最大的支流，汇流后灵渠渐具天然河道形态，称为南渠自然河道段，或称为灵河。自然河道段的渠宽平均已达 10m，下游可达数十米，水深也明显增加，航行条件得到显著改善，因此主要用于蓄水济运的陡门在此河段上极少设置。这段渠道多分布着浅滩和礁石，不少河段需要用堰坝等水工设施改善航行条件。天然河道段弯曲较上段少，不过在黄龙堤至大陡间有较大弯曲，该处也是弯道代闸的典型段落。

2. 北渠

灵渠渠首向北过北陡后的河道都称为北渠，其在湘江故道之右，也为人工所开，最后仍汇入湘江。北渠全长3.25km，宽10～15m，水深0.35～1.58m，其中北陡口渠底高程为211.8m，渠尾与湘江汇合口的渠底高程为206.31m，水面落差达5.49m，渠道平均坡降1.7‰。北渠全段都是典型的弯道代闸河段，由人工开挖了两个连续弯曲的“S”形渠段，以降低渠道比降。第一个“S”形渠段是从观音阁到花桥村，第二个“S”形渠段是从花桥村到洲子上村附近。除北陡口至竹枝堰213m长的一段为填方渠道外，其余均为开挖的渠道。

1.3.4 泄水天平

泄水天平是指建在灵渠南北二渠上的溢洪堰，它具有排泄洪水、保持渠内正常水位，以确保渠道安全的作用，故称泄水天平。泄水天平的建筑方法与大小天平基本相同。灵渠共有泄水天平三处，其中南渠两处，北渠一处。

南渠泄水天平位于南陡以下892m处的秦堤上。渠内水深超过泄水天平堰顶时，渠水即排入湘江。堰顶宽5m，用大条石砌筑，堰长42m，底宽17.6m。堰上原有石桥，20世纪60年代改为钢筋混凝土人行桥，现已恢复为平板石桥。在兴安境内湘江正常年份1300m^3/s以下的洪水可通过南渠泄水天平排回湘江，确保县城和灵渠下游的安全。

马氏桥泄水天平位于南渠1.95km处，与双女井溪相汇，以宣泄双女井溪的洪水。堰顶宽4m，高1.5m，长19.5m，用大条石砌筑。清代初建时堰上架设有人行石板桥，2005年改建为钢筋混凝土公路桥。

北渠泄水天平位于北渠北陡2334m处的水泊村西，为清代雍正八年（1730年）两广总督鄂尔泰创建。

1.3.5 灵渠水涵

灵渠水涵又称田涵、渠眼，或称塘孔，设于堤内，块石砌筑，用于放水灌溉。明洪武二十九年（1396年）严震直修渠时，建有灌田水涵24处。20世纪70年代以后，由于灌溉渠道陆续建成，除引水入灌溉渠道的进水闸外，其余水涵多已堵塞。迄今，南渠大湾陡以上尚有7处，北渠有2处。

1.3.6 灵渠陡门

陡门，或称斗门，是在南、北渠上用于壅高水位、蓄水通航，具有船闸作用的建筑物。灵渠的陡多建筑在流浅水急之处，有的河段两陡间距离仅150m，这样一组近距离的陡构成了一座单级船闸；有时在一段短河道中有三四个陡（如太平陡、铁炉陡、禾尚陡、三里陡、印陡）的距离都在 150～200m，构成了一座多级船闸的雏形，这在世界船闸工程上是一项变革性的创举。据历史文献资料记载，陡门最早出现于唐宝历元年（825 年），到唐咸通九年（868 年）重修时，已有陡门 18 座。宋嘉祐三年（1058 年），陡门达到 36 座，为有记载以来最多的。经过历次增建及废弃，到清光绪十一年（1885 年），陡门仍有 35 座。据 1975 年调查，历史文献中先后有记载的陡门共 37 座，其中南渠 32 座，北渠 5 座，保存完整或大体完整的有 13 座，加上 1977 年重建的北陡，共 14 座，其余仅残存有几块条石，或下部尚有基石，可判断该处原曾设有陡门，但多数已无遗迹。

从现存的陡门看，其结构是：两岸的导墙采用浆砌条石，两边墩台高 1.5～2m，形状有半圆形、半椭圆形、圆角方形、梯形、蚌壳形、月牙形、扇形等，以半圆形的为多。陡门的过水宽度为 5.5～5.9m，设陡距离近的约 60m，远的 2km。塞陡工具由陡杠、杩槎（俗称马脚）、水拼、陡簟等组成。陡杠包括面杠、底杠和小陡杠，均系粗木棒；杩槎是由三条木棒做成的三角架；水拼即竹篾编成的竹垫；陡簟即竹席。关陡时，先将小陡杠的下端插入陡门一侧石墩的石孔内，上端倾斜地嵌入陡门另一侧石墩的槽口中，再以底杠的一端置于墩台的鱼嘴上，另一端架在小陡杠下端，架上面杠，然后将杩槎置于陡杠上，再铺水拼、陡簟，即堵塞了陡门。水位增高过船时，将小陡杠敲出槽口，堵陡各物即借水力自行打开。由于有了陡门这种设施，故灵渠能浮舟过岭，成为古代一大奇观。正如《徐霞客游记》中所载，“渠至此细流成涓，石底嶙峋。时巨舫鳞次，以箔阻水，俟水稍厚，则去箔放舟焉”，可见其作用。

1.3.7 灵渠堰坝

堰坝是建筑在渠道里的一种拦河蓄水、引流入沟灌田或积水推动筒车的设施。现今能见到的堰坝有两种：一种是由石块砌成的半圆形堰坝。其与石砌陡门相似，不同之处在于塞陡用的是陡杠、陡箅，而塞堰用 7 块长约 5m、宽约 0.3m 的扁平方木作为闸板开关。这种堰坝很少，南渠有两座：一座在霞云桥附近今公路下边，另一座在十五陡与十六陡之间（今兴安农药厂附近）。这种堰坝没有引水沟，一般用法是：关堰时把渠水堵住，提高水位，以便龙骨水车提取渠水灌田。另一种堰坝多建在河面较宽的渠道中，自赵家堰以下共有 32 座。它的结构一般都是用长木桩密排深钉，框架里堆砌鹅卵石，砌成高 3～4m 的斜面滚水堤坝。较简单的，不用大小框架，而是用竹篓囊石，横亘江面，再用长木桩排列竹篓两边，密密钉固。堰坝上开有堰门，以便船舶往来。门有大松木桩 4 条，分别竖在两侧，每边的两条又用横木串连，并与其他框架相接，以便稳固。堰门宽 4～5m。一般用直径约 0.3m、长 5～6m 的大松木作堰杠，用来关堰门。在南渠 32 座堰坝中，堵水入沟、直接灌溉稻田的有下营村沟、江西坪村旁的堰沟、画眉塘村旁的黄埔堰、芋苗村附近的横头堰等。

1.3.8 灵渠秦堤

秦堤指从南陡口到兴安城区上水门街口灵渠和湘江故道之间约 2km 长的堤岸。民国时就定名为秦堤风景区。秦堤风景区大体可分为三段。最初的一段由南陡口起至飞来石止，堤岸顶面较宽，一般在 5～10m，高出水面 1m 以下；自飞来石至泄水天平一段，堤岸临近湘江的石堤高悬水际，危如累卵，渗漏非常多，最易崩塌，称为“险工”，现用水泥巨石砌筑，堵塞了渗漏之处，堤基已经稳固；由泄水天平至上水门口，堤顶一般宽约 3m，底宽 7m，高约 2.5m，这段渠堤原来只有巨石砌筑临河一面，现已不断修整加固，两面均用巨石砌筑，并以水泥铺路，在堤南对岸近几年来劈山筑成了水泥公路。

广义的秦堤，是指从南陡口起至大湾陡止的一段，全长为 3.25km。从接龙桥至大湾陡一段，秦堤两边都用条石砌筑，宽为 2m，高为 1.5m，现保存完好。

1.3.9 古桥

民国时期灵渠上有桥梁 17 座，即南渠上的粟家桥、万里桥、沧浪桥（又名天后桥、娘娘桥）、接龙桥、萧家桥、三里陡桥、霞云桥、星桥、上水关吊桥、下水关吊桥、鸾塘桥、马头桥、黄龙桥、长塘桥，北渠上的观音阁桥、花桥，竹枝堰上的石板桥。另外，湘江故道上有一座清代石板桥——渡头江桥。现存清代古石桥 7 座，包括粟家桥、接龙桥、三里陡桥、霞云桥、东村桥、星桥和渡头江桥，保存基本完整。原址复建桥 7 座，包括万里桥、沧浪桥、马嘶桥、画眉塘桥、上水关吊桥、黄龙桥、鸾塘桥，均为钢筋混凝土桥。

1.3.10 石刻及墓葬

渠首“伏波遗迹”为明代石刻，“湘漓分派”为清代石刻，碑亭为民国时所建；秦堤“飞来石”有宋以来历代诗文题刻 11 件，包括“砥柱石”“虬如”“夜月潭辉”、《重修灵渠记》碑等；“黄龙堤”为清代石刻，碑亭已毁，构件为清代遗物；三将军墓墓碑为明代石刻。

1.3.11 遗迹和遗址

灵渠的开凿成就了兴安县及沿河两岸村镇，但由于灵渠已停航 70 多年，现存为灵渠而兴的古街区已寥寥无几，仅存的与灵渠有关的古建筑分布在县城段与三里桥段。北渠何家陡段的码头遗址为清代遗物；三里桥段的盐商铺遗址为清代遗构；黄龙堤段的管理遗址地基为清代遗构；鸾塘堰段和画眉塘段的商业与管理遗址地基为清代遗构；有观音阁、回龙堤、四架车堰、黄龙堤、三架车堰五处水筒车灌溉遗址；纤夫道、驿道仅存于灵渠偏僻的周边地带，仅存约 3km。

灵渠沿线原有码头五处，其中严关画眉塘码头、马头山码头、三里陡码头已经基本不存，渡头江码头、溶江盐埠大码头仍存有遗址。

1.3.12 信仰遗存

（1）分水龙王庙

分水龙王庙又名伏波庙、灵源寺，现改为佛音寺，建于唐代。原庙分为三殿，分别供奉龙王、龙母、马援（伏波将军）、关帝诸神像。出于对水神的崇拜及对伏波将军的崇敬，此庙历代修葺不绝。民国时原庙已毁，现存庙为 1998 年重建，仍为三厅，下厅为僧院住房，天井设放生池，中厅为四大天王神像，过厅又为天井，两侧建有观音大士神龛，上厅有释迦牟尼等神龛。寺前有古碑一方，碑高 2.3m、宽 1.18m、厚 0.26m，上书“分水亭”三个字，上款为“乾隆丙寅（1746）春日”，下款为“西林鄂昌题”。

（2）四贤祠

四贤祠位于南陡口下游 200m 处的灵渠北岸，是一座庭院式建筑，因祀奉修建灵渠的秦监御史禄、历代修渠贡献最大的东汉伏波将军马援、唐桂管观察使李渤、唐桂州刺史鱼孟威而得名。四贤祠又名灵济祠、灵济庙，始建于何时，史说不一，历代均有修葺、重建，现存建筑于 20 世纪 80 年代重建，新祠为五开间，上下两层，宽 21m、深 11m、高 12.3m，基础深 4m，建筑基本保持了原有的形式。四贤祠内保存了元明以来的 20 余方石刻。

（3）季家祠堂

季家祠堂位于三里陡旁季家屋场村，是季氏家族祠堂。季氏乃明代严震直修灵渠后军屯守渠的陡军，祠堂柱础、梁柱上石雕、木雕精细，建筑整体保存完好。

（4）三将军墓

三将军墓在粟家桥附近的灵渠南岸，系明朝封张、刘、李镇国将军的衣冠墓。清乾隆五十六年（1791 年）辛亥岁季春月上水关众等立墓碑，道光十三年（1833 年）知县张运昭砌以石，并立碑记。墓为圆形，高约 2m，直径为 4m。清乾隆五十六年立的三将军墓碑刻，文曰："三将军墓由来久矣。其遗事记未详载，相传筑堤有功，敕封镇国将军，卒于吾邑，合葬东北山阳，三公一冢。则是生为当时良佐，死为后世福神。故吾邑立庙祟祀者二处，其墓虽有碑记，载事亦略，矧世远年湮，土崩石裂将至颓泯。吾侪不忍坐视，重修立石，以垂不朽，庶神圣名播千秋，而吾邑福隆万代。是为记。"

1.3.13 环境景观

渠首段、星桥陡至黄龙堤段、鸾塘堰以下至兜堰灵河全段的山形水系大致依然保持着葱绿碧蓝的风貌。粟家桥至霞云桥段（兴安县城范围），由于城镇建设扩张、农业种植品种由水稻向经济作物变更，原有的田园风光已逐步消失。

灵渠的主要文物要素构成见表 1-1。

表 1-1 灵渠的主要文物要素构成

功能系统			分类	主要遗存
核心使用功能	水利设施	分水工程系统	分水设施	铧嘴、大小天平
			节制设施	南陡、北陡
			蓄水设施	渼潭
		溢流工程系统	溢流坝	泄水天平、黄龙堤、马嘶桥溢流堰、回龙堤（及海阳堤）
			溢流道	湘江故道、黄龙堤溢水道、马嘶桥溢水道、竹枝堰溢水道、回龙堤溢水道等
		航运系统	河道	南渠人工渠段长 4.1km，半人工渠段长 6.25km，天然渠段长 22.8km；北渠渠段长 3.25km
			陡门	南渠：星桥陡等共 30 座 北渠：何家陡等共 4 座
			堰	竹枝堰、赵家堰等 29 座堰体
			坝	马家坝、老黄茅坝等 6 座坝体

续表

功能系统			分类	主要遗存
核心使用功能	水利设施	航运系统	漕运码头遗址	渡头江码头、溶江盐埠大码头
			壅水引航设施	秦堤
		灌溉系统	水涵	大湾陡涵洞、祖湾陡涵洞等共 9 处
	辅助交通设施	渠间交通系统	古桥	粟家桥、接龙桥、渡头江桥、东村桥、霞云桥、星桥、三里陡桥，共 7 座
相关文化遗存	物质文化遗存	军事设施	城址	秦城遗址
			关隘	严关
		信仰遗存	祠庙	分水龙王庙、四贤祠、季家祠堂
			纪念物	三将军墓
		聚落遗存	村落、集市	江西坪村、老街
		历史遗存	碑刻	“伏波遗迹”“湘漓分派”、《重修灵渠记》《重修黄龙堤记》碑等

1.4　灵渠的价值

灵渠开凿于秦代，距今已有 2200 多年的历史，是我国现存并且还在继续使用的世界上最古老的运河之一。灵渠集交通、漕运、灌溉、防洪等功能于一体，是我国古代水利史上的一颗璀璨明珠。灵渠作为一项伟大的水利工程，对兴安乃至整个岭南地区军事、政治、经济、文化的发展都起到了巨大的推动作用。

（1）历史价值

1）作为古代的水路交通运输干线，保障了边疆的安定，使岭南成为统一的国家中的一个组成部分。从灵渠开凿起，几次大规模的军事行动都与灵渠的增修、加固或重开直接关联。秦时发兵五十万统一岭南，西汉楼船十万讨岭南，东汉伏波将军马援率军南征交趾等，灵渠在这些大事件中发挥了举足轻重的军事运输功能，奠定了国家统一、边疆安定的基础。

2）随着边疆的统一和安定，有更多的中原人迁到岭南定居，与当地的少数民族人民共同开发，使中原地区的先进文化和生产技术进一步传播。汉代中原的铁器生产技术在岭南地区广为传播，使生产力水平大幅提高，灵渠沿岸汉墓出土的器物造型已和中原地区相差无几；宋代窑址的发现证实了南宋时期经济、文化的南迁。灵渠的民用运输功能极大地促进了民族融合与科学技术的交流、传播。

3）随着中原政治形势的变动、战争的发生，大量人口经灵渠迁入岭南。三国、魏、晋、南北朝时，北方战乱频繁，造成第一次大量人口南迁；南宋和金的南北对峙造成第二次人口南迁；明清时期，由于中原地区人口稠密，人多地少，大量人口经灵渠迁入岭南。灵渠的通航对我国多民族融合、人口迁移、多元文化的形成具有重要的推动作用。

4）广西特别是岭南地处边远，人口相对中原地区较为稀少，唐代向这里贬官，流放了很多的政治家、文人和知名人士，如褚遂良、韩愈、柳宗元、李渤、李商隐等，他们对传播中原地区的先进文化和生产技术都起了很大的作用。灵渠的修通使其成为中原与岭南之间往来的重要桥梁和纽带，给兴安带来了深厚的历史文化积淀，丰富、发展了岭南文化。

5）岭南地区经过数千年的开发，大量的矿产、香料、药材、食盐等物资经灵渠输入中原，中原的粮食、布匹、丝绸等运往岭南，促进了相互交流。灵渠的通航极大地增进了中原地区与岭南的贸易，促进了物品流通和经济的繁荣，对岭南的经济繁荣与发展具有极大的推动作用，有着无可比拟的经济价值。

综上所述，灵渠的开凿把岭北的湘江与岭南的漓江沟通，把长江流域和珠江流域联系起来。古代岭南的船只可以经灵渠南渠、北渠、湘江到达长江，再转入京杭运河，以淮河、黄河和海河等水系组成一个统一的航运网，从而把两广和国家中心联系在一起，对历代封建王朝控制、加强边疆的稳定起到了不可估量的作用，对我国的政治统一、经济来往、文化交流和边防巩固都有着极其重要的意义，具有重大的历史研究价值。

（2）科学价值

灵渠所处的地理位置为其修建提供了得天独厚的条件。其选址十分科学，利用湘江与漓江支流的距离和水位差，巧妙地在湘江水位刚好高于漓江支流始安水水位的地方拦河筑坝，将湘江水引入始安水，再将始安水疏浚改造，形成了灵渠主要干渠，将我国岭北的长江水系与岭南的珠江水系连为一体。灵渠的修建很好地利用了天然地形，巧妙地将自然条件加以改造利用，充分显示了我国古代人民的智慧。

灵渠的工程结构非常科学精当。其分为主体工程和附属设施，主体工程包括铧嘴、大小天平、南北二渠、秦堤、泄水天平、陡门等，附属设施有堰坝、桥梁、水涵。大小天平的设置具有极高的科学性和实用性，陡门的设置起到了现代船闸的作用和功效，泄水天平的设置是灵渠修建工程安全运营思想的有力体现，北渠的定线具有极高的科学水准和依据。灵渠的结构设计和功能布设具有极高的水利科学研究价值，对研究我国古代水力学、水利工程的发展演变具有很高的科学价值。

（3）文化价值

灵渠的开凿使中原文化与岭南文化得以有益交融，丰富了灵渠周边人民乃至岭南地区人民的生活习俗和文化衍变的多样性。自古以来便有大量文人墨客对灵渠赞不绝口，更有“北有长城，南有灵渠”之美誉。其也记述着发生在灵渠和其周边的人文与习俗，使众多文化习俗得以传承与发展。可见，灵渠承载着丰富的文化内涵与人文精神，衍生出大量的优美诗词与特色碑刻，蕴含着深厚的文化积淀，具有很高的文化和传统习俗的研究价值。

（4）艺术价值

灵渠建成后，无论是其自身的人文景观还是因它形成的自然景观，都具有很高的艺术价值。

1）灵渠本体的自然景观特色。就其总体规模而言，可以说是中国人工古堰中最为宏大的一处。其气势雄浑，蜿蜒绵长，彰显着“人定胜天”的气魄与灵魂。就其总体形态而言，线条流畅，动势强烈；凹凸有致，形态丰富；参差错落，韵律优美；构成抑扬顿挫、富于变化的动态空间和主次分明、浑然一体的总体风貌。就其材质肌理而言，大块岩石丁顺砌筑，其与自然河道的衔接方式，朴实自然的色彩，浑然天成的质感，共同营造出淳厚古朴、原汁原味的风格气质。

2）灵渠两岸的人文景观特色。灵渠两岸风景优美，水清如镜，古树参天，文物古迹众多，尤其是水街的亭台楼榭、小桥流水、市井风情，都鲜活地再现着千年历史文化。灵渠景区现已成为桂林著名的旅游胜地，是大桂林旅游圈中一颗璀璨的明珠，具有很高的艺术价值。

（5）社会价值

作为古代的水路交通运输干线，灵渠对两广地区政治、经济、军事和文化的发展有着巨大的功绩，经过两千多年，如今依然发挥着重要作用，其社会价值不可低估。

1）灵渠兼具“运、排、蓄、引、挡、灌”等综合水利功能，时至今日，仍作为供应地方工业、城乡生产与生活用水的重要水源，兼收交通运输、水产养殖之利，大大促进了当地经济的发展，发挥着综合的社会、经济、文化效益，造福于沿溪两岸百姓。

2）灵渠是我国重要的文化遗产资源，可充分发挥文物见证历史、弘扬传统的独特功能，在弘扬中华民族优秀传统文化、加强爱国主义教育、促进岭南文化传播、带动文化遗产保护事业的发展等方面起到促进作用，也是科普教育基地的良好资源。

3）灵渠是我国古代水利工程的代表，对中国乃至世界水利工程产生了重要影响。灵渠是世界了解中国水利工程和体现中国人民智慧的重要载体，较好地诠释了中国文化大国的国际形象。

4）在深刻了解灵渠的建渠历史、构筑过程与综合功能，深入挖掘其所承载的丰富历史文化内涵，有效保护其文物价值的基础上，结合当今社会的实际需求，赋予灵渠以新的意义，通过慎重开发其旅游资源功能，进行合理的利用与充分的展示，对于有效带动当地的教育和旅游等产业的发展、更有效地保护文物本体的物质形态具有不可估量的现实意义与社会价值。

5）灵渠是我国古代水利工程的杰出代表，是体现中华民族智慧的重要实证，2007 年列入世界文化遗产预备名单。

综上所述，灵渠对两广地区政治、经济、军事和文化的发展有着巨大的功绩。清人陈元龙云："夫陡河虽小，实三楚两广之咽喉。行师馈粮，以及商贾百货之流通，唯此一水是赖。"今天，虽然灵渠的航运作用日趋式微，但其水利灌溉功能日渐增强，每年灌溉两岸四万五千余亩的水田，并成为著名的文物古迹风景名胜，每年吸引着二十余万人来此参观、旅游，感受两千多年前我国古代劳动人民的聪明智慧。

第2章　灵渠周边赋存环境

2.1　气 候 环 境

兴安县境内属中亚热带季风气候，四季分明，气候温和，雨量充沛，日照时间长，积温多，霜期短。境内东南和西北地势高，东北和西南地势低，中部的湘桂走廊以县城附近的分水岭为中心，地势分别向东北随湘江下落和向西南随漓江降低，形成县城内错综复杂的地区性气候特征。

兴安县年平均气温为 17.5℃，年平均最高气温 18.7℃，年平均最低气温 16.9℃，极端最高气温 38.5℃，最低气温-5.8℃；平均年降水量 1802mm，多年最大降雨量 2321.2mm，降雨量年际变化较大，一日最大降雨量 334.8mm，一小时最大降雨量 79.3mm，十分钟最大降雨量 23.6mm；年平均蒸发量 1584.6mm，多年最大蒸发量 1936.2mm；年无霜期 293 天以上；年平均日照 1459.5h；年平均风速 3m/s，年最大风速 24m/s。以上数据为兴安县 1957—1990 年 34 年间统计的主要气象参数。

2.2　自然地理条件

灵渠位于广西壮族自治区东北部的兴安县中部，是连接湘江与漓江、长江流域与珠江流域、中原与岭南的一条古代运河，主要由大小天平坝、铧嘴、南北两渠、秦堤、泄水天平、陡门、堰坝、古桥、水涵及其上的附属建筑物、附属设施等构成，它们都是文物本体。灵渠是集交通运输、农田灌溉于一体的综合水利工程。其流经兴安县城段，在位于湘江与灵河间的一系列浅丘分水岭上蜿蜒流过，为近南北走向。主体工程大小天平坝和铧嘴位于兴安县城东南郊的南陡村与湘漓镇之间的分水塘。

灵渠全长36.4km，分为南、北两渠。其中，南渠自南陡口（东经110°21.6′～110°41.2′，北纬25°30′～25°40′）起至灵河口止，长33.15km，流经兴安镇、严关镇、溶江镇。南渠分为三段：第一段自渠首起，经美龄桥、飞来石、泄水天平、三将军墓、马嘶桥，穿过兴安县城到大湾陡，在湘江与漓江的分水岭太史庙至铁炉村附近接漓江小支流始安水，长4.1km，为人工开凿；第二段自始安水起沿天然小河道而下，至赵家堰村附近与零水汇合，长6.25km，利用天然小河道扩宽而成，人工开凿并增加了渠道的弯曲度；第三段从零水汇合口起到灵河口与大溶江汇合，此段均为天然河道，沿途有多条支流汇入，水势增大，河面渐宽，长22.8km。

北渠自北陡口起至北渠出口（东经110°40.6′，北纬25°37.3′）止，全长3.25km，全部为人工开凿。

灵渠在著名的湘桂走廊之间穿行而过，把发源于都庞岭山系的湘江与发源于越城岭山系的漓江连接起来。灵渠流经漓江的途中汇集了清水江、马尿河等河流，其中桂黄公路和湘桂铁路都横穿灵渠。

兴安历史悠久，远在新石器时代就有人类居住，春秋战国时期属楚国疆土，秦始皇二十六年（公元前221年）于此地置零陵县，宋太平兴国二年（977年）始名兴安。

兴安县位于广西东北部的湘桂走廊，地处北纬25°18′～26°55′、东经110°14′～110°56′，属桂林市辖县，是湘漓二水之源，自古以来就是楚越文化交汇之区。兴安县东南接灌阳县，西南濒灵川县，西北邻龙胜各族自治县，北与资源县为邻，东北与全州县相接，总面积2348km^2，属典型的山丘区。湘桂铁路和国道322线一级公路斜贯兴安全境，县城南距“山水甲天下”的桂林市区57km。灵渠核心枢纽工程交通便利。

2.3 地形地貌

兴安县地形多样而复杂，西北和东南部为山地，山峦重叠，沟谷溪流纵横；西北部为越城岭山系，逐渐向西南倾斜；东南部是都庞岭的海洋山系，逐渐向东北倾斜，形成两大山系之间的狭长谷地，俗称“湘桂走廊”，其间有土岭、石山、河谷平原。人称“兴安高万丈，水往两头流”。整个兴安县的地形恰似一只展翅的蝴蝶，东北角形似蝴蝶的头，西南角形似蝴蝶的尾，东南和西北部恰似展开的翅膀。湘桂走廊中部的临源岭是制高点，湘江和灵渠由兴安县城东郊分水塘的东北和西南低处方向分流。湘江流向东北，属于长江水系；灵渠向西南汇入大溶江，合流称漓江，属珠江水系。

灵渠铧嘴、大小天平、南渠南陡至粟家桥段秦堤（长 1453.32m）地貌单元属于湘江的江心洲和河流阶地，地形相对较为宽缓、平坦。渠首枢纽水利工程铧嘴、大小天平所处地貌为湘江江心洲，河面开阔，水流宽而缓，下伏地层为岩溶不发育的石灰岩。南渠南陡至粟家桥段秦堤所经多为湘江一级阶地后缘，下伏地层为灰岩。

2.4　地层岩性

兴安县地处江南古陆西段东南缘，湘桂褶皱带的北部，主要出露的地层包括寒武系（Є）、奥陶系（O）、泥盆系（D）、石炭系（C）、白垩系（K）和第四系（Q）地层。灵渠通过的地段主要出露的地层有泥盆系（D）、石炭系（C）和第四系（Q）地层。主要地层岩性如下。

（1）泥盆系地层

泥盆系地层主要包括郁江阶杂色砂岩夹页岩层、东港岭阶灰岩层、泥质灰岩和泥盆系上统灰色灰岩、鲕状灰岩层，主要分布于灵渠三里陡以下地段。

（2）石炭系地层

石炭系地层主要包括严关阶灰岩、页岩层，大塘阶黄金段灰岩、含隧石灰岩夹白云岩层，主要分布于灵渠三里陡以上地段。

（3）第四系地层

第四系地层包括更新统和全新统松散堆积层，其中更新统主要为第二、三级阶地冲积层，以黏土和砾石层为主，分布于灵渠上段兴安县城附近和下段车田至溶江镇一带；全新统主要为一级阶地和现代河流冲积层，以黏土、砂质黏土、亚砂土、砂卵石层为主，分布于河谷两岸及河床。此外，在山顶和山坡部位还分布有残坡积成因的粉质黏土层、亚黏土层。

灵渠秦堤沿线地层按成因和工程特征由上至下分可为下述四个单元。

1）第四系人工填筑层（Q_4^{ml}）。

沿渠线人工填筑层：灰黄色、黄褐色，稍湿，稍密。主要成分为砂土、黏土，占 60%～90%，夹杂有少量石灰、碎石、卵石、建筑垃圾，占 40%～60%。

该层沿渠线表面地层连续分布，在所完成的20个钻孔中均有揭露，层厚为0.1～3.0m，在ZK-01、ZK-05、ZK-06、ZK-08、ZK-09中厚度较小，未单独分层描述。

2）第四系冲洪积层（Q_4^{al+pl}）。

① 砂质黏土、粉质黏土：灰黄色、黄褐色，软塑～硬状，含水量从上到下变化较大，稍湿～潮湿。该层沿渠线基本连续分布，在所完成的20个钻孔中均有揭露，层厚为0.1～5.8m，在ZK-12中层厚为0.2m，层厚较小，并入上伏填筑土层，未单独分层描述。

② 砂卵石土：灰色、灰黄色、黄褐色，卵石粒径20～80mm不等，卵石含量50%～90%不等，次圆状～圆状，分选性较差，磨圆度较好，卵石成分为中风化砂岩及灰岩，岩质坚硬；卵石间充填10%～50%的砂质黏土、粗砂及砾砂，结构松散，潮湿～饱水。该层沿渠线呈不连续分布，其中：K0+332.2—676.5段，层厚为0～8.5m，在ZK-02、ZK-03、ZK-05、ZK-06、ZK-07、ZK-08、ZK-09中有揭露；K0+735.0—K1+000.1段，层厚0～4.3m，在ZK-14、ZK-16、ZK-17中有揭露。

3）石炭系下统严关阶灰岩层（C_{1y}）。

灰岩：灰色、灰黑色，含炭质成分，厚层状构造，微晶结构，钙质胶结，中风化，岩芯呈短柱状、长柱状，裂隙发育，裂隙充填黑色粉质黏土及粉砂，锤击声脆，回弹振手，可碎，岩质较坚硬。该地层在所完成的20个钻孔中均有揭露。根据钻孔资料，基岩埋深2.6～14.0m不等，平均埋深6.57m，在K0+356.3—411.7段基岩顶面起伏较大，其余区段基岩顶面有一定起伏。

2.5 地质构造

兴安县域经过了加里东、印支、燕山三次强烈的褶皱断裂运动。加里东运动以形成褶皱构造为主，断裂次之，伴随着花岗岩基岩侵入，构造运动后地槽回返，地槽发展阶段到此结束。印支运动以褶皱和断裂活动为主，使地台盖层构造形成，海相沉积作用结束。燕山运动以断裂构造活动为主，褶皱活动次之，这次构造运动后区内地质构造最后定型。三次构造运动形成的褶皱和断裂构造均沿着北东方向有规律地展布，不同期构造发育方向相同反映了盖层构造继承了基底构造的方向和基底构造对盖层构造的控制作用，反映了区内褶皱、断裂的形成主要受北西、南东方向构造挤压力作用，形成了猫儿山背斜、兴安复向斜、海洋山穹窿等褶皱构造和溶江、白石等区域性大断裂。

猫儿山背斜：区域上长约 50km，宽 30km，县内为背斜南端，位于华江瑶族乡和金石乡。背斜轴向 NE30°～40°，向南倾伏。核部地层为前寒武系地层，被加里东期花岗岩破坏并取代。翼部地层为寒武系、奥陶系、志留系地层。

兴安复向斜：位于猫儿山背斜与海洋山穹窿之间，北经界首，南过高尚，长大于 50km，宽 20～30km，轴向 NE40°～50°。核部地层为石炭系、白垩系地层，翼部地层为泥盆系地层，向斜宽广平缓，次级褶皱发育，是一开阔短轴复式向斜。由于溶江、白石两条区域性大断裂的破坏，向斜形态复杂。

海洋山穹窿（短轴背斜）：位于漠川乡东部海洋山一带，长轴方向 NE30°，长 40km，宽 20km，向四周边缘倾斜，近似椭圆状。穹窿核部由奥陶系地层组成，被加里东期花岗岩侵入破坏。翼部由泥盆系地层组成，县内仅是西翼的一部分。

溶江断裂：走向 40°～50°，倾向北西，倾角 30°～60°。县内由南往北经溶江镇、严关乡和护城乡的南源村及界首镇的石门村通过兴安复向斜西侧，两端延出县外，长大于 40km，破碎带宽几十至上百米，北西盘上升，南东盘下降。错断的地层有奥陶系、泥盆系、石炭系和白垩系地层。受该断裂影响，下盘灰岩蚀变重结晶，形成几米至上百米宽的不连续大理岩化带。该断裂进入新生代仍有活动，溶江镇附近曾发生两次四级以上地震。

白石断裂：走向 30°～40°，倾向北西，倾角 37°～45°。县内经白石乡和漠川乡的白面村南北延出境外，长大于 30km，破碎带宽 30～200m，北西盘上升，南东盘下降。区域上错断的地层有泥盆系、石炭系、白垩系地层。

秦堤处于兴安复向斜核部宽缓区域，距离溶江断裂 10～12km，距离白石断裂 25～30km，无其他断裂通过。上述断裂距离灵渠渠首及堤较远，影响极其微小。

2.6　水文地质条件

由于地形独特，兴安水系也形成南北两支，东南海阳山水由东南往北流，为湘江水系，西北越城岭水由西北往南流，为漓江水系。在这两大水系的中部，即县城附近，湘江和漓江的一条小支流始安水通过灵渠将湘江和漓江沟通。灵渠与各河流的关系见图 2-1。

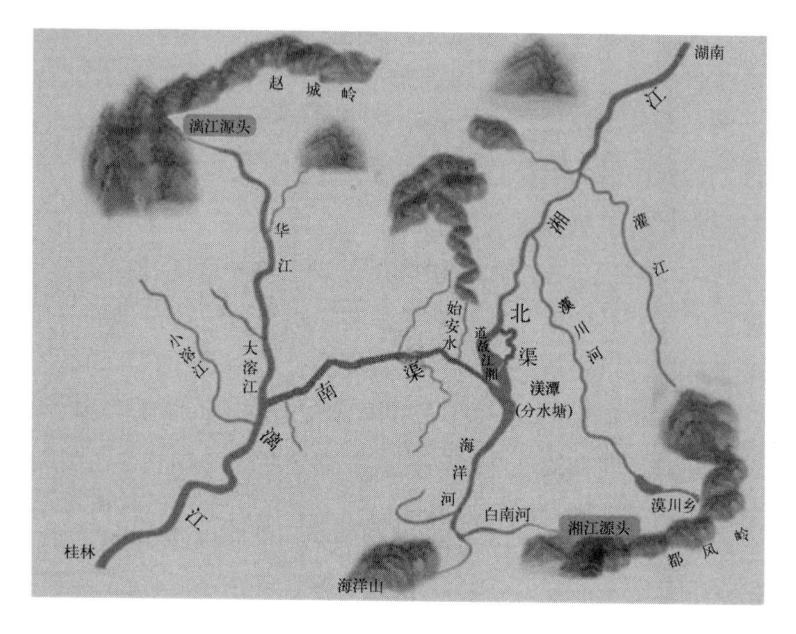

图 2-1　灵渠水系示意图

图片来源：兴安县地方志编纂委员会. 兴安县志[M]. 南宁：广西人民出版社，2002.

兴安往北的河流有湘江及其支流漠川河，往南流的有大溶江及其支流黄柏江、小溶江及川江，还有连接湘江和漓江的灵渠。湘江水系在县内河流总长 334.3km，流域面积 1117.3km^2，占全县面积的 47.6%；漓江水系在县内河流总长 483.4km，流域面积 1230.47km^2，占全县面积的 52.4%。县内河网密度为 0.35km/km^2，多年平均总流量为 118.26m^3/s。

灵渠北渠大致与湘江故道平行，其水位高过湘江故道。湘江在分水塘经铧嘴分流和大小天平坝引流后，约有七分水流入北渠，最大引流量 12m^3/s，约有三分水流入南渠，最大引流量 6m^3/s。南渠下游有四条自然河流汇入。灵渠的平均纵坡为 1.09%，多年平均水位 184.1m，多年平均最高水位 186.97m，多年平均最低水位 183.76m，极端最高水位 188.52m，极端最低水位 183.57m；多年平均流量 11.39m^3/s，多年平均最大流量 343.38m^3/s，多年平均最小流量 1.26m^3/s，极端最大流量 662m^3/s，极端最小流量 0.35m^3/s。

兴安县西北部越城岭向南倾斜，东南部由海洋山系向北倾斜，中部为兴安向斜盆地及大溶江盆地，地貌为侵蚀堆积型，县城附近为湘江及漓江两个流域的分水岭，形成中间高、西南与东北低的“湘江走廊”狭长地形，为中、上泥盆统和下石炭统碳酸盐类地层，岩溶发育，灰岩地下水活动强烈，中部向斜为一天然汇水盆地，暗河到处可见，水位较低，上部覆盖层透水性大，因此大气降水很快渗入地下，形成地下径流。地下水补给来自大气降水和渠道渗漏及灌溉回归渗入。

灵渠南陡至粟家桥段秦堤渗水，根据以往的勘察资料，钻孔中均有地下水，初见水位埋深距离孔口1.5～8.2m，稳定水位埋深距离孔口1.3～4.6m，相当于标高 209.51～213.12m。秦堤段地下水类型主要为上部冲洪积河谷一级阶地孔隙潜水及下伏基岩中的岩溶裂隙水，水量较丰富，渗透性好，水位埋深浅，与秦堤场地南侧灵渠及北侧湘江有密切的水力联系，主要补给来源为灵渠渗水、湘江表水及大气降雨，地下水位年变幅在1～2m。

2.7 地　震

（1）地震活动

根据兴安地区区域地壳稳定性分析图可知，场地构造上位于兴安复向斜核部，地形上为兴安盆地，地貌上为河谷阶地稳定区，地壳属稳定区。历史上场地附近未发生过5级以上的地震，近年也没有地震记录。

（2）抗震区划

按照《建筑抗震设计规范》（GB 50011—2010）附录A.0.20条的划分及《中国地震动峰值加速度区划图》（GB 18306—2008）的规定，广西兴安县抗震设防烈度为Ⅵ度，设计地震分组为第一组，设计基本地震加速度值为 0.05*g*，特征周期为0.35s。

（3）抗震地段划分

兴安灵渠秦堤段以河谷阶地冲洪积地层为主，场地类别为Ⅱ类，按《建筑抗震设计规范》（GB 50011—2010）表4.1.1之规定，拟建场地属建筑抗震不利地段。

（4）液化判定

根据钻探揭露，场地有呈层状分布的地下水，无成层状分布的粉土、粉砂等，地层以河流阶地冲洪积地层为主，以粉砂土、卵石土和含砂砾的粉质黏土为主，透水性好，土粒结构较好，故可不考虑砂土的液化影响。

2.8 秦堤岩土体工程力学性质及试验参数

1. 原位测试成果

根据秦堤冲洪积层的标准贯入测试结果，结合《兴安县灵渠铧嘴工程勘察报告》（核工业桂林工程勘察院编写，2002 年发布）中的重型动力触探结果和《兴安县灵渠秦堤泄露工程岩土工程勘察报告》（桂林矿产地质研究院工程勘察院，2005 年）的标准贯入试验等统计数据，判定秦堤内各土层密实程度，确定灵渠大小天平的承载力及压缩指标，并按照《建筑地基基础设计规范》（GB 50007—2002）表 4.1.8 中之规定判定（表 2-1、表 2-2）。统计结果见表 2-3、表 2-4。

表 2-1 标准贯入试验锤击数与砂土、粉质黏土密实度的评定

标准贯入试验锤击数 N	密实度	标准贯入试验锤击数 N	密实度
$N \leqslant 10$	松散	$15 < N \leqslant 30$	中密
$10 < N \leqslant 15$	稍密	$N > 30$	密实

表 2-2 重型动力触探击数与卵石土的密实度评定

重型圆锥动力触探击数 $N_{63.5}$	密实度	重型圆锥动力触探击数 $N_{63.5}$	密实度
$N_{63.5} \leqslant 5$	松散	$10 < N_{63.5} \leqslant 20$	中密
$5 < N_{63.5} \leqslant 10$	稍密	$N_{63.5} \geqslant 20$	密实

表 2-3 标准贯入试验结果

地层	试验类型	有效样本个数/个	实测锤击数					修正后击数标准值/击	密实度	承载力标准值 f_k /kPa
			最小值	最大值	平均值	标准差	变异系数			
冲洪积粉质黏土	标准贯入试验	10	4.0	8.0	5.4	1.4	0.26	4.6	松散	130

表 2-4 重型动力触探试验结果

地层	频数	N 范围	平均值/（击/10cm）	标准差 σ	变异系数 δ	统计修正系数	修正值/（击/10cm）	承载力标准值 f_k /kPa
冲洪积卵石土	104	3.4～12.2	7.6	2.7	0.35	0.94	7.2	300

2. 室内土工、岩石试验

前期勘察主要针对场地内秦堤冲洪积层粉质黏土取样进行室内土工试验，借鉴《兴安县灵渠秦堤泄露工程岩土工程勘察报告》（桂林矿产地质研究院工程勘察院，2005 年）中已有的室内试验资料，对冲洪积粉质黏土、卵石土、中风化灰岩进行试验分析，以确定地基岩土的物理力学性质，包括土的膨胀性、渗透性。试验结果见表2-5。岩土体渗透性分级判定按照《水利水电工程地质勘察规范》（GB 50487—2008）附录 F 之规定（表 2-6），冲洪积层粉质黏土的渗透系数 K=9.25×10^{-5}cm/s，可判定为微透水土层。由《膨胀土地区建筑技术规范》（GBJ 112—1987）有关膨胀土定性的规定，灵渠冲洪积粉质黏土的自由膨胀率为 26.08%，小于 40%，判定为非膨胀土，不考虑膨胀性。冲洪积层压缩模量 E_s=5.4MPa，4MPa＜E_s＜20MPa，属于中等压缩性土。

表 2-5　冲洪积层中粉质黏土土工试验结果统计表

指标	统计个数	最小值	最大值	平均值	标准差	变异系数	修正系数	标准值
自由膨胀率 δ_{ef}/%	6	10.00	30.00	22.00	8.95	0.40	1.33	26.08
天然含水率 w/%	1	17.20	49.10	27.20	7.55	0.28	1.11	30.06
天然密度 ρ_0/（g/cm^3）	6	1.73	2.03	1.93	0.08	0.04	1.00	1.93
湿密度 ρ/（g/cm^3）	9	1.16	1.86	1.58	0.17	0.11	0.96	1.51
孔隙比 e_0	9	0.64	1.37	0.83	0.19	0.23	1.09	0.91
饱和度 S_r	9	72.30	99.20	91.00	7.10	0.10	1.03	93.87
土粒比重 G_s	1	2.70	2.75	2.73	0.01	0.00	1.00	2.73
液限 w_L/%	1	29.30	53.70	36.60	5.93	0.16	1.00	36.59
塑限 w_P/%	1	14.20	37.10	21.80	5.65	0.26	1.00	21.80
塑性指数 I_P	1	11.00	17.00	15.00	1.64	0.11	1.00	15.03
液性指数 I_L	1	0.06	0.72	0.36	0.21	0.60	1.23	0.44
压缩系数 $\alpha_{0.1\text{-}0.2}$/MPa^{-1}	9	0.19	0.62	0.33	0.14	0.41	1.17	0.39
压缩模量 E_s/MPa	9	3.33	9.45	6.10	1.74	0.28	0.88	5.40
黏聚力 c/kPa	6	14.00	70.00	37.00	14.62	0.39	0.83	30.62
内摩擦角 φ/（°）	6	10.00	20.00	14.80	3.03	0.21	0.91	13.43
渗透系数 K/（cm/s）	1	1.31×10^{-7}	1.48×10^{-3}	1.85×10^{-4}	4.90×10^{-4}	2.63	-0.65	9.25×10^{-5}

表 2-6 岩土体渗透性分级判定标准

渗透性等级	标准	
	渗透系数 K/（cm/s）	透水率 q/Lu
极微透水	$K<10^{-6}$	$q<0.1$
微透水	$10^{-6}\leqslant K<10^{-5}$	$0.1\leqslant q<1$
弱透水	$10^{-5}\leqslant K<10^{-4}$	$1\leqslant q<10$
中等透水	$10^{-4}\leqslant K<10^{-2}$	$10\leqslant q<100$
强透水	$10^{-2}\leqslant K<1$	$q\geqslant 100$
极强透水	$K\geqslant 1$	

为了分析秦堤岩土渗透变形的类型，对秦堤冲洪积层中的粉质黏土和含砾黏土进行了颗粒分析试验，按照《土工试验方法标准》（GB/T 50123—1999），得到其级配累积分布曲线，如图 2-2 和图 2-3 所示。

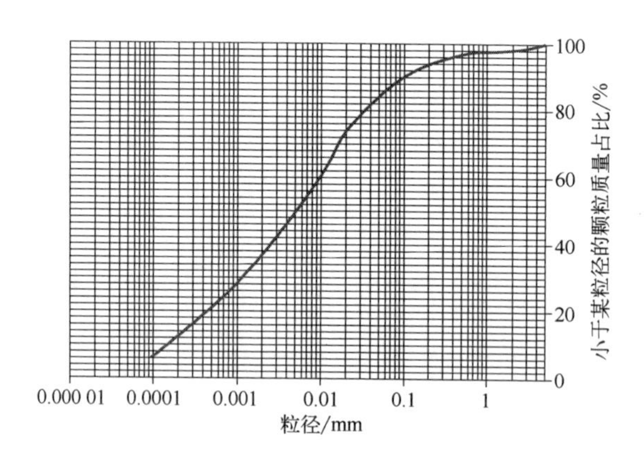

图 2-2 粉质黏土级配曲线

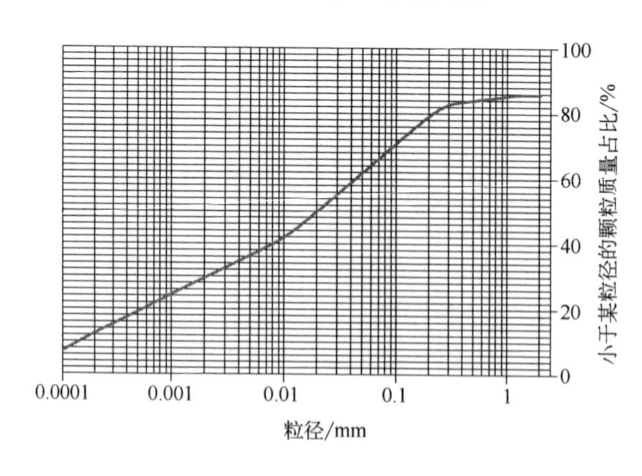

图 2-3 含砾黏土级配曲线

第3章　灵渠秦堤渗水病害

3.1　秦堤现状概述

秦堤是指修建于灵渠与湘江之间的一段堤坝，主要位于灵渠南陡至大湾陡。由于其最早修建于秦朝，所以俗称秦堤。其中，美龄桥至粟家桥段（该段从美龄桥始，经飞来石、秦堤亭、泄水天平、便桥，到粟家桥止）基本平行于湘江展布，是灵渠距湘江最近的一段，也是目前存在渗水和渗透变形最严重的一段。

秦堤自建成以来，经历了2200多年的沧桑，其现状是经多次溃决和历代维修的结果。秦堤顶宽5～20m，高3～5m，内外坡面均采用条石砌筑护岸墙，顶宽0.4～0.7m，底宽0.7～1.0m（估算），墙面坡率1∶0.1。堤内上部为人工填土，下部为冲洪积层。美龄桥至粟家桥段堤外便是湘江一级阶地及湘江故道，距离湘江最近处只有一堤之隔，宽仅有6m。秦堤堤顶高程215.0～213.7m，渠内水位213.6～212.4m，湘江水位210.83～209.12m，渠内水位与湘江水位高差为2.8～3.5m（此数据为2011年12月测绘数据）。灵渠秦堤水位、钻孔稳定水位及湘江水位统计分析见表3-1。

表3-1　钻孔稳定水位、灵渠水位、湘江水位统计分析

位置（灵渠桩号）	钻孔编号	孔口高程/m	钻孔稳定水位/m	灵渠水位高程/m	对应的湘江水位/m	灵渠渠底高程/m	灵渠水深度/m
K0+333.2	ZK-01	214.581	212.481	213.6	210.83	212.98	0.62
K0+356.3	ZK-02	214.365	212.765	213.6	210.78	213.10	0.50
K0+374.0	ZK-03	214.300	212.200	213.5	210.72	212.84	0.66
K0+398.4	ZK-04	214.262	212.762	213.5	210.72	212.78	0.72
K0+411.7	ZK-05	214.241	212.941	213.5	210.52	212.74	0.76

续表

位置（灵渠桩号）	钻孔编号	孔口高程/m	钻孔稳定水位/m	灵渠水位高程/m	对应的湘江水位/m	灵渠渠底高程/m	灵渠水深度/m
K0+431.2	ZK-06	214.241	212.741	213.4	210.40	212.90	0.50
K0+445.6	ZK-07	214.289	212.689	213.4	210.30	212.56	0.84
K0+536.3	ZK-08	214.420	212.720	213.4	210.12	212.57	0.83
K0+536.3	ZK-09	214.240	211.640	213.2	210.12	212.32	0.88
K0+652.9	ZK-10	213.683	211.583	213.2	210.12	212.30	0.90
K0+676.5	ZK-11	213.837	211.937	213.1	209.82	212.30	0.80
K0+710.3	ZK-12	213.821	211.721	213.1	209.82	212.26	0.84
K0+735.0	ZK-13	213.692	211.192	213.0	209.71	212.10	0.90
K0+779.6	ZK-14	213.875	211.875	212.9	209.66	212.24	0.66
K0+812.5	ZK-15	214.091	212.491	212.9	209.64	212.3	0.60
K0+863.1	ZK-16	214.158	211.858	212.7	209.49	212.2	0.50
K1+000.1	ZK-17	214.815	211.615	212.7	209.30	212.1	0.60
K1+035.4	ZK-18	214.666	211.466	212.7	209.30	212.12	0.58
K1+090.8	ZK-19	214.330	212.430	212.6	209.22	211.00	1.60
K1+160.4	ZK-20	213.811	211.511	212.6	209.12	210.90	1.70

注：表中数据为 2011 年 12 月中铁西北科学研究院有限公司地质勘察现场实测结果。

3.2 秦堤渗水现状

3.2.1 渗水概况

根据《灵渠志》（兴安县地方志编纂委员会编写，2010 年）记载，中华人民共和国成立后的 1952 年、1953 年、1954 年、1978 年、1985 年，由于洪水或者渗流，美龄桥至飞来石段秦堤（K0+400—800）不同部位溃堤。而南陡至美龄桥段，灵渠右侧为灵渠公园，灵渠距离湘江故道 90～100m，灵渠公园内为冲洪积的粉质黏土层，渗水不明显。

秦堤自秦代建成以来到中华人民共和国成立前，历代关于修渠的记载有 37 次，其中大修 26 次。新中国成立后对灵渠进行了 10 多次维修。修渠的内容：一是修复被冲毁的渠堤；二是疏浚被淤塞的渠道；三是凿去渠底妨碍行舟的礁石；四是增设和维修陡门。其中，对灵渠的渠道来说，最重要的工程地质问题是秦堤的渗水和稳定性。

根据现场调查，自美龄桥至粟家桥段约 1.2km 的秦堤有明显渗水点 37 处，详见表 3-2。

表 3-2　主要明显渗水点统计表

序号	对应的灵渠桩号	渗水点状态描述	渗水量估算 / (m^3/天)	渗水部位及原因分析	现场情况
1	K0+394m 处	渗水呈股状泉水	100	从秦堤挡墙基础底部渗出，为秦堤粉质黏土与砂卵石层分界的部位	
2	K0+400m 处	面状渗水，水流流速明显，有水流声，从秦堤基础部位出露	1000	挡墙底部条石砌筑不密实，秦堤内侧护岸墙空隙较大，冲蚀	
3	K0+410m 处	股状散开渗水点，从秦堤底部流出，水流声很大，流速明显	320	挡墙底部条石砌筑不密实，秦堤内侧护岸墙空隙较大，秦堤内土层细颗粒被冲蚀带走，形成管涌泉眼	
4	K0+415m 处	泉眼点状渗水点	100	从挡墙基础底部的砂卵石层中渗出，灵渠渠底部砂卵石透水层渗水	
5	K0+425m 处	面流状渗水点，长约 1.5m，流量大，流速快，水流声明显	850	从秦堤下伏砂卵石层渗出，卵石层透水能力强，秦堤及渠道内细颗粒被潜蚀带走，土体松散	
6	K0+430m 处	面流状渗水点，长约 0.5m，流量大，流速快，水流声明显	850	从秦堤下伏砂卵石层渗出，卵石层透水能力强，秦堤及渠道内细颗粒被潜蚀带走，土体松散	

续表

序号	对应的灵渠桩号	渗水点状态描述	渗水量估算/（m^3/天）	渗水部位及原因分析	现场情况
7	K0+445m 处	很粗大的泉眼，长约 0.5m，两端呈股状	2000	从秦堤基础部位渗出，秦堤及渠道内细颗粒被潜蚀带走，渗水点有沉淀的黏土，导致堤内土体松散、灵渠渠底及护岸墙空隙增大	
8	K0+460m 处	面流状，长约 0.5m，流速明显，流水声清晰	550	从挡墙基础底部的砂卵石层中渗出，灵渠渠底部砂卵石透水层渗水	
9	K0+468m 处	面状及线状渗水点	150	从秦堤下伏砂卵石层渗出，卵石层透水能力强，秦堤及渠道内细颗粒被潜蚀带走，土体松散	
10	K0+530m 处	埋设的管道，直径约 15cm，流速很快，流量大	550	在秦堤上铺设的出水涵管局部不密实，周边出现渗水	
11	K0+544m 处	泉眼线状渗水点，长约 5m 范围内间断流出	210	秦堤基础在出露的灰岩上，基础与下伏地层结合不紧密，孔隙大，潜蚀细颗粒，形成泉眼	
12	K0+564m 处	面状渗水点，分布范围长 2m、高 0.7m	100	秦堤基础在下伏灰岩上，基础与下伏地层结合不紧密，孔隙大，潜蚀细颗粒，形成面状渗流	

续表

序号	对应的灵渠桩号	渗水点状态描述	渗水量估算 /（m^3/天）	渗水部位及原因分析	现场情况
13	K0+654—675m 段	线状渗水点，长约 1m	100	秦堤基础在下伏灰岩上，基础与下伏地层结合不紧密，孔隙大，潜蚀细颗粒，形成面状渗流	
14	K0+654—675m 段	线状渗水点，长约 0.1m，成股流出	200	秦堤基础在下伏灰岩上，基础与下伏地层结合不紧密，孔隙大，潜蚀细颗粒，形成面状渗流	
15～19	K0+654—675m 段	泉眼点状渗水点，分布于五处。此段渗水点泉眼状出露集中，水流压力大、速度快	1000	秦堤基础在下伏灰岩上，基础与下伏地层结合不紧密，孔隙大，潜蚀细颗粒，形成面状渗流	
20	K0+654—675m 段	泉眼点状渗水点。此段渗水点泉眼状出露集中，水流压力大、速度快	550	秦堤基础在下伏灰岩上，基础与下伏地层结合不紧密，孔隙大，潜蚀细颗粒，形成面状渗流	
21	K0+654—675m 段	点状渗水点，水流大，成股流出。此段渗水点泉眼状出露集中，水流压力大、速度快	850	秦堤基础在下伏灰岩上，基础与下伏地层结合不紧密，孔隙大，潜蚀细颗粒，形成面状渗流	
22	K0+714—730m 段	点状泉眼渗水点，且水流较大，成股流出	850	秦堤基础在下伏灰岩上，基础与下伏地层结合不紧密，孔隙大，潜蚀细颗粒，形成面状渗流	

续表

序号	对应的灵渠桩号	渗水点状态描述	渗水量估算/（m^3/天）	渗水部位及原因分析	现场情况
23	K0+714—730m 段	线状泉眼渗水点，长约 1m，中部有较大水流	650	秦堤基础在下伏灰岩上，基础与下伏地层结合不紧密，孔隙大，潜蚀细颗粒，形成面状渗流	
24	K0+714—730m 段	点状泉眼渗水点	330	秦堤基础在下伏灰岩上，基础与下伏地层结合不紧密，孔隙大，潜蚀细颗粒，形成面状渗流	
25	K0+714—730m 段	线状渗水点，长约 1m	330	秦堤基础在下伏灰岩上，基础与下伏地层结合不紧密，孔隙大，潜蚀细颗粒，形成面状渗流	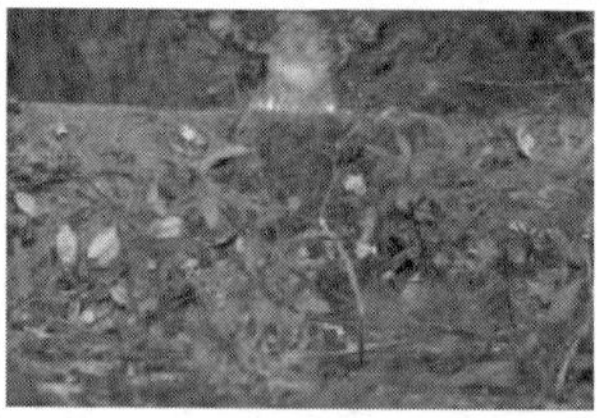
26	K0+714—730m 段	线状渗水点，长约 0.9m	20	秦堤基础在下伏灰岩上，基础与下伏地层结合不紧密，孔隙大，潜蚀细颗粒，形成面状渗流	
27	K0+745m 段	线状渗水点，长约 2m，两端呈股状流出，出水口管涌带出的细颗粒沉淀	550	秦堤基础在下伏灰岩上，基础与下伏地层结合不紧密，孔隙大，潜蚀细颗粒，逐渐发展为流土，形成面状渗流	
28	K0+764—784m 段	面状泉眼状渗水点，从大树根部流出，位于湘江边	100	远程机械潜蚀形成的渗透，将秦堤内细颗粒冲走，在粉质黏土与砂砾层接触面上形成渗流通道	

续表

序号	对应的灵渠桩号	渗水点状态描述	渗水量估算/（m^3/天）	渗水部位及原因分析	现场情况
29	K0+764—784m段	点状渗水点，从大树根部流出，位于湘江边	100	远程机械潜蚀形成的渗透，将秦堤内细颗粒冲走，在粉质黏土与砂砾层接触面上形成渗流通道	
30	K0+764—784m段	点状渗水点，位于江边	220	远程机械潜蚀形成的渗透，将秦堤内细颗粒冲走，在粉质黏土与砂砾层接触面上形成渗流通道	
31	K1+014m处	在秦堤外侧未砌筑粉质黏土层护岸底部，线状渗水点，长约2.5m	50	近距离机械潜蚀，在松散粉质黏土与稍密含砾粉质黏土层接触面上形成渗流通道	
32	K1+084m处	在秦堤外侧粉质黏土层护岸底部，线状渗水点，长约2m	30	近距离机械潜蚀，在松散粉质黏土与稍密含砾粉质黏土层接触面上形成渗流通道	
33	K1+116m处	线状渗水点，位于秦堤旁	220	近距离机械潜蚀，在松散粉质黏土与稍密含砾粉质黏土层接触面上形成渗流通道，秦堤护岸墙破损	
34	K1+140m处	线状渗水点，长约6m，在秦堤外侧护面墙与下伏土体接触面连续渗水	330	近距离机械潜蚀，形成管涌，在松散粉质黏土与稍密含砾粉质黏土层接触面上形成渗流通道	

续表

序号	对应的灵渠桩号	渗水点状态描述	渗水量估算/（m^3/天）	渗水部位及原因分析	现场情况
35	K1+140m 处	面状渗水点，分布在长约 1m、高约 0.6m 的范围内	220	近距离机械潜蚀，形成管涌，在松散粉质黏土与稍密含砾粉质黏土层接触面上形成渗流通道	
36	K1+165m 处	线状渗水点，长约 2m	80	近距离机械潜蚀，形成管涌，在松散粉质黏土与稍密含砾粉质黏土层接触面上形成渗流通道	
37	K1+185m 处	点状渗水点	30	近距离机械潜蚀，形成管涌，在松散粉质黏土与稍密含砾粉质黏土层接触面上形成渗流通道	

注：表中渗水点为 2011 年 12 月调查时发现的显著出水点，有部分渗流不明显的渗水点未作统计。累积估算美龄桥至粟家桥段损失的水量为 13 600～20 000m^3，以南渠当时能通航的最小流量 1.42m^3/s 估算南渠的日流量约为 122 688m^3，大致可估算出秦堤渗漏损失的水量为整个南渠水量的 12.5%～18.5%。

3.2.2 渗水主要原因分析

渗水为秦堤最突出的病害，也是秦堤地面塌陷和溃堤等其他病害产生的直接诱因。秦堤历经 2200 多年的多次溃决和历代维修加固，经受住了时间和实践的检验。根据现场调查，结合历代对秦堤的维修加固史料，分析其出现如此严重的渗水主要是由以下因素引起的。

1）灵渠与湘江之间的渗流路径短、水位差高是导致严重渗水的主要原因。此段秦堤高程为 214.3～213.7m，平均值为 214.0m；灵渠水位高程为 213.6～212.6m，平均值为 213.0m；湘江水位高程为 210.83～209.12m，平均值为 210.0m。由此可知，秦堤顶面比湘江水面高约 4m，灵渠水位比湘江水位高约 3m。地形上的高差导致灵渠水体与湘江之间产生巨大的水压差，由毛细水的缓慢渗透发展为孔隙潜水的有速渗透，最终发展为地下水的渗流。灵渠作为补给区，秦堤成了渗水的径流区，湘江成了排泄区，具有固定流向、稳定流速的水流通道形成后，便以涌泉、面状流水等形式出露在秦堤外护岸墙基础部位。当渗水通道形成后，渗水流直接冲蚀堤内细颗粒及部分较粗颗粒，将其冲走（或带走），以水动力直接破坏土体结构和岩土整体性，在秦堤内形成土洞，导致地面下沉、塌陷。

2）场地的岩土体性质是渗水的先天条件。渗漏集中发育的美龄桥至粟家桥段秦堤位于河流冲洪积阶地上，渠线沿着湘江的一级阶地后缘和二级阶地前缘展布，上部为人工填土、冲洪积粉质黏土，下部为卵石土、含卵石的粉质黏土、中风化灰岩等。人工填土、粉质黏土孔隙率偏高、渗透性差、强度偏低、土质松软，含卵石粉质黏土和卵石土透水性好、强度较高。粉质黏土的渗透系数较小，属微透水层，在正常情况下不会发生土的渗透破坏。但秦堤内的粉质黏土呈可塑～软塑状，土体结构松散，含有粉砂，具有一定的透水性，属于弱透水层。特别是由于常常发生地面塌陷，部分堤段土层结构进一步被破坏，更加松散，透水性增强，也增强了堤坝的透水性。

根据《水利水电工程地质勘察规范》（GB 50487—2008）附录G土的渗透变形判别公式，对渗透变形类型进行判别。

$$P_C' = \frac{1}{4\times(1-n)}\times 100\% = \frac{1}{4\times(1-0.48)}\times 100\% \approx 48\% > P_C = 44\%$$

式中　P_C——试验实测土的细粒含量界线值；

P_C'——土的细粒含量界限值，%；

n——土的孔隙率，%。

判别土的渗透变形为管涌型。

粉质黏土与含卵石粉质黏土或砂卵石土的分界部位或者砂卵石土正好是灵渠过水渠线所处部位，在水压力下，易于沿着具有不同渗透性的土体分界线发生机械潜蚀，出现绕堤渗流和堤身的直接渗漏，逐步加剧后将粉质黏土等细颗粒物质不断潜蚀、搬运，从而发展为管涌或流土。

根据前期物探报告资料，秦堤0.2～1.6m深度范围内土体松散，探查出空洞18个，松散土体沿秦堤里程累积达408m，表层土体0～3m深度范围内水平渗水严重。冲洪积卵石层出现大范围垂直渗水区域15处，在堤基处形成绕坝渗流。堤内下伏中灰岩也有空洞发育，调查发现12处，有些空洞已部分充填或坍塌，有些空洞已坍塌充填满。这些地质缺陷的存在加剧了秦堤的渗水和渗透变形破坏，也是堤面沉降塌陷、堤外侧护面墙变形破坏的直接诱发因素之一。

3）秦堤段位于湘江故道的洪水顶冲段是堤岸变形、堤内渗水加剧的重要因素。秦堤的展布正好处于湘江故道的河水顶冲段，洪水直接正对秦堤外侧护岸墙，冲刷比较严重，对护面墙的基础淘蚀将基础持力层逐渐冲走，形成凹岸淘蚀、凸岸堆积，使得护岸墙基础下沉，墙体鼓胀、外倾，变形加剧，同时起到了扩大秦堤渗流通道、加快渗流速度、缩短渗流路径的作用，加剧了秦堤渗漏。

4）秦堤内外两侧护岸墙功能的衰减加剧了秦堤渗水。秦堤两侧都采用条石砌筑，主要功能是防止渠内流水、地表水和湘江水对堤坝的冲刷破坏，同时提高堤坝自身的防渗能力。但由于秦堤护岸墙砌筑时间久远、后期人为破坏及改造质量差，砌浆材料被浸泡失效冲走，加之植物根劈等原因，条石间空隙增大，极大地降低了其防渗能力和自身稳定性，外侧护岸墙不具备防止细小颗粒流失的反滤功能。

5）秦堤内外两侧生长的巨大乔木对其渗漏的加剧起到了推波助澜的作用。秦堤历经历代的绿化，在其两侧形成了独特的林木景观，树干粗壮、根系发达的乔木分列秦堤两侧，间距 3～5m，紧靠秦堤内外浆砌条石护岸墙。这些树木树龄较大，一般约为 50 年，最大的树龄达 700 年，为香樟等根系非常发达的南方树种。巨大、粗壮的根系产生十分有力的根劈作用，堤内土体在植物根劈和生长力作用下变得松散，秦堤内外护面墙被根劈，产生裂缝，局部破碎。同时，秦堤范围平均风速为 3m/s，属三级风，即微风，最大风速可达到 24m/s，属九级风，即烈风，在长期风力作用下，高大、枝叶茂盛的乔木被吹动，带动根系，加剧了对堤内土体和护岸墙的松动破坏，使得土体结构松散、护岸墙破裂，水流由破损开裂的护岸墙中沿着疏松的土体渗流，淘蚀细颗粒，从而形成贯通发育的泉眼状渗水。可以说，这对渗流等渠体病害的进一步加剧起到了有力的推波助澜的作用。

3.2.3 渗水危害性划分

根据现场调查，与物探分析结合，灵渠的渗漏可按照渗水量的大小、地面沉降塌陷、渠内外护岸墙变形、堤内土洞的分布等因素进行分段，见表 3-3。

表 3-3　灵渠秦堤渗水危害性分段划分表

序号	桩号	堤面、护面墙变形情况	渗水情况	对灵渠秦堤的影响及安全危害性
S1	K0+314—390m（美龄桥至泵房）	距离湘江故道 50～70m，此段秦堤只有内侧护面墙，堤面有下沉	渗透路径较远，以机械潜蚀渗透为主，渗水轻微，没有明显出水点	占秦堤渗水量的比重很小，对此段的秦堤安全稳定性影响轻微
S2	K0+390—540m	秦堤紧邻湘江故道，此段秦堤有内外侧护面墙，堤面有下沉、塌陷，物探资料显示土体中土洞分布较多，土体松散，底部有小规模岩溶发育，外侧护岸墙倾斜、下沉、鼓胀主要集中在此段	位于湘江的顶冲段，渗透路径很短，有明显的水位差，以显著的涌泉状渗水为主，泉眼集中，流速快，流量大，约占整个秦堤段渗水量的 40%，渗水严重	占秦堤渗水量的比重很大，对此段的秦堤安全稳定性影响严重，严重危害秦堤的整体安全和灵渠的供水量
S3	K0+540—630m	距离湘江故道 20～50m，此段秦堤内外侧有护面墙，堤面局部有少许下沉，外侧护面墙局部有变形	渗透路径较远，以机械潜蚀渗透为主，渗水轻微，没有明显出水点，约占总量的 5%	占秦堤渗水量的比重很小，对此段的秦堤安全定性影响轻微
S4	K0+630—790m	秦堤紧邻湘江故道，最近处仅 4m。此段秦堤有内外侧护面墙，堤面有下沉、塌陷，物探资料显示土体中土洞分布较多，土体松散，底部有小规模岩溶发育	位于湘江的顶冲段，渗透路径很短，有明显的水位差，以显著的涌泉状渗水为主，泉眼集中，流速快，流量大，约占整个秦堤段渗水量的 40%，渗水严重	占秦堤渗水量的比重很大，对此段的秦堤安全稳定性影响严重。历史上此段秦堤有多次溃决、重砌的记录，渗水严重危害秦堤的整体安全和灵渠的供水量
S5	K0+790—880m	距离湘江故道 20～40m，此段秦堤内外侧有护面墙，堤面局部有少许下沉	渗透路径较远，以机械潜蚀渗透为主，渗水轻微，没有明显出水点，渗水量约占总量的 5%	占秦堤渗水量的比重很小，对此段的秦堤安全稳定性影响轻微
S6	K0+880—925m（泄水天平）	此段为泄水天平	泄水天平的基础有明显的渗漏点	占秦堤渗水量的比重较轻微，洪水期泄水对此段的秦堤安全稳定性很重要
S7	K0+925—K1+220m	距离湘江故道 15～60m，此段秦堤内侧有护面墙，外侧护面墙局部变形，堤面有下沉、塌陷，物探资料显示土体中土洞分布较多，土体松散	渗透路径较远，以机械潜蚀渗透为主，在 K1+180—220m 段有明显的泉眼渗水，渗水量较小，约占总量的 5%	占秦堤渗水量的比重较小，河流顶冲段，洪水期对该段外侧护岸墙有一定危害性
S8	K1+220—K1+453m（粟家桥）	距离湘江故道 40～100m，此段秦堤内侧有护面墙，堤面有少量下沉、塌陷、土洞分布	渗透路径较远，以机械潜蚀渗透为主，渗水量较小，约占总量的 5%	占秦堤渗水量的比重很小，对此段秦堤安全稳定性影响轻微

3.3　秦堤渗水病害的表现形式

根据现场调查，由渗水引起的秦堤病害主要表现为地面塌陷、局部空洞和护岸墙变形或挡墙基础淘蚀。

3.3.1 地面塌陷现状

前期勘察利用高密度电法、地质雷达、面波三种物探方法，综合检测秦堤渗水、地面塌陷、堤内岩土体结构。综合分析揭示：秦堤表层土体 0～3m 深度范围内水平渗水严重；覆盖层与基岩分界面约在深度 8m 处；冲洪积卵石层大范围垂直渗水区域 15 处，在秦堤处形成绕坝渗流；秦堤 0.2～1.6m 深度范围内土体松散，探查到的空洞共 18 个，松散土体沿秦堤里程累计达 408m；堤内下伏灰岩有少量空洞发育，岩溶较发育区域 12 处，一部分溶洞部分充填或坍塌，另一部分溶洞已坍塌充填满，灵渠渗水与溶洞发育导致秦堤上部土体疏松，土洞发育，使秦堤地面塌陷、内外侧护岸墙变形等病害产生。

由于渗透变形的发生，在秦堤上部出现松散土层或短暂的空洞，易引发地面塌陷。根据现场调查，自美龄桥至粟家桥段约 1.2km 的秦堤上共有堤顶地面沉降塌陷 21 处，秦堤外护岸墙变形破坏 6 处，见表 3-4 和表 3-5。

表 3-4 秦堤美龄桥至粟家桥地面变形与塌陷统计表

序号	位置	变形与塌陷描述	原因分析	现场情况
C1	K0+368—370m 处	长 2.5m、宽 2.5m 范围内地面沉降，下沉深度 5cm，水泥路面破裂，张开 2cm	填土不密实，灵渠机械潜蚀，带走堤内细小颗粒	
C2	K0+370—380m 处	长 10m、宽 2m 范围内地面沉降，下沉深度 5～10cm，水泥路面破裂，张开 2cm	地基基础不密实，灵渠机械潜蚀，带走堤内细小颗粒	
C3	K0+384—388m 处	长 4m、宽 2m 范围内地面沉降，下沉深度 5～15cm，水泥路面破裂，张开 2cm。路面水泥面层下 1m×1m 大小的范围有空洞	管涌式渗漏造成堤面基础内填土被冲走	

续表

序号	位置	变形与塌陷描述	原因分析	现场情况
C4	K0+409—414m 处	长 5m、宽 6m 范围内地面沉降，下沉深度 5～20cm，水泥路面破裂，张开 2cm。该范围内土层松散，有较小的渗流水冲蚀成的土洞	正对着秦堤有显著渗水点，渗水量较大，管涌式渗漏致使堤内土体结构松散，出现渗透变形	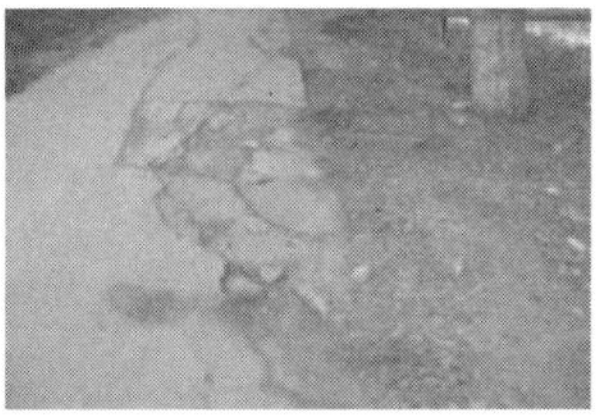
C5	K0+500m 处	直径 3m 的圆形范围内地面塌陷，形成下陷土洞，下沉深度 20cm，此处土体空虚、松散	潜蚀或流土，致使堤内局部土体被淘蚀，下沉塌陷	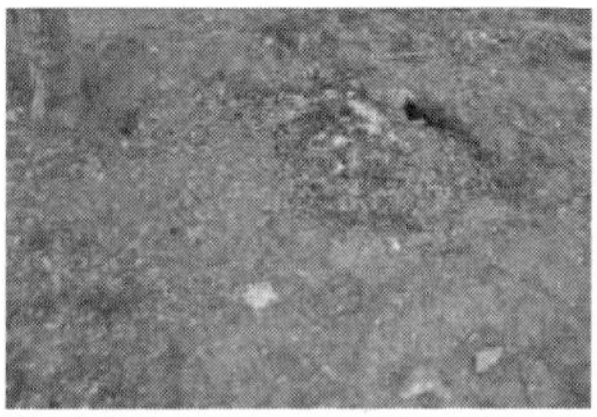
C6	K0+541—555m 处	长 5m、宽 4m 范围内地面沉降，水泥路面破碎，水泥层下有深度 2m 并伴有直径 3m 的凹坑，土体松散、虚松	管涌式渗漏造成堤面基础内填土被冲走，形成土洞	
C7	K0+560—564m 处	长 4m、宽 3m 范围内地面沉降，下沉深度 5～10cm，水泥路面破裂，张开 2cm	路基不均匀沉降或者流土	
C8	K0+605—608m 处	直径 2.5m 圆形范围内凹陷，下沉深度 25cm，水泥路面破裂，张开 2cm；土体松散，下部虚松	路基不均匀沉降；毛细渗漏	
C9	K0+633—641m 处	长 8m、宽 3m 范围内地面沉降，下沉深度 5cm，水泥路面破裂，张开 2cm；此段路面土体松散	管涌渗漏，产生不均匀沉降	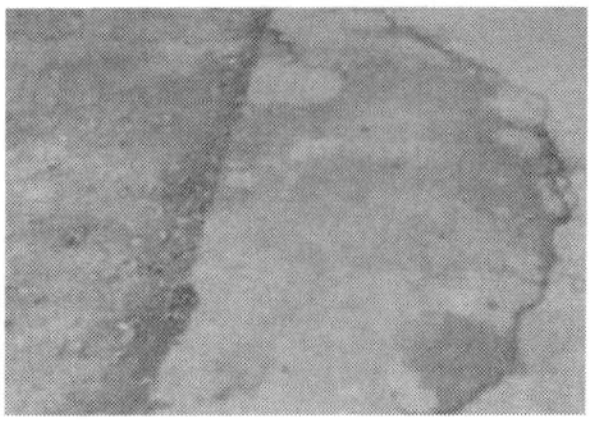

续表

序号	位置	变形与塌陷描述	原因分析	现场情况
C10	K0+659—684m 处	长 25m、宽 6m 范围内地面沉降，最大下沉深度 80cm，水泥路面破裂，张开 2cm，并伴有深 1m、直径为 2m 的三个路基空洞，土体松软	严重管涌渗漏，路基土体被淘蚀，产生下沉	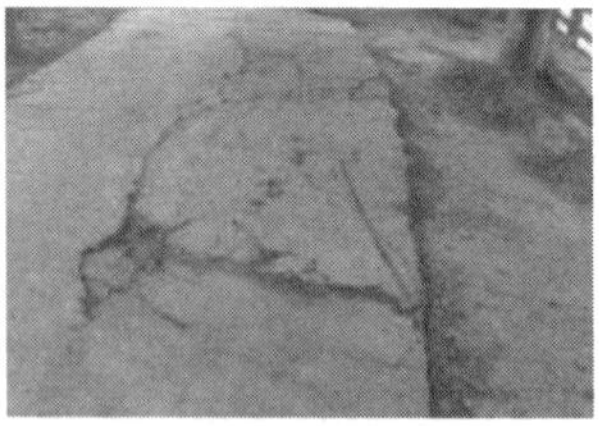
C11	K0+710m 处	直径 2m 圆形范围内地面沉降，形成土洞，下沉深度 1.5m	管涌渗漏;局部路基不均匀沉降，产生空洞	
C12	K0+758—766m 处	长 8m、宽 6m 范围内地面沉降，下沉深度 30cm，水泥路面破裂，张开 2cm	管涌渗漏或流土，导致路基不均匀沉降，路面破坏	
C13	K0+800—811m 处	长 11m、宽 3m 范围内地面沉降，下沉深度 20cm，水泥路面破裂，张开 2cm，土体松散	毛细潜蚀渗漏造成基础下沉	
C14	K0+945—950m 处	长 5m、宽 4m 范围内地面沉降，下沉深度 30cm，水泥路面破裂，张开 2cm，土体松软	路基不均匀沉降，基础承载力不够	
C15	K0+985—992m 处	长 7m、宽 3m 范围内地面沉降，水泥路面破裂，土体松软	管涌渗漏，产生不均匀沉降	

续表

序号	位置	变形与塌陷描述	原因分析	现场情况
C16	K0+997—K1+006m 处	长 9m、宽 1.2m 范围内地面沉降，水泥路面破裂	严重管涌渗漏，路基土体被淘蚀，产生下沉	
C17	K1+006—013m 处	两处长 6m、宽 1m 范围内地面沉降，水泥路面破裂	管涌渗漏或流土，导致路基不均匀沉降，路面破坏	
C18	K1+018—026m 处	长 8m、宽 1.5m 范围内地面沉降，水泥路面破裂，土体松软	路基不均匀沉降或者流土	
C19	K1+026—047m 处	长 20m、宽 1.5m 和长 6m、宽 1.2m 范围内地面沉降	管涌渗漏，产生不均匀沉降	
C20	K1+062—070m 处	长 6m、宽 4m 范围内地面沉降，水泥路面破裂，土体松软	管涌渗漏或流土，导致路基不均匀沉降，路面破坏	
C21	K1+132—144m 处	长 11m、宽 3m 范围内地面沉降，水泥路面破裂，土体松软	毛细潜蚀渗漏造成基础下沉	

注：表中数据为 2011 年 1 月中铁西北科学研究院有限公司工程地质勘察报告结果。

表3-5列出了秦堤美龄桥至粟家桥段外护岸墙变形或被淘蚀的情况。

表3-5 秦堤美龄桥至粟家桥段外护岸墙变形统计表

序号	位置	变形描述	变形原因分析	现场情况
1	K0+000 灵渠入口与湘江古河道处	河岸防冲刷浆砌条石护岸墙，基础被冲水淘蚀、下沉，墙体外倾，墙面上产生5～20cm的下沉拉裂缝；变形挡墙长25m，高约3.5m；此段湘江故道河床淘蚀深度50～60cm	基础埋深不够，洪水冲刷淘蚀（深度50～60cm）导致挡墙基础悬空，在洪水下破坏，基础产生不均匀沉降	
2	K0+469—485m处灵渠靠湘江侧，距泵房约50m处	秦堤外侧条石护岸墙基础被淘空，产生外倾下沉，外倾鼓胀25cm，下沉30cm，影响范围长15m	护岸墙基础埋深不够，基础逐段坐落在砂卵石层或者出露的灰岩上，基础承载力不均，位于湘江河道顶冲段，洪水淘蚀、冲刷十分严重，加之灵渠渗漏冲走堤内细颗粒，加剧了灵渠外护岸墙基础下沉、墙体的变形	
3	K0+498—534m处灵渠靠湘江侧，距泵房约80m处	秦堤右侧挡墙呈波浪形起伏变形，基础下沉20～100cm，有外倾鼓胀现象，外倾10～20cm，影响范围沿秦堤长约35m；此处渗漏严重，并有管道大量排泄	基础逐段坐落在砂卵石层或者出露的灰岩上，基础承载力不均；位于湘江河道顶冲段，洪水淘蚀挡墙下部基础严重；挡墙基础埋深不够；渗漏冲走堤内细颗粒，加剧了灵渠外护岸墙基础下沉、墙体的变形	
4	K0+534—549m处灵渠靠湘江侧，距泵房约100m处	秦堤右侧挡墙下部呈"U"形沉降变形，基础沉降20～80cm，墙体外倾鼓胀10～20cm，影响范围沿墙长约15m	位于湘江河道顶冲段，洪水淘蚀挡墙下部基础严重；挡墙基础埋深不够；渗漏冲走堤内细颗粒，加剧了灵渠外护岸墙基础下沉、墙体的变形	
5	K0+610—640m处秦堤碑亭右侧，湘江河道	此段河堤曾被冲毁，长约35m，新砌条石护岸墙基础受洪水冲刷严重，部分基础已被冲刷淘蚀外露，外露段长10m，有加剧趋势	挡墙基础埋深不够；湘江河道顶冲段洪水淘蚀严重	

续表

序号	位置	变形描述	变形原因分析	现场情况
6	K1+154—177m 处	秦堤外护岸墙，挡墙外倾 10～20cm，墙体有下错裂缝，宽 5～20cm，墙体下沉 30cm	挡墙基础埋深不够；管涌渗漏潜蚀带走细颗粒，软化基础，产生不均匀沉降	

注：表中数据为 2011 年 1 月中铁西北科学研究院有限公司工程地质勘察报告结果。

3.3.2　地面塌陷发育规律

秦堤地面塌陷的发生有其规律性，与渗水、堤宽、堤身岩土体分布情况等因素均有一定的相关性，现分述如下。

1. 地面塌陷的丛生性特征

秦堤沿美龄桥至粟家桥大约 1100m 范围内地面塌陷共 68 处，有 83 个塌陷坑，平均每 100m 发育 7.55 个，但是各段出现的几率是不同的，具有明显的丛生性（图 3-1）。由图 3-1 可知，K0+500—800m 段分布最密集，在 300m 范围内分布有 38 个塌陷坑，占总数的 45.78%，每 100m 大约分布 13 个，接近平均水平的

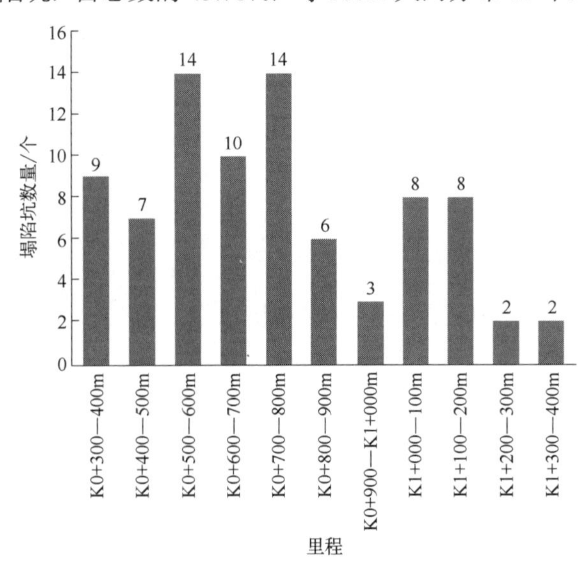

图 3-1　塌陷坑数量沿里程的分布

两倍；K0+300—500m 及 K1+000—200m 两段各分布有 16 个塌陷坑，略高于平均水平，各占 19.28%；K0+800—900m 段有 6 个塌陷坑，约占总数的 7.23%，略低于平均水平；K0+900—K1+000m 段、K1+200—300m 段及 K1+300—400m 段总塌陷坑数仅 7 个，每 100m 仅 2～3 个，三处分别占总数的 3.61%、2.41%、2.41%，远低于平均数。

另外，K0+300—400m 段的 9 个塌陷坑主要集中在 K0+340—400m 的 60m 范围内，也就是说，最密集的塌陷坑分布在 K0+340—400m 及 K0+500—800m 两段总共 360m 的范围内，K0+400—500m、K0+800—900m 及 K1+000—200m 段分布的密集度一般，其余部分分布数量较少。

图 3-2 显示的是塌陷坑沿左、右岸分布的情况。可以看出，绝大部分塌陷坑靠近灵渠右岸，占总数的 72.29%，靠近湘江左岸的占 26.51%，另有一处是贯通性的。

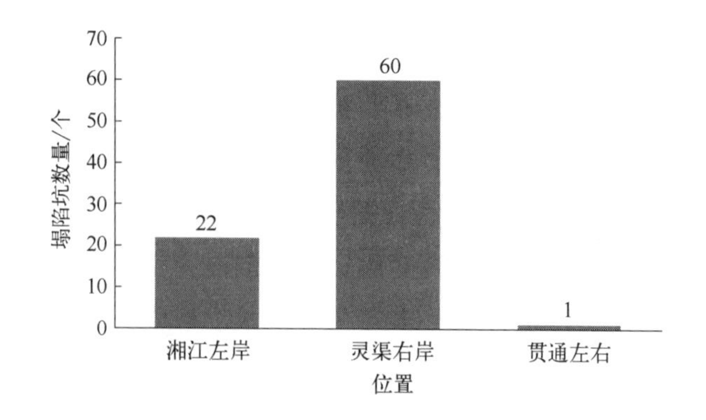

图 3-2 塌陷坑数量沿左、右岸分布情况

2. 与渗水点的相关性分析

图 3-3 所示是每 100m 范围内渗水点与塌陷分布的相关性结果，对比数据见表 3-6。

可以看出，渗水点的分布与塌陷分布有一定的相关性：①渗水点多的堤段往往地面塌陷的数量也较多，渗水点最密集的两段恰恰是地面塌陷最发育的三段中的两段，说明渗水的确是引起地面塌陷的重要原因；②部分堤段虽然地面塌陷比较严重，但渗水点并不多，说明引起地面塌陷的原因，渗水导致的渗透变形不是唯一的，土层沉降等也是可能的原因。

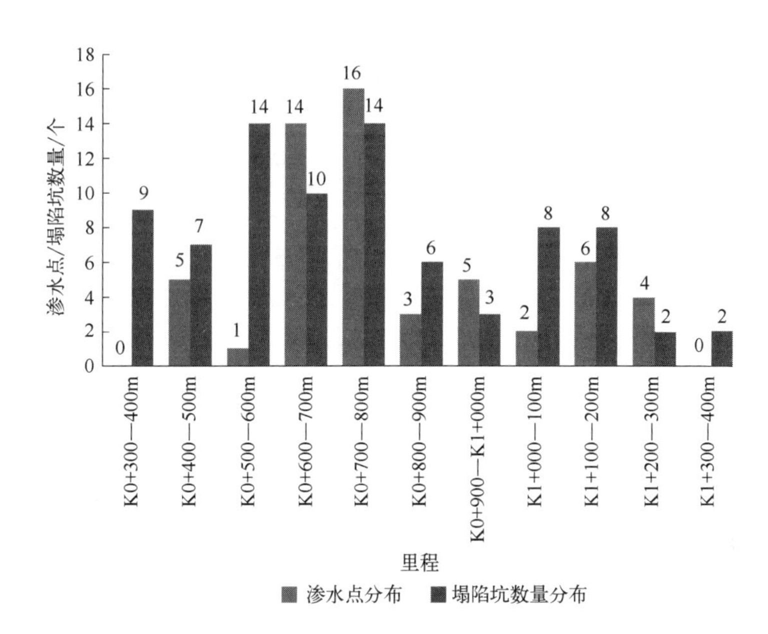

图 3-3　塌陷坑发育与渗水点的分布

表 3-6　塌陷坑与渗水点的相关性

塌陷坑与渗水点关系	里程位置	数量（渗水点/塌陷坑）/个	占比（渗水点/塌陷坑/里程）/%
二者均有	K0+400—540m、K0+660—800m、K0+940—K1+200m	6/11、30/21、9/19	80.36/61.45/49.09
仅有塌陷坑	K0+340 — 400m 、 K0+540 — 660m 、K0+800—880m、K1+240—260m、K1+300—320m、K1+340—380m	0/9、0/13、0/6、0/2、0/1、0/1	0/38.55/30.91
仅有渗水点	K0+880—920m、K1+200—220m	7/0、4/0	19.64/0/5.45
都不存在	K0+300—340m、K0+920—940m、K1+220—240m、K1+260—300m、K1+320—340m、K1+380—400m	—	0/0/14.55

由上述分析可知，渗水点和塌陷坑之间有一定的关联：两者同时存在的范围占总长度的 49.09%，在这不到一半的距离内存在 60%以上的塌陷坑、80%以上的渗水点，说明二者之间有一定的促进作用；但是，在 30.91%的范围内仅存在接近 40%的塌陷坑且没有渗水点，以及在另外的 5.45%距离内存在接近 20%的渗水点却没有塌陷坑，这说明二者之间并不存在必然的联系。也就是说，渗水有促进产生塌陷的作用，但是并不是产生塌陷的必备条件。

3. 与洞穴发育的相关性分析

表 3-7 给出了各类洞穴的分布情况。土洞和土层疏松基本平均分布，每

100m 范围平均存在 1 处和 3 处；空洞的分布较离散，其中 K0+500—900m 没有发现一处，但是对比塌陷坑分布特征发现，此处塌陷坑分布最密集，而相对集中的 K0+300—500m 及 K0+900—K1+400m 段塌陷坑分布密集程度一般或较稀疏。

表 3-7　洞穴分布表

里程	土洞/个	溶洞/个	空洞/个	土层疏松/处	洞穴总数/个
K0+300—400m	2	0	2	4	8
K0+400—500m	1	0	2	2	5
K0+500—600m	0	1	0	3	4
K0+600—700m	1	0	0	4	5
K0+700—800m	2	0	0	2	4
K0+800—900m	0	0	0	1	1
K0+900—K1+000m	1	0	1	3	5
K1+000—100m	1	0	3	5	9
K1+100—200m	3	0	0	2	5
K1+200—300m	1	0	3	5	9
K1+300—400m	0	0	3	2	5

考虑到上述几种洞穴形式在理论上对塌陷的形成有相似的作用，将其总数分布与塌陷分布进行对比分析，如图 3-4 所示。分析发现，秦堤内洞穴的形成与塌陷不具备直接相关性。

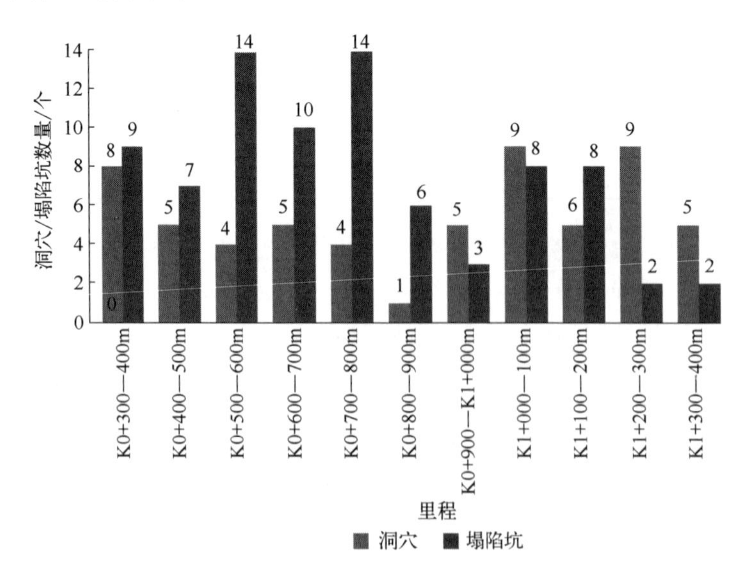

图 3-4　洞穴和塌陷坑对比

4. 与堤宽的相关性分析

图 3-5 是塌陷数量按堤宽的分布图，可以看出，在堤宽为 5～10m 时，分布有最多的塌陷，占总数的 36.14%；塌陷主要分布在堤宽为 5～20m 的范围内，分布有总量的 78.13%。

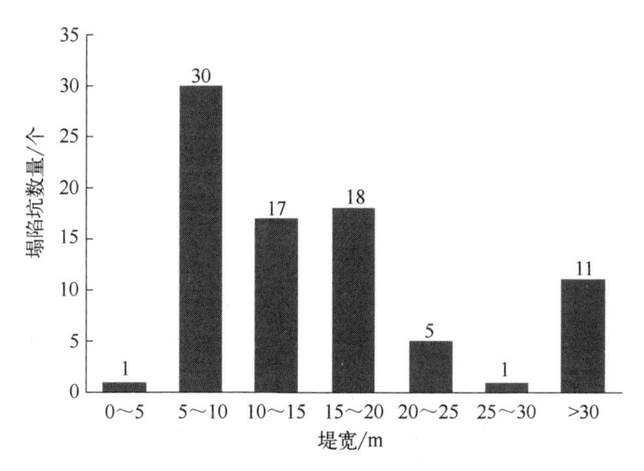

图 3-5　塌陷坑数量按堤宽的分布

由于堤宽基本上都超过 5m，所以将堤宽按照 5～10m、10～15m、…、25～30 m 分段进行塌陷坑的统计，得到如图 3-6 所示的曲线。可以看出：堤宽越小，塌陷坑分布越密；随着堤宽变大，塌陷坑数量呈锐减的趋势。

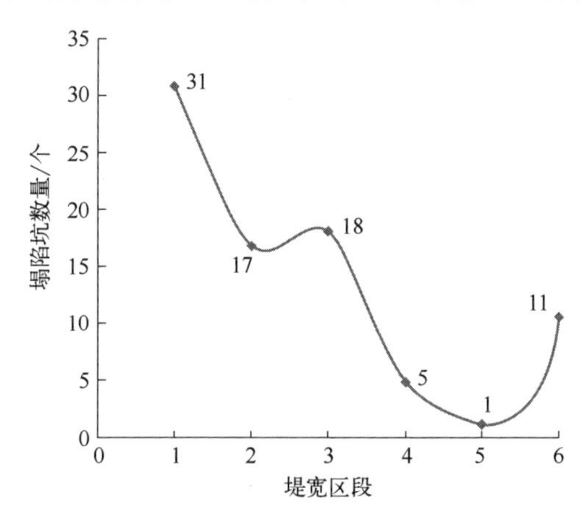

图 3-6　塌陷坑按堤宽分布曲线

5. 与地层岩性的相关性分析

根据秦堤各段地层分布的差异，将地层结构与塌陷坑分布情况进行整理，见表 3-8。从表 3-8 中可知，塌陷坑分布最多的地层为砂质黏土/砂卵石层，占总数的 60%以上；其他地层相对较少。每种地层结构分布的塌陷坑情况如图 3-7 所示，可知分布最密集的是砂质黏土/砂卵石层中的“上薄下厚”结构。

表 3-8　地层结构与地面塌陷分布

地层岩性		地面塌陷坑数量/个		占总量比例/%		长度/m		每 100m 塌陷坑数量/个
砂质黏土		12		14.46		142.1		8.44
砂质黏土/砂卵石层	上薄下厚	15	51（总）	18.07	61.44（总）	149.5	546.1（总）	10.03
	上厚下薄	36		43.37		396.6		9.08
粉质黏土/砂质黏土/粉质黏土		6		7.23		66.5		9.02
粉质黏土/砂质黏土（上薄下厚）		14		16.87		345.3		4.05

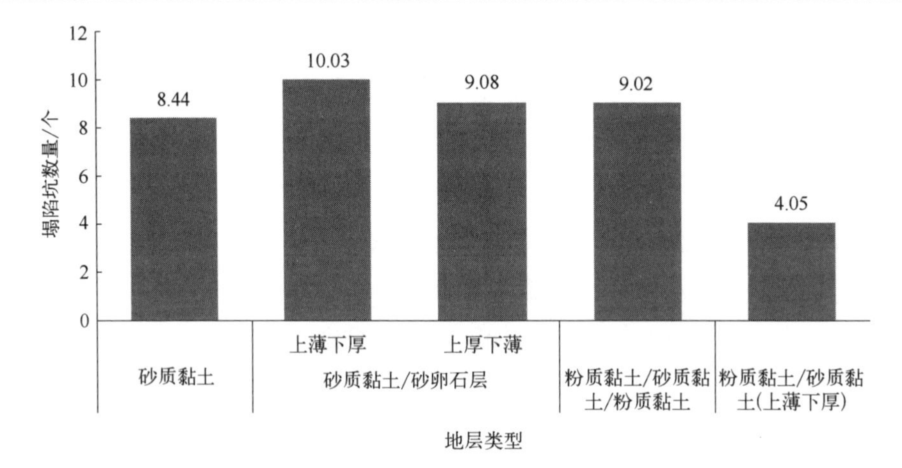

图 3-7　各地层结构每 100m 分布的塌陷坑数量

根据上文地面塌陷与渗水点、岩溶洞穴、堤宽及地层岩性的相关性分析，得出地面塌陷发育的规律如下：

1）渗水点的出现并不是塌陷发育的必备条件，但是二者之间具有一定的促进作用，结合地面塌陷的成因机制分析可知渗透变形是发生地面塌陷的重要因素，但是并不说明出现渗水点就会产生地面塌陷。出现渗水点，表明此处渗透变形较严重，虽然不一定产生地面塌陷，也要注意其引起的其他渗透病害。

2）地面塌陷的分布与堤宽的大小成近线性的规律，塌陷坑的数量随堤宽变小而增加，堤宽较小的地方即为地面塌陷易发区域。联系其地层结构特征发现砂质黏土/砂卵石层结构发育了大部分的地面塌陷，其中“上薄下厚”结构更容易发育地面塌陷，密度为不到 10m 就发育一处，再加上地面塌陷坑本身的长度，可以想象在这种地层结构下地面塌陷的发育程度。

3）地面塌陷在砂质黏土/砂卵石层地层结构（特别是其中的“上薄下厚”结构）分布区域下堤宽较小时容易发育地面塌陷，若有渗水点出现，可能会更增大其发育的范围和数量。

3.4　渗水渗透变形的形式及影响因素

3.4.1　渗透变形的形式

渗透变形是指岩土体在地下水渗透力作用下，部分颗粒或整体发生移动，引起岩土体的变形和破坏的作用与现象。

由于土体颗粒级配和土体结构不同，可以把渗透变形划分为流土、管涌两种主要破坏形式。

在上升的渗流作用下局部土体表面隆起、顶穿，或者粗细颗粒群同时浮动而流失称为流土。前者多发生于表层为黏性土与其他细粒土组成的土体或较均匀的粉细砂层中，后者多发生在不均匀的砂土层中。土体中的细颗粒在渗流作用下由骨架孔隙通道流失称为管涌，主要发生在砂砾石地基中。

由于秦堤堤坝不同位置形成的方式不同，堤坝底部古地貌不同，堤坝岩土成分不均一、不连续，渗透变形的流土、管涌两种破坏形式在秦堤渗流中均有所体现，在不同的区段表现不同，其中，堤坝中上部以流土形式出现，堤坝中下部以管涌方式渗流，整个秦堤渗流以下部管涌为主。堤坝渗流破坏造成堤坝局部被淘空而出现地面塌陷，有些部位还出现了外侧护岸墙的开裂、倾斜，甚至出现了垮塌。

3.4.2　影响渗透变形的因素

堤坝地基岩土体的渗透变形实质上是具有动水压力的渗透水流对岩土体的作用力与岩土体的阻抗力相互作用的结果。土体渗透变形能否发生及发生的形式取决于水动力条件、地层结构和地形地貌等因素。

1. 动水压力

地下水在松散土体中渗流时，由于水质点之间及水流与土粒之间摩擦阻力的作用，产生水头损失，沿土粒周围渗流的水头将下降，也即渗流水压力下降。此时每一个土颗粒在水头差的作用下承受了来自水流的渗透力即动水压力。

动水压力的大小决定了土颗粒在渗流作用下的受力状态。在水流由下往上渗流时，当动水压力能将细小颗粒冲刷掉而较大颗粒保持在原地时，土体将发生管涌现象。一旦动水压力的大小等于土颗粒的水下重量，土体将处于悬浮状态而产生流土。这两种临界状态对应着渗流的临界动水压力或者说临界水力坡度。由此来看，动水压力的变化将对渗透变形现象的发生、发展起着主导作用。

动水压力的大小可用岩土体中的水力坡降来表征。渗入段、水平渗流段和溢出段的水力坡降是不同的，加上地质结构的变化，坝基各点的渗透变形情况不同。坝基渗透水流的总水头对水力坡降起着控制作用，总水头越大，实际水力坡降越大，越可能发生渗透变形。总水头的大小随坝高而定，对于高坝须特别注意研究渗透变形问题。

坝基各点的实际水力坡降可由水电比拟法、绘制流网的图解法、理论计算法及观测法等方法确定。在渗透变形的预测和评价中，坝基实际水力坡降的确定是非常重要的，但还需要与土的临界水力坡降相比较，才能判定渗透变形是否会发生。

根据勘测结果，秦堤渠内日常水位与湘江日常水位相差 2.8～3.5m，秦堤顶宽 5～20m，高 3～5m，距离湘江最近处只有一堤之隔，仅有 6m（含两侧护面墙宽度）。因地形产生的高水位压力差为堤坝渗流提供了合适的动水压力，较窄的堤坝减小动水压力能力和产生水力坡降的路径长度有限，这均为秦堤渗流的发生提供了动力条件。

2. 岩土体结构及特征

渗透变形能否发生，首先取决于坝区岩土体的地质结构、岩性变化和土层组合关系。透水层较厚、直接出露地表的情况最有利于渗透变形的发生。如果上覆有较厚而完整的不透水层，库水没有进入透水层的入口，渗透变形就不会发生。其余情况可类推。

对于土体来说，透水层的颗粒组合对于渗透变形的发生及其形式影响最为关键。从管涌来看，只有当大颗粒的直径（D）与细颗粒的直径（d）的比值大于 20，即 $D/d>20$ 时，这种在级配上缺乏中间粒径的无黏性土才能产生管涌。黏性土、砂土的渗透变形形式主要为流土和浮动；粗粒土如砂砾石和砂卵石的渗透变形形式则依其颗粒级配情况而定，既可能发生管涌，也可能发生流土。

渗透变形对坝的危险性，即渗透变形的严重程度也与土的颗粒成分有关。从管涌来看，当细粒含量较少时，粗大颗粒互相接触构成骨架，小颗粒虽被渗透水流带走，土的结构和强度基本不受破坏或破坏轻微，而且不会无限制地发展，称为非发展型或安全型渗透变形。当细粒含量较多、达到一定程度时，粗颗粒不能互相接触，构不成骨架；随着渗透变形的发展，土的结构和强度遭受破坏，水流更易集中，管涌不断扩大，这称为发展型或危险型渗透变形。

地层结构条件对渗透变形的发生也影响巨大。常见的松散土层结构可以简化为以下八种，如图 3-8 所示，具体为：

1）堤基为单层结构，堤基下全为弱透水层［图 3.8（a）］。

2）堤基为单层结构，堤基下全为透水层［图 3.8（b）］。

3）堤基为双层结构，透水层直接出露，其下为弱透水层［图 3.8（c）］。

4）堤基为双层结构，上为弱透水覆盖层，下为透水层、强透水层［图 3.8（d）］。

5）堤基为双层结构，上为透水层，下为透水层、强透水层［图 3.8（e）］。

6）堤基为多层结构，堤基自上而下依次为上层弱透水覆盖层、中间透水层、下层弱透水隔水层［图 3.8（f）］。

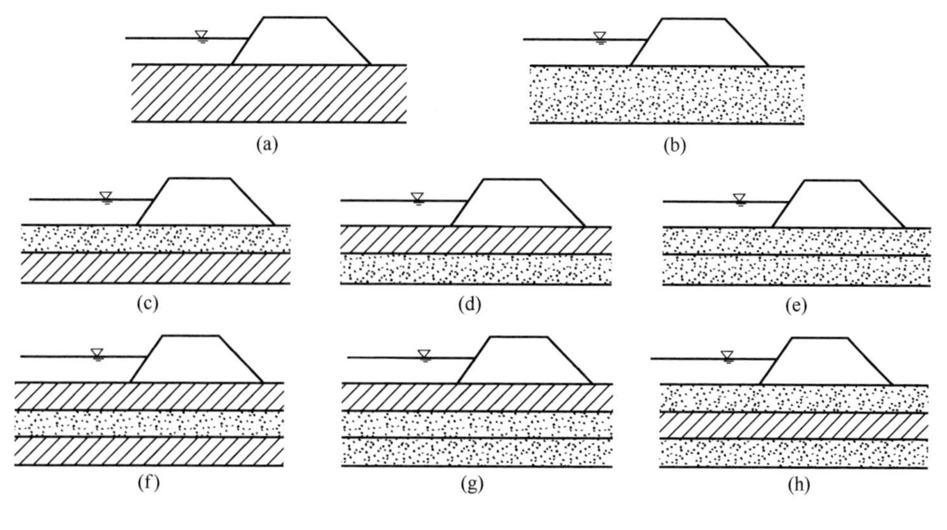

图 3-8　地层结构示意图

7）堤基为多层结构，堤基自上而下依次为上层弱透水覆盖层、中间透水层，其下为透水层、强透水层［图 3.8（g）］。

8）堤基为多层结构，上层为透水层，中间为弱透水隔水层，其下为透水层、强透水层［图 3.8（h）］。

弱透水层、透水层、强透水层主要是根据渗透系数来界定的，是相对的概念。所划分的地层主要是堤基影响深度及渗透影响范围内的地层。

地层结构对于渗透变形来说是非常重要的影响因素，地层结构不同将导致不同的作用效果。下面根据上述对地层结构的分类一一分析。

第 1）类地层结构对于抗渗是有利的。弱透水层的渗透系数较小，水从此层渗透水头损失较大，很难在坝后渗流溢出，因此发生渗透变形的可能性较小，基本处于天然稳定状态。

第 2）类地层结构与第 1）类相反，对于抗渗是不利的。渗透变形在给定的地层结构条件下能不能进一步发展成渗透破坏，主要取决于渗透坡降。透水层的渗透系数较大，水从此层渗透时水头损失较小。通常最大的渗透坡降出现在下游的坡脚处，特别是当下游有渠道或者坑塘的时候，坡降会很大。因此，这类地层结构容易在坝脚处渗流溢出。

第 3）类地层结构有利于渗透变形的发生发展。渗流作用在此类地层时，坝脚处容易出现渗透变形现象。特别是在黄河下游属于这类地基的堤坝工程中，渗透变形通常都会出现在下游坡脚附近及坑塘附近，并且经常出现翻砂冒水的现象。多数情况下这种现象都是以成群的方式发生的，工程界通称为“砂沸”。

对于第 4）类地层结构，应具体分析表层与下层层厚的关系。其一，若表层较薄而下层透水层较厚，易发生渗透变形。由于在堤外受水流冲刷作用，表层弱透水层被冲刷，水直接进入下部透水层。当上下游有水位差存在时，在堤内的弱透水层下就会产生很高的承压水头，尤其是弱透水层中薄弱的地方，由于压力太大，土层将被顶穿，从而发生管涌现象。这种表层为弱透水层、下层为强透水层的地层沿长江分布较普遍，如武汉干堤的沿江下段及黄石干堤的昌大堤段等。其二，若土层厚薄与其一的情况相反，则相对处于稳定状态。例如，在黄冈长江干堤有长近 20km 的地段属于此类地层结构，且天然状态下能满足渗透稳定性要求。但需要注意的是，土层厚薄等性质具有不均匀性，表层土薄弱处为危险地段。例如，黄河下游靠近堤的鱼池、坑塘等常常发生这种现象，而且大小都不同，并且呈纵横分布，但是通常会分布在堤脚附近且常年积水的低洼部分，特别是堤身及附近的土体由于长期处在浸泡之中，堤基及附近的土体变得松软且透水性增强，极易发生堤基渗漏和管涌。

第 5）类地层结构易于发生渗透变形现象。由于上下层均为透水层，这种情况下渗流在水平、垂直方向均容易产生。渗透系数较大导致渗流过程中的水头损失较小，在上下游存在较大水头差时，渗透变形在此类地层中各方向发生，破坏性也较大。

第 6）类地层结构中，透水层中承压水的存在是引起此类地基渗透变形的基本原因。当堤坝上下游之间产生水位差时，渗透水流就会从上游透水性比较差的地层中直接渗流到透水性比较强的地层中，而在下游会有正好相反的渗流方式。由渗透水流的折射原理及模型试验的结果可以发现，当上层土体的厚度及透水性都小于下层时，渗透水流在建筑物地基中的渗流过程是，在上层中渗透水流以接近于垂直的方向运动，而在下层渗透水流以接近于水平的方向运动，就会在上下两层接触的分界面上产生水流的急剧折射。由于下层中的土体透水性比较强、坡降比较小，产生的水头损失会很小，所以在下游溢出的地方就会产生很大的剩余水头，并且由于上下两层的透水性相差较大，会产生很大的承压水头。但承压水能否引起渗透变形，除其本身大小外，还取决于表层弱透水层土的厚度和结构状态。当表层土厚度较小时，极易产生渗透变形现象。由于此时渗透水压对表层土具有相当大的渗透力，表层土体易被冲裂，进而发生涌砂，最终导致堤基渗透失稳。若表层土厚度较大，则可在一定程度上利用土体自身重力及其抗渗能力将渗透变形的可能性降低。

第 7）类地层结构的渗流特征也源于承压水，承压水头主要发生在中间的透水层中，但产生承压水的主要原因是下层强透水层的存在。其渗流特征与第 6）类地层结构类似，不同的是下层土层通常很深厚，渗透系数也很大，因此会产生很大的供水量，渗透变形的发展也就更加严重。相对来说，这种地层结构发生渗透变形的现象更严重。

第 8）类地层结构的渗透稳定性较差。首先，表层土是透水层，对于抗渗是不利的；再者，下层透水层土由于中间弱透水层的作用将产生一定的承压水头。在上下两透水层共同作用下，发生渗透变形现象的可能性大大增加。

秦堤是根据灵渠走向，在湘江一侧渠道范围内局部开挖或填充顺平，湘江与渠道之间在自然古地面人工填筑土形成堤坝，堤坝内外两侧坡面采用条片石砌筑护岸墙（局部砌筑不规范或不完整），堤内上部为人工填土，下部为冲洪积层，底部为灰岩层。

项目勘察钻探和施工钻孔资料显示：

①人工填筑层。主要成分为砂土、黏土，占60%～90%，夹杂有少量石灰、碎石、卵石、建筑垃圾，厚 0.1～3.0m，稍密，稍湿。该层沿渠线表面连续分布，土层均匀性较差，整体强度不高。

②第四系冲洪积层。分为两个亚层：

a. 粉质黏土为主，含有少量砂质黏土。灰黄色、黄褐色，软塑～半干硬状，稍湿～潮湿。该层沿渠线基本连续分布，层厚为 0.1～5.8m，土质相对较均一，分布厚度不均，起伏较大，土层均匀性较好。该层渗透性小，为中等压缩性土，但土体强度较差，极易被冲蚀破坏或饱水状态下强度降低造成土体结构破坏，故在堤坝调查中该区段土体基本上为结构破坏，冲蚀形成土洞，引起上部土体下陷甚至地面沉陷。

b. 卵石土层。卵石粒径 20～80mm 不等，卵石含量 50%～90%不等，次圆状～圆状，分选性较差，磨圆度较好；卵石间充填 10%～50%的砂质黏土、粗砂及砾砂。该区段土体为强透水层。

③灰岩。灰岩连续分布，岩溶不发育，局部基岩顶面起伏较大，整体基岩顶面有较小起伏，地基均匀性极好，是良好的基础持力层及下卧层，是弱透水层，且不易发生冲蚀破坏。

以上资料表明，秦堤堤坝除下覆层灰岩较为稳定外，灰岩以上的人工填土层、冲洪积层中各层岩土分布及厚度不均、成分组成差别较大、整体性不强，这种土层和地质结构组合而成的坝体极易出现渗流现象。秦堤堤坝范围内出现的渗流没有第 2）类地层结构形成的，有些区段可简化为第 1）类地层结构形成的渗流，大多数在不同区段或局部出现两层或多层结构或相互组合而形成的渗流，其中第 3）～8）类地层渗流模式在不同区段均有所体现，只是有些区段冲洪积层岩土隔水性能、分布范围、厚度等不同，局部区段取主要渗流模式。

3. 地形地貌

地形地貌条件对渗透变形的影响主要表现在沟谷切割影响渗流的补给、渗径长度和渗流出口条件等方面。若坝体上下游的沟谷将弱透水的表土层切穿，有利于渗流的补给，并使渗径缩短而加大水力坡度。如果下游地下水溢出段的渗流出口临空，则极利于渗透变形的产生。此外，古河道分布控制了地层结构和岩性变化，对渗流补给和排泄条件有很大影响，在古河道上布设水利或汲水工程时，渗透稳定性问题是一个重要的影响因素。

根据秦堤周边地形调查和相关钻孔结果分析，该区段灵渠非湘江侧现存地形地貌高低起伏较大，有平地、山坡、小山、沟谷等地貌单元，钻孔显示基岩埋深 6～19m 不等，其余区段基岩顶面有一定起伏，上覆冲洪积层厚度不一。特别是在 K0+356.3—411.7m 段，基岩顶面起伏较大，基岩埋深最大处为 19.2m。从地形地貌上分析，该区段原为一处冲沟或沟谷，现该段灵渠上游已形成一小湖，说明原古地面低于现灵渠渠底。在一侧局部出现小山的区段，下覆岩层埋深较浅，岩层明显出露，灵渠渠道存在明显的下挖迹象，说明秦堤在修建时根据灵渠水流方向进行了适当的挖填以保证灵渠水流顺畅。不同的地形地貌单元组合形成的不均一、不连续地层结构对下侧秦堤河道的渗流补给和排泄影响较大。

第4章　秦堤渗水数值模拟分析

4.1　地下水渗流数值模拟分析方法

地下水渗流的计算方法主要有解析法和数值法。解析法只适用于含水层几何形状规则、性质均匀、厚度固定、边界条件单一的理想情况，有很大的局限性。对于水文地质条件复杂、模拟区域的边界形状不规则、含水层非均质、含水层厚度变化甚至有缺失的实际地下水系统，很难找到解析解。数值法可以将整个渗流区离散化，将其分割成若干个形状规则的小单元，然后建立地下水流动的连续性方程，结合定解条件，求其近似解，是目前用于地下水渗流特征研究的重要方法。

由于坝（堤）体材料和结构及坝基岩土类型、性质、厚度、空间分布、边界条件复杂，难以采用解析法计算预测地下水的实际水力坡度。采用数值模拟不仅可以解决复杂地基地质结构和边界条件下的渗流计算难题，还能确定在给定水头差条件下渗流场中各部位的水力坡度。

进行数值模拟时，根据水位观测资料，可据已有的工程设计和工程地质勘查资料确定计算模型，以野外渗水试验获取的渗透系数为初值进行反演分析，不断调整坝基各透水层的渗透系数，并与计算剖面中观测孔的水位拟合，直到满足精度要求为止，最后将拟合后的各透水层的渗透系数作为预测渗流场特征的计算参数。

对概化的模型进行网格剖分后，模拟不同工况时渗流场中的水头分布特征，绘制流网图或等水头线图，并计算不同工况时坝基各部分相应的水力坡度。

4.1.1　渗流有限差分的理论基础

1．达西定律

1852—1855年，法国水力学家亨利·达西（Henry Darcy）在一维流条件下做了大量透水性试验研究，采用的装置示意图如图 4-1 所示。1856 年，他提出了著名的达西定律，奠定了利用数学模型分析渗流的理论基础。达西定律表达式表明，地下水在单位时间内通过孔隙的渗流量与渗流路径长度成反比，与过水断面面积和总水头损失成正比，并且渗流速度与水力坡度成线性关系，因此达西定律是线性定律。达西定律表达式为

$$Q=\frac{KAH}{L}=vA \tag{4-1}$$

$$v=KJ \tag{4-2}$$

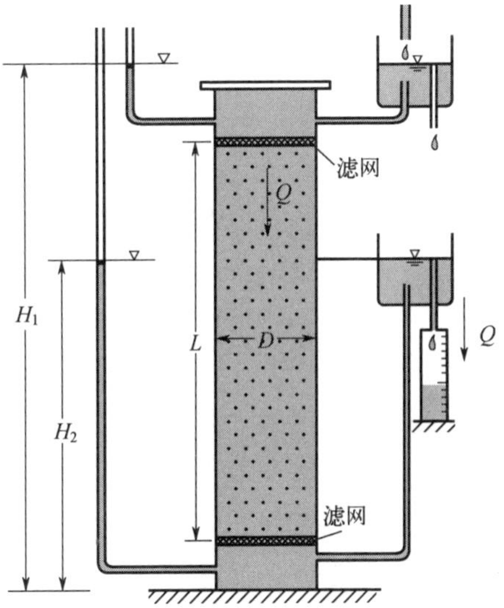

图 4-1　达西定律试验装置示意图

以上式中　Q——渗流量，m^3/s；

K——渗透系数；

H——水头差，$H=H_1-H_2$；

J——水力坡度，即水头差除以渗流路径，$J=\dfrac{H}{L}$；

v——渗流速度，m/s；

A——垂直于渗流方向土的截面面积，m^2。

用以下公式表征渗流场中各点渗流速度与水力坡度（或水头）之间的关系。一维流渗流速度公式也可以用微分形式表示：

$$v_x=-K_x\frac{\partial H}{\partial x} \tag{4-3}$$

对于二维流来说，渗透速度为

$$v_x=-K_x\frac{\partial H}{\partial x},\quad v_z=-K_z\frac{\partial H}{\partial z} \tag{4-4}$$

当水流为三维流时，渗透速度为

$$v_x=-K_x\frac{\partial H}{\partial x}，v_y=-K_y\frac{\partial H}{\partial y}，v_z=-K_z\frac{\partial H}{\partial z} \tag{4-5}$$

达西定律实质上就是利用一种假想水流代替在孔隙中运动的实际水流，在此基础上研究真实水流的渗透变形规律。这种假想水流与实际水流具有相同的

运动特征，其主要特点如下：

1）假想水流的性质与实际地下水流相同。

2）在整个含水层空间连续分布，包括多孔介质空隙和固体颗粒所占据的空间。

3）在运动过程中与实际水流承受相等的阻力。

4）通过任意过水断面的流量、压力或水头与实际水流相同。

2. 连续性方程

为了反映地下水在多孔介质中运动时符合质量守恒定律，需要建立连续性方程，它是研究地下水运动的基本方程，各种研究地下水运动的微分方程都是根据连续性方程和反映质量守恒定律的方程建立起来的。

连续性方程能够表达地下水在渗透介质流动过程中，其质量既不能增加也不能减少，即渗流场中任意体积含水层流入、流出的水质量之差恒等于该体积中水质量的变化量。假设地下水是不可压缩的，多孔介质在水平方向上不发生变形，仅在垂直方向上可以压缩，根据质量守恒定律，地下水三维非稳定流的连续性方程为

$$-\left[\frac{\partial(\rho v_x)}{\partial x}+\frac{\partial(\rho v_y)}{\partial y}+\frac{\partial(\rho v_z)}{\partial z}\right]\Delta x\Delta y\Delta z=\frac{\partial}{\partial t}(\rho n\Delta z)\Delta x\Delta y \tag{4-6}$$

或

$$\frac{\partial v_x}{\partial x}+\frac{\partial v_y}{\partial y}+\frac{\partial v_z}{\partial z}=\rho g(\alpha+n\beta)\frac{\partial H}{\partial t} \tag{4-7}$$

以上式中 n——土的孔隙率；

ρ——渗透水的密度；

α——多孔介质压缩系数；

β——水的压缩系数；

v_x, v_y, v_z——渗流沿坐标轴方向的分速度。

稳定渗流情况下的连续性方程为

$$\frac{\partial(\rho v_x)}{\partial x}+\frac{\partial(\rho v_y)}{\partial y}+\frac{\partial(\rho v_z)}{\partial z}=0 \tag{4-8}$$

3. 基本微分方程

根据达西定律，将式（4-5）代入式（4-7），得

$$\frac{\partial}{\partial x}\left(K_x\frac{\partial H}{\partial x}\right)+\frac{\partial}{\partial y}\left(K_y\frac{\partial H}{\partial y}\right)+\frac{\partial}{\partial z}\left(K_z\frac{\partial H}{\partial z}\right)=\rho g(\alpha+n\beta)\frac{\partial H}{\partial t} \tag{4-9}$$

设 $\mu_s=\rho g\left(\alpha+n\beta\right)$，上式变为

$$\frac{\partial}{\partial x}\left(K_x\frac{\partial H}{\partial x}\right)+\frac{\partial}{\partial y}\left(K_y\frac{\partial H}{\partial y}\right)+\frac{\partial}{\partial z}\left(K_z\frac{\partial H}{\partial z}\right)=\mu_s\frac{\partial H}{\partial t},\quad 在\Omega内 \tag{4-10}$$

式（4-10）是地下水三维非稳定流的基本微分方程，它表明地下水在多孔介质中流动时，单位时间内每个单元体都满足水均衡关系。式中，各方向的渗透系数均不相等，表明含水层具有各向异性。其中，$H=H(x,\ y,\ z,\ r)$ 为水头函数；Ω 为渗流区域；μ_s 为单元储水率；K_x、K_y、K_z 是以 x、y、z 轴为主方向的渗透系数。

当不考虑土体压缩性（$\mu_s=0$）时，上式变为

$$\frac{\partial}{\partial x}\left(K_x\frac{\partial H}{\partial x}\right)+\frac{\partial}{\partial y}\left(K_y\frac{\partial H}{\partial y}\right)+\frac{\partial}{\partial z}\left(K_z\frac{\partial H}{\partial z}\right)=0 \tag{4-11}$$

对于均质各向同性的稳定渗流场，其微分方程为

$$\frac{\partial^2 H}{\partial x^2}+\frac{\partial^2 H}{\partial y^2}+\frac{\partial^2 H}{\partial z^2}=0 \tag{4-12}$$

式（4-12）是稳定渗流的基本微分方程，也称为拉普拉斯（Laplace）方程。

4. 定解条件

微分方程要有定解，需要引入附加条件，这些附加条件称为定解条件。定解条件的形式很多，最常见的有两种，即边界条件和初始条件。

（1）边界条件

边界条件是指渗流区边界所处的条件，用以表示水头 H（或渗流量 q）在渗流区边界上所满足的条件，也就是渗流区内水流与周围环境相互制约的关系。从描述流动的数学模型看，边界条件主要分为以下三类。

第一类边界条件，即狄利克雷（Dirichlet）条件，也称为给定水头的边界条件，即边界上每一时刻的水头都是已知的。属于此种情况的多指无限远边界、对地下水有充分补给能力的河流与湖泊等。这种边界条件可表示为

$$H(x,\ y,\ z,\ t)=H_1(x,\ y,\ z,\ t),\ (x,\ y,\ z,\ t)\in\psi_1 \tag{4-13}$$

式中　　ψ_1 ——模拟区域的第一类边界；

$H_1(x,y,z,t)$——ψ_1上的已知水头函数，对于稳定流来说，H_1与t无关。

当边界上水头不随时间改变时，称为定水头边界，表达式为

$$H(x,y)=H_1(x,y),\ (x,y)\in\psi_1 \tag{4-14}$$

第二类边界条件，即纽曼（Newman）条件，也称为给定流量的边界条件，即边界上单位面积（二维空间为单位宽度）流入（流出时用负值）的流量q、渗流速度v已知或水力坡度已知。属于此种情况的多指山前补给、隔水情形及定流量抽水的水井边界等。这种边界条件可表示为

$$K\frac{\partial H}{\partial n}=q(x,y,z),\ (x,y)\in\psi_2 \tag{4-15}$$

式中 ψ_2——给定流入流量的边界；

n——边界的外法线方向；

$\frac{\partial H}{\partial n}$——水力坡度在边界法线方向上的分量；

q——流入模拟区的单宽流量，流入时取正值，当$q=0$时称为隔水边界，即$\frac{\partial H}{\partial n}=0$。

第三类边界条件，即柯西（Cauchy）条件，也称为混合边界条件，是指已知或者给定边界上模拟函数与函数沿边界线法向导数的线性组合的分布情况，即在计算时段内已知区域的部分边界上H和$\frac{\partial H}{\partial n}$的线性组合。这种边界条件可表示为

$$\alpha H+\frac{\partial H}{\partial n}=\beta \tag{4-16}$$

式中 α,β——第三类边界上各点的已知函数。

在求解过程中需要用迭代法满足边界水头H和$\frac{\partial H}{\partial n}$间的已知关系。

（2）初始条件

初始条件通常是第一类边界条件，即给定计算的起始时刻（t=0）渗流场内各点的水头分布情况，或取任意时刻的渗流状态作为初始条件，可以表达为

$$H(x,y,z,t)|_{t=0}=H_0(x,y,z),\ (x,y,z)\in\psi \tag{4-17}$$

或

$$H(x,y,z,0)=H_0(x,y,z),\ (x,y,z)\in\psi \tag{4-18}$$

在数值计算的过程中，可以任意选取初始时刻，只要该时刻的水头分布是已知的。至于如何选取初始时刻，要具体问题具体分析，以方便计算为原则。初始条件给定正确与否，对计算结果有一定的影响，随着计算时间的延长和时段的增加，影响将逐渐减弱。

由于自然条件下的地下水流都是三维流，为了更好地与实际情况相符，本书采用三维非稳定流进行模拟计算，附加边界条件和初始条件，因此多孔介质中地下水流动的有限差分公式数学模型可以用下面的偏微分方程表示，即

$$\begin{cases} \dfrac{\partial}{\partial x}\left(K_x\dfrac{\partial H}{\partial x}\right)+\dfrac{\partial}{\partial y}\left(K_y\dfrac{\partial H}{\partial y}\right)+\dfrac{\partial}{\partial z}\left(K_z\dfrac{\partial H}{\partial z}\right)=\mu_{\mathrm{s}}\dfrac{\partial H}{\partial t},(x,y,z)\in D,t\geqslant 0 \\ H(x,y,z,t)|_{t=0}=H_0(x,y,z) \\ H(x,y,z,t)|_{(x,y,z)\in\psi_1}=H_1(x,y,z,t) \\ K_n\dfrac{\partial H}{\partial n}|_{(x,y,z)\in\psi_2}=q(x,y,z,t) \\ K_x\left(\dfrac{\partial H}{\partial x}\right)^2+K_y\left(\dfrac{\partial H}{\partial y}\right)^2-K_z\dfrac{\partial H}{\partial z}+w_{补}=\mu_{\mathrm{d}}\dfrac{\partial H}{\partial t},(x,y,z)\in\psi_0 \end{cases} \tag{4-19}$$

式中　$K_x=K_y=K_z$；

μ_{s}——含水层或弱透水层的单位储水系数；

μ_{d}——无压层的重力给水度；

$w_{补}$——大气降雨及河流、田间灌溉等入渗补给强度的代数和；

q——第二类边界已知单位面积流量函数；

ψ_0——渗流区域的潜水面边界；

ψ_1——渗流区域的第一类边界；

ψ_2——渗流区域的第二类边界；

D——渗流区域。

4.1.2　三维有限差分地下水流模型

Visual Modflow 是 visual modular three dimensional finite difference ground water flow model（三维有限差分地下水流模型）的简称。Visual Modflow 三维地下水水流和溶质运移模拟软件是目前地下水流动和污染物运移模拟实际应用最完整、易用的模拟环境，现已被广泛用来模拟河流、井流、蒸发、排泄、补给对地下含水系统的影响。它将 Modflow、Modpath 和 MT3D 同直观、强大的图形用户界面结合在一起，用户可以轻而易举地确定模拟区域大小，方便地设

置模型参数和边界条件，运行模型，对模型进行识别和校正。Visual Modflow界面具有三个独立的模块，即输入、运行、输出模块，当用户打开或创建一个新的文件时，可以随意切换，方便建立和修改模型及水文地质参数、校正模型，以提高地下水渗流模拟的精确度。

Visual Modflow 具有以下几大优点：

1）界面上的输入、运行、输出三大模块均为各自独立的部分，可以随意切换，操作简单方便，容易上手。

2）可将原有数据直接导入软件，利用计算机快速确定模型区域，根据模拟需求确定网格剖分的粗细程度，通过加密网格细化关键部位，提高模拟精度。

3）在运行模块中，每个含水层的水文地质参数均设有默认值，包括渗透系数 K、单位储水系数μ_s、给水度 u 等，可以根据实际情况调整参数，将含水层设定为均质或非均质、稳定流或非稳定流、各向同性或各向异性，修改模型十分方便。

4）软件可以自动进行观测孔模拟计算水位与实际监测水位拟合，进行误差统计，识别校正模型。当误差超过允许范围时，调整各种参数的初值，经过反复试算、对比分析，使模拟结果逐步接近实际水位。

5）自动计算地下水系统的进出水量，判定模拟系统是否符合质量守恒定律，动态反映地下水补给、排泄关系。

6）数据后处理功能十分强大，能够直接绘制每一时间段的地下水流网分布图，便于观察渗流场各要素随时间变化的过程，模拟结果可直接输出水头等值线图、流线图、流速图、区段水均衡图，并直接导出打印，便于应用。

7）能够进行地下水三维非稳定流模拟，符合地下水系统的实际情况。

任何地下水渗流模拟都要充分了解模拟区的水文地质情况，包括含水层的概化、地下水补给径流排泄的过程、边界条件等，因此在使用 Visual Modflow的过程中需要注意以下几个方面：

1）模型中没有为第二类边界条件赋值的菜单，可在第二类边界单元上通过 Wells 菜单加上注水井或开采井实现地下水的侧向补给或排泄。

2）在输入数据文件时，如计算目的层的顶、底板标高数据文件，模型自动插值得到各单元的相应数据，在一个单元的各点上数据是相等的。因此，为提高模拟的精度，剖分单元不能过大。

3）模型的计算步长依输入源汇项中最小的时间间隔确定。

4）在 Modflow 目前的所有版本中均没有撤销功能，因此建立或使用模型的时候注意备份文件，以免出现错误无法恢复，造成不可挽回的损失。

5）保存 GPR 文件时，应注意用英文名称或阿拉伯数字，不要用中文名字，因为用中文名称容易出现文件打不开的现象。

4.2　岩土体渗透系数现场测试

为了确定堤身岩土体渗透系数的大小，在调查期间采用双环渗水试验开展了现场测试。

4.2.1　试验方法

在一定的水文地质边界以内，向地表松散岩层注水，使渗入的水量达到稳定，即单位时间的渗入水量近似相等时，再利用达西定律求出渗透系数（K）值。

渗水试验设备主要有：①两个无底圆形桶，内径分别为 27.1cm 和 15.4cm，插入试坑坑底土中 10～20cm（此处要注意，如果铁桶没有插紧实，产生的侧向渗漏会严重影响结果的准确性）；②两个盛水的水桶，利用水杯和量杯向内桶和两桶之间的空隙加水；③计时器，记录渗水量稳定时消耗的时间。

4.2.2　试验原理

当渗水试验进行到渗入水量趋于稳定时，可根据式（4-20）计算渗透系数。

$$K=\frac{QL}{F(H_K+Z+L)} \tag{4-20}$$

式中　Q——稳定渗入水量，cm^3；

F——试坑（内环）渗水面积，cm^2；

Z——试坑（内环）中水层高度，cm；

H_K——毛细压力水头，cm；

L——试验结束时水的渗入深度，cm。

当渗水试验进行相当长时间后渗入量仍未达到稳定时，K 按以下变量公式计算：

$$K=\frac{V_1}{Ft\partial_1}[\partial_1+\ln(1+\partial_1)] \tag{4-21}$$

$$\partial_1=\frac{\ln(1+\partial_1)-\frac{t_1\ln\left(1-\frac{\partial_1 Q_2}{Q_1}\right)}{t_2}}{1-\frac{t_1Q_2}{t_2Q_1}} \tag{4-22}$$

式中 Q_1, Q_2——经过 t_1 和 t_2 时间的总渗入量，即总给水量，m^3；

t_1, t_2——累积时间，天；

F——试坑（内环）渗水面积，m^2；

∂_1——代用系数，由试算法求出。

4.2.3 试验步骤

1）根据地质资料，选择有代表性的试验场所，开挖一个圆形试坑，把内径小的圆桶压入土层中，压入深度为10～20cm，在内桶外部再压入内径大的圆桶，使内桶和外桶内坑底平齐。然后，在内、外桶坑底加入适量石块，保护土层不受冲刷破坏，并在外桶与坑面间的间隙回填满土。

2）用水杯和量杯同时向内桶、内外桶间隙加水，以补偿坑内水的下渗。要保持内桶内、外水面位于同一高程。由于外桶渗透场的约束作用，内桶的水只能垂向渗入，排除了侧向渗流的误差。

3）注水开始时应记录时间，根据渗入水量的大小选择合适的时间间隔观测渗入水量，当渗入水量趋于稳定后停止试验。

4）确定稳定渗流量 Q，根据式（4-20）计算渗透系数。

4.2.4 试验结果

本次试验从 2014 年 3 月 4 日开始，3 月 9 日结束，共进行了 14 组测试点试验。第 1、2、3 测试点试验在 P3 附近的粉质黏土层内进行；第 4、5、6 测试点试验在 P1 剖面附近的砂卵石层进行；第 7 测试点试验在 P6 剖面附近的漫滩上进行，漫滩上是砂卵石层；第 8、9、12 测试点试验在三级阶地上进行，为含砾石黏土层；第 10、11、14 测试点试验在二级阶地上覆填筑土内进行；第 13 测试点试验在一级阶地上进行，该点为黏土质粉细砂。各渗水测试点位置见表 4-1。

表 4-1　渗水测试点位置

坐标	各测试点位置						
	1	2	3	4	5	6	7
X	2831546	2831549	2831552	2831539	2831552	2831537	2831686
Y	500790	500788	500790	500977	501011	501007	500400
坐标	8	9	10	11	12	13	14
X	2831602	2831578	2831598	2831704	2831644	2831694	2831717
Y	500535	500711	500707	500266	500550	500338	500239

上述测试点按土层性质分为五类。

1. 粉质黏土层渗水试验

在粉质黏土层中共进行了 3 个点的测试，分别为第 1、2、3 测试点。第 1 测试点试验情况如图 4-2 所示，5min 计量 1 次，渗水曲线如图 4-3 所示。

(a)

(b)

图 4-2　第 1 测试点试验情况

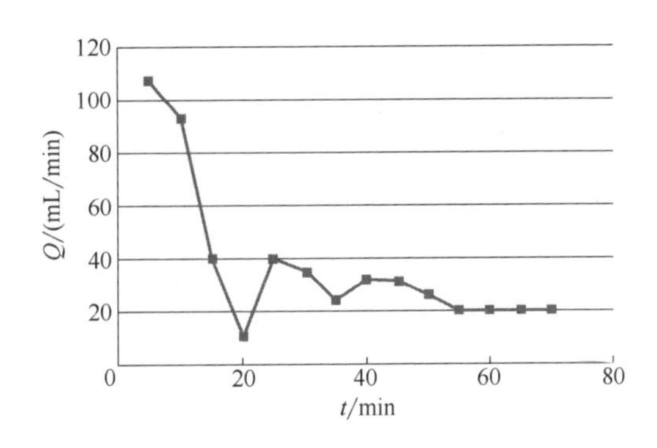

图 4-3　第 1 测试点渗水曲线

第 2 测试点试验情况如图 4-4 所示，10min 计量 1 次，渗水曲线如图 4-5 所示。

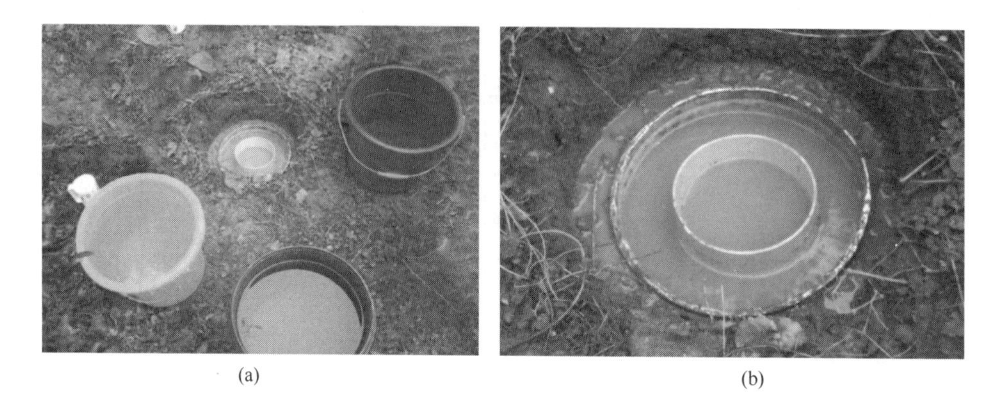

(a) (b)

图 4-4　第 2 测试点试验情况

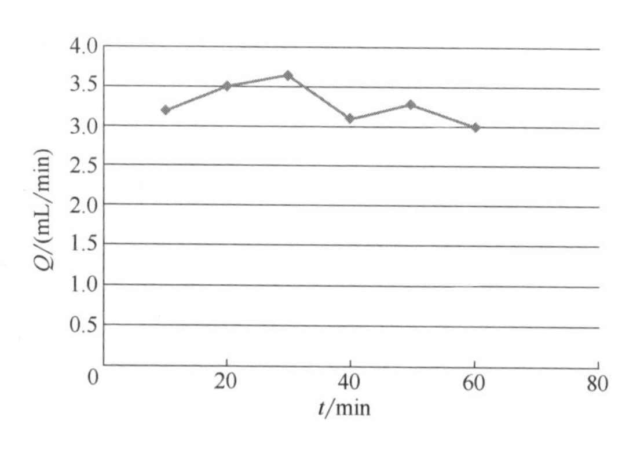

图 4-5　第 2 测试点渗水曲线

第 3 测试点试验情况如图 4-6 所示，5min 计量 1 次，渗水曲线如图 4-7 所示。

(a) (b)

图 4-6　第 3 测试点试验情况

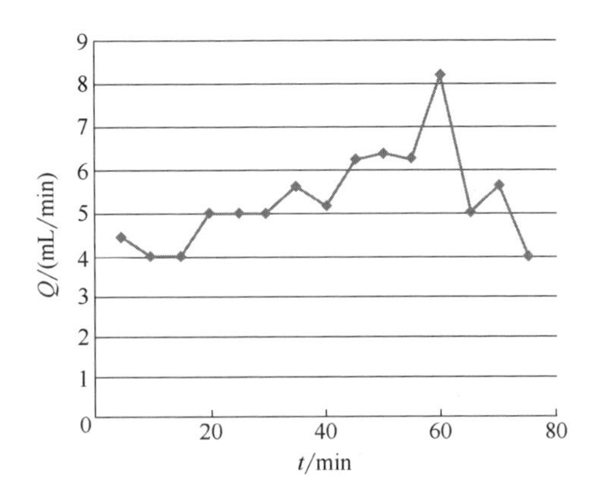

图 4-7　第 3 测试点渗水曲线

2. *砂卵石层渗水试验*

砂卵石层渗水试验共进行了 4 个点的测试，分别是第 4、5、6、7 点。第 4 测试点试验情况如图 4-8 所示，5min 计量 1 次，渗水曲线如图 4-9 所示。

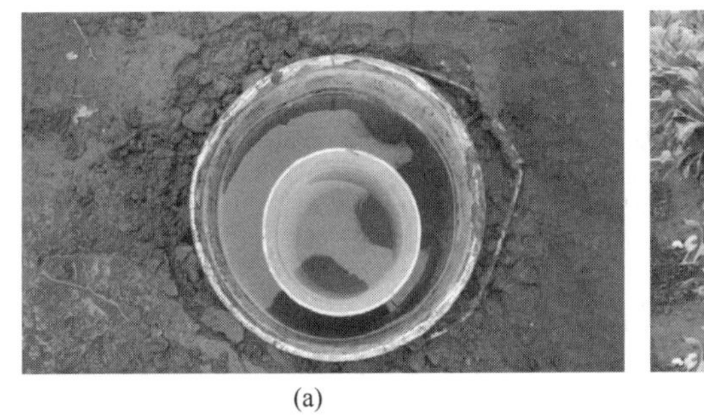

(a)

(b)

图 4-8　第 4 测试点试验情况

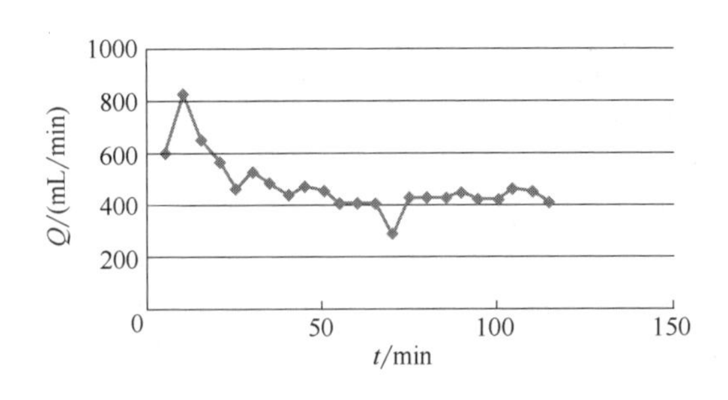

图 4-9　第 4 测试点渗水曲线

第 5 测试点试验情况如图 4-10 所示，5min 计量 1 次，渗水曲线如图 4-11 所示。

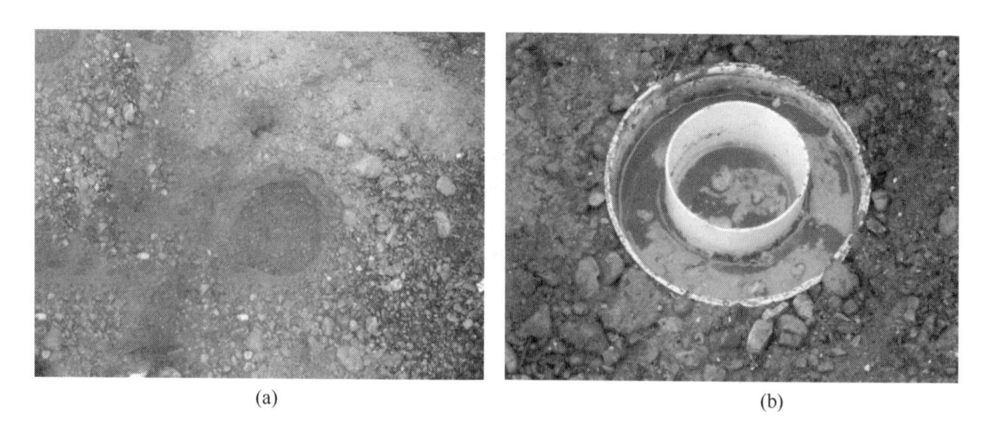

(a) (b)

图 4-10　第 5 测试点试验情况

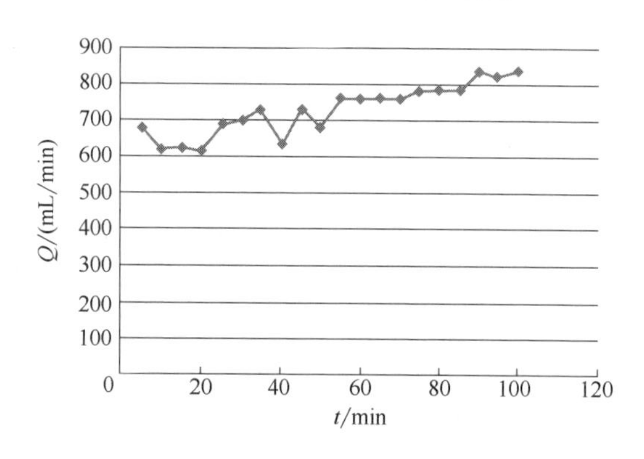

图 4-11　第 5 测试点渗水曲线

第 6 测试点试验情况如图 4-12 所示，渗水曲线如图 4-13 所示。

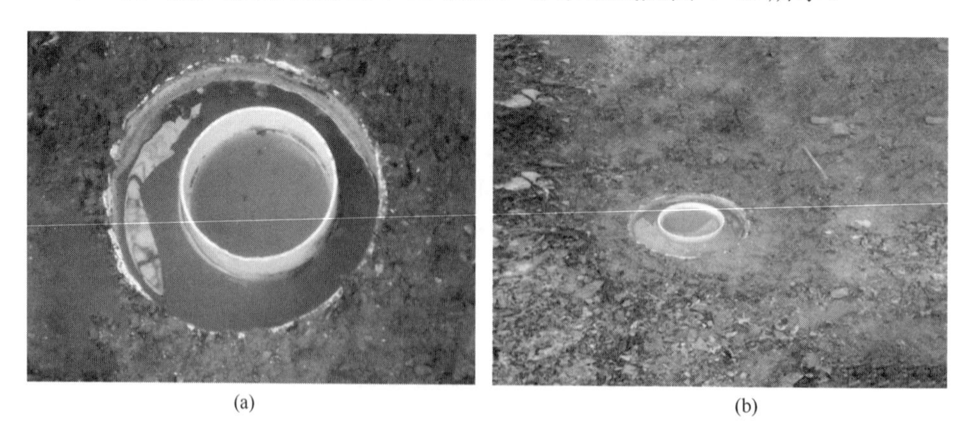

(a) (b)

图 4-12　第 6 测试点试验情况

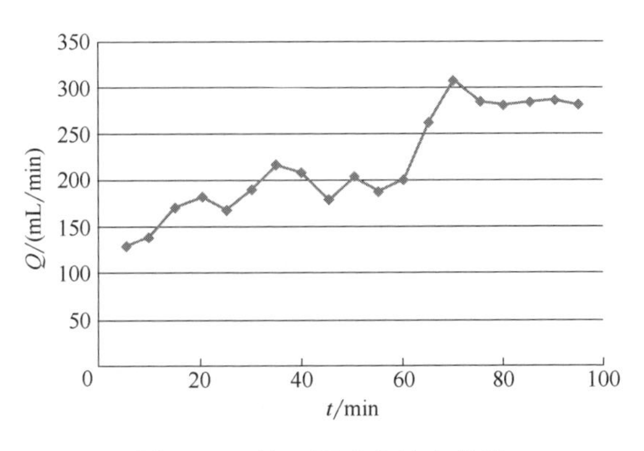

图 4-13　第 6 测试点渗水曲线

第 7 测试点试验情况如图 4-14 所示，5min 计量 1 次，渗水曲线如图 4-15 所示。

图 4-14　第 7 测试点试验情况

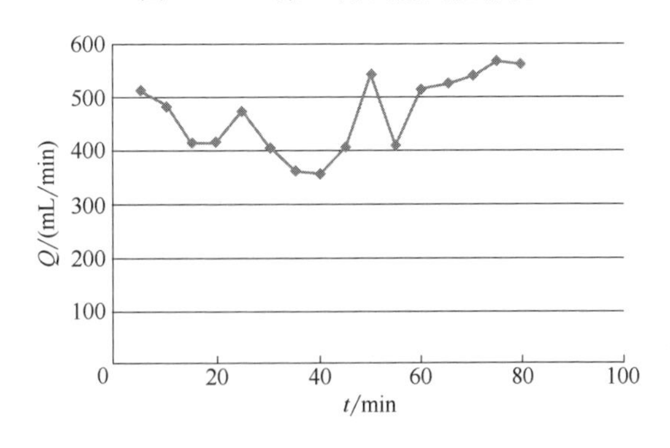

图 4-15　第 7 测试点渗水曲线

3. 含砾石黏土层渗水试验

含砾石黏土层的渗水试验共进行了 3 个点的测试，分别为第 8、9、12 测试点。

第 8 测试点试验情况如图 4-16 所示，5min 计量 1 次，渗水曲线如图 4-17 所示。

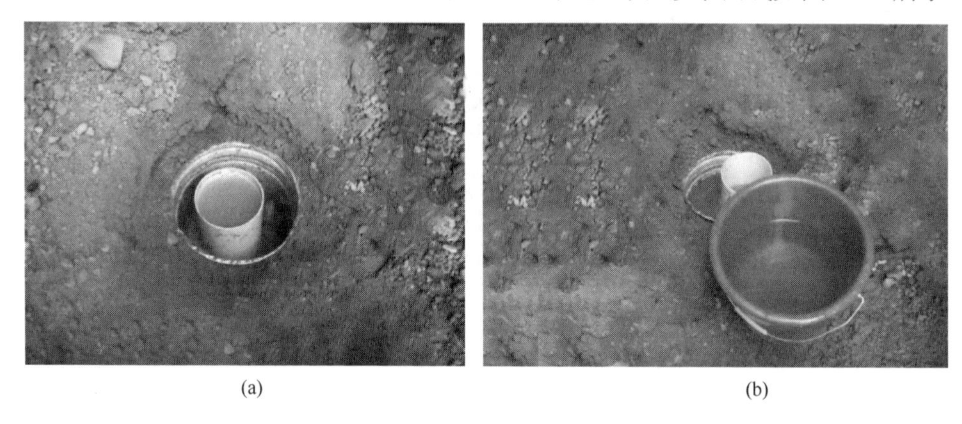

(a) (b)

图 4-16 第 8 测试点试验情况

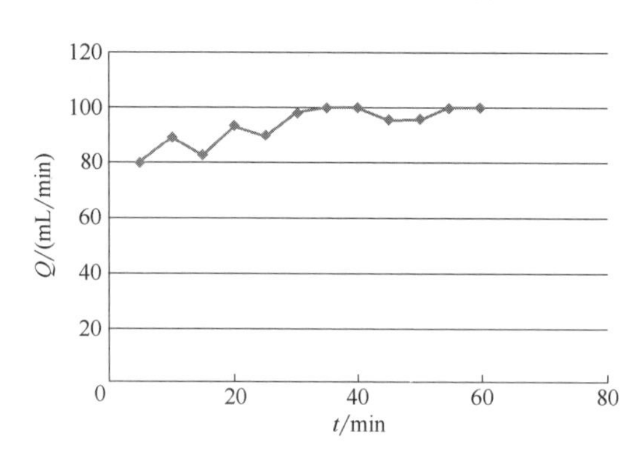

图 4-17 第 8 测试点渗水曲线

第 9 测试点试验情况如图 4-18 所示，5min 计量 1 次，渗水曲线如图 4-19 所示。

(a) (b)

图 4-18 第 9 测试点试验情况

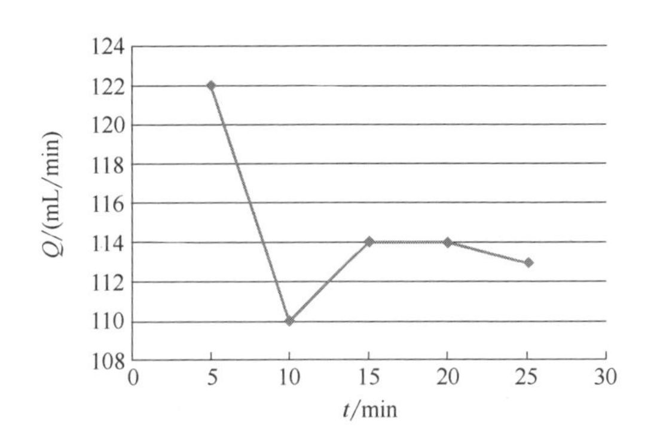

图 4-19　第 9 测试点渗水曲线

第 12 测试点试验情况如图 4-20 所示，5min 计量 1 次，渗水曲线如图 4-21 所示。

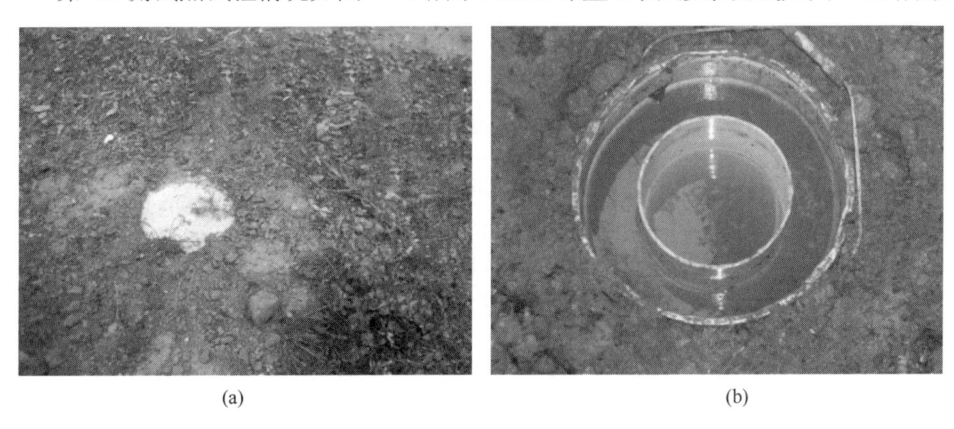

(a)　(b)

图 4-20　第 12 测试点试验情况

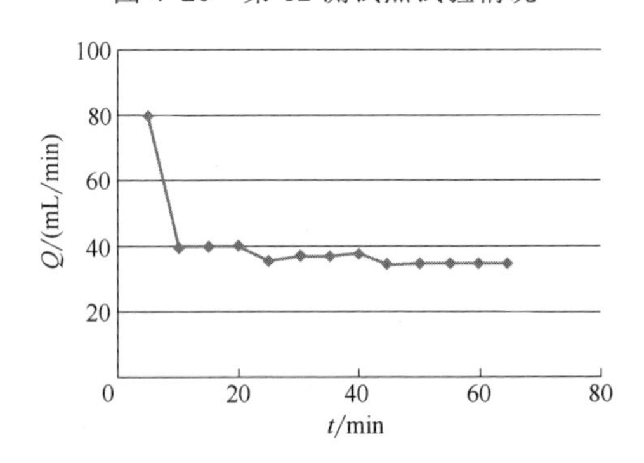

图 4-21　第 12 测试点渗水曲线

4. 填筑土的渗水试验

在填筑土中共进行了 3 个点的渗水试验，分别为第 10、11、14 测试点。第

10 测试点试验情况如图 4-22 所示，5min 计量 1 次，渗水曲线如图 4-23 所示。

图 4-22　第 10 测试点试验情况

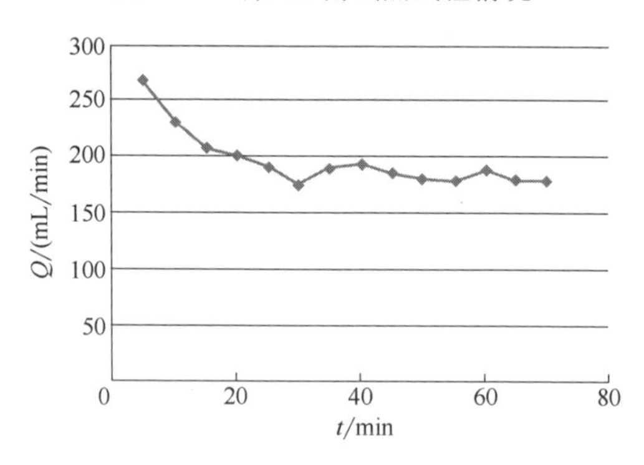

图 4-23　第 10 测试点渗水曲线

第 11 测试点试验情况如图 4-24 所示，5min 计量 1 次，渗水曲线如图 4-25 所示。

图 4-24　第 11 测试点试验情况

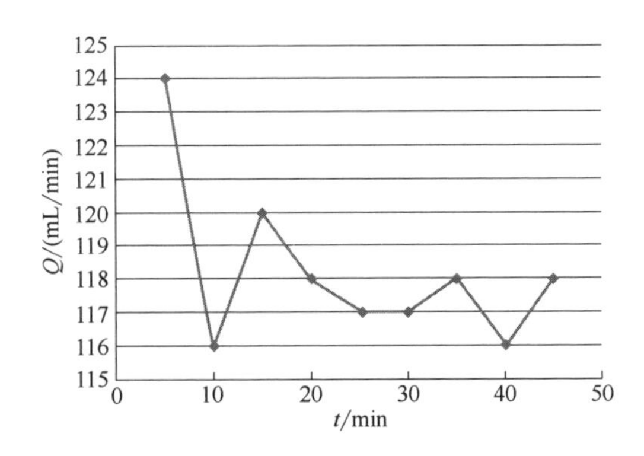

图 4-25　第 11 测试点渗水曲线

第 14 测试点试验情况如图 4-26 所示，5min 计量 1 次，渗水曲线如图 4-27 所示。

(a)　(b)

图 4-26　第 14 测试点试验情况

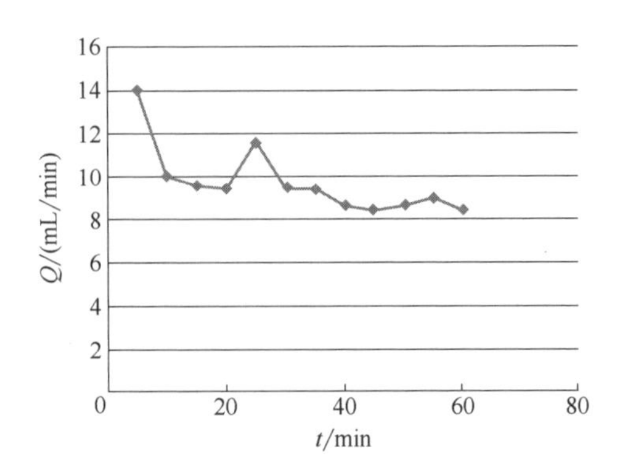

图 4-27　第 14 测试点渗水曲线

5. 黏土质粉细砂的渗水试验

在一级阶地的黏土质粉细砂中进行了 1 个点的渗水试验，即第 13 测试点，试验情况如图 4-28 所示，5min 计量 1 次，渗水曲线如图 4-29 所示。

(a)

(b)

图 4-28 第 13 测试点试验情况

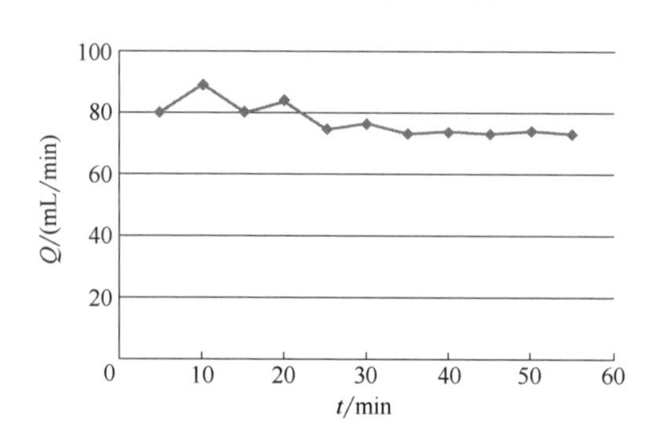

图 4-29 第 13 测试点渗水曲线

由式（4-20），根据稳定读数对上述五类土分别计算，得到其渗透系数，见表 4-2。

表 4-2 渗水试验结果

土的类别	测试点	渗水量/m^3	时间/s	截面面积/m^2	渗透系数/(m/s)	渗透系数平均值/(m/s)
粉质黏土	第 1 测试点	1.00×10^{-4}	300	0.0572	5.83×10^{-6}	4.66×10^{-6}
	第 2 测试点	3.10×10^{-5}	600	0.0186	2.78×10^{-6}	
	第 3 测试点	3.00×10^{-5}	300	0.0186	5.38×10^{-6}	
砂卵石	第 4 测试点	2.19×10^{-3}	300	0.0186	3.92×10^{-4}	4.81×10^{-4}

续表

土的类别	测试点	渗水量/m^3	时间/s	截面面积/m^2	渗透系数/（m/s）	渗透系数平均值/（m/s）
砂卵石	第 5 测试点	4.42×10^{-3}	300	0.0186	7.92×10^{-4}	4.81×10^{-4}
	第 6 测试点	1.42×10^{-3}			2.54×10^{-4}	
	第 7 测试点	2.71×10^{-3}			4.86×10^{-4}	
含砾石黏土	第 8 测试点	4.92×10^{-4}	300	0.0186	8.82×10^{-5}	7.37×10^{-5}
	第 9 测试点	5.68×10^{-4}			1.02×10^{-4}	
	第 12 测试点	1.72×10^{-4}			3.08×10^{-5}	
填筑土	第 10 测试点	9.06×10^{-4}	300	0.0186	1.62×10^{-4}	9.16×10^{-5}
	第 11 测试点	5.86×10^{-4}			1.05×10^{-4}	
	第 14 测试点	4.30×10^{-5}			7.71×10^{-6}	
黏土质粉细砂	第 13 测试点	3.71×10^{-4}	300	0.0186	6.64×10^{-5}	6.64×10^{-5}

4.3　二维渗流数值模拟

根据秦堤结构特征、地层分布、渗水及地面沉陷分布的不同，现选取 8 个典型剖面作为代表（分别记为 P1～P8 剖面），剖面上布置水位监测点，建立水文地质数值计算模型，进行秦堤地下水渗流的二维数值模拟。

4.3.1　P1 剖面

P1 剖面位于秦堤南端，里程 K0+398m 处，剖面长 87.75m，走向 NE54°。堤顶高程为 214.264～214.260m，灵渠水位 213.22m，湘江水位 210.48m，二者水位相差 2.74m。

1. 地层结构

P1 剖面分布有湘江一级、二级阶地，秦堤位于一级阶地和二级阶地的交汇处。河流相二元结构明显，一级阶地下部为砂卵石层，厚 4～5m，上部为粉细砂层，厚约 0.5m；二级阶地下部为砂卵石层，厚 1.5～2.5m，上部为粉质黏土层，厚 4～5m。下伏基岩为石炭系下统严关阶灰岩。P1 剖面工程地质断面图如图 4-30 所示。

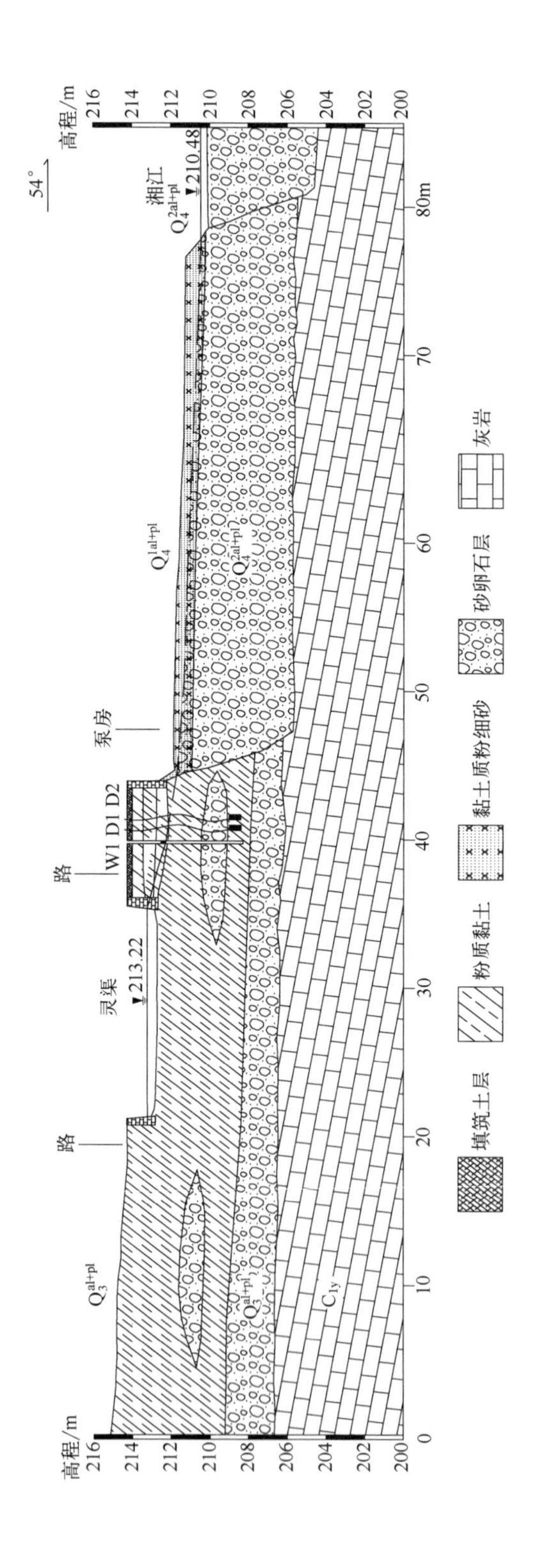

图 4-30　P1 剖面工程地质断面图

2. 渗流与渗透变形特征

P1剖面处秦堤宽8.44m，渗流路径较短，水力坡度相对较大，秦堤外侧底部有明显的渗水点（S1），以明显的涌泉状出露，流速快，流量大。

P1剖面处渗水严重，导致地面塌陷也较严重，在剖面两侧15m范围内发育地面塌陷坑4个，秦堤内侧2个（C8和C9）、中部1个（C10）、外侧1个（C4）。

为了更好地进行渗流的数值分析及研究渗水防治效果，在P1剖面上分别设置了一个水位观测孔（W1）、两个水压观测孔（D1和D2）和一个观测水槽，其中W1、D1、D2距灵渠分别为4.4m、5.7m和7.14m，孔深分别为4.0m、3.08m和3.84m，在防渗施工前后每天观测其水位。

3. 渗流数值分析模型

选取灵渠为模型的左边界，湘江为右边界。将模型概化为非均质各向同性含水层，按照垂直方向上渗透性差异，将模型地层分为五层，从上往下依次为填筑土层、黏土质粉细砂层、粉质黏土层、砂卵石层、基岩（灰岩）。

灵渠、湘江（长期水位恒定）水位取观测值的平均值，概化为第一类边界（定水头），其中灵渠为补给边界，湘江为排泄边界。底部下伏基岩渗透系数小，且越往深部渗透系数越小，因此将深部的基岩概化为隔水边界。概化模型如图4-31所示，网格剖分如图4-32所示。如无特殊说明，模型网络图及数值分析模型中横轴均为水平距离（m），纵轴均为竖向高度（m）。

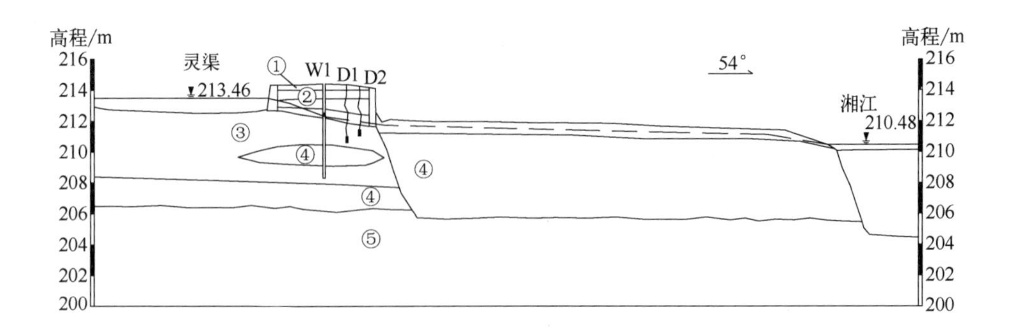

图4-31　P1剖面水文地质模型

①人工填土（填筑土）层；②黏土质粉细砂层；

③粉质黏土层；④砂卵石层；⑤灰岩

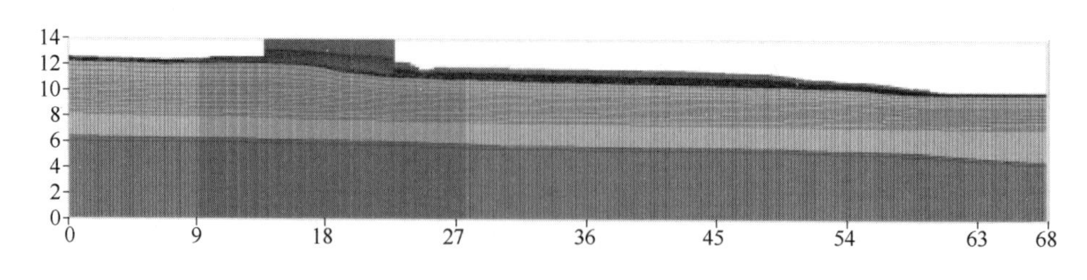

图 4-32 P1 剖面模型网格剖分

通过野外渗水试验获取了相关土层的渗透系数，其他有关参数按经验值取值。根据防渗施工前后观测到的水位，通过数值模拟进行参数反演，最后得到 P1 剖面数值模拟所需的水文地质参数，见表 4-3。

表 4-3 P1 剖面地层参数

土层参数	人工填土层	黏土质粉细砂层	粉质黏土层	砂卵石层	灰岩
渗透系数 K_{xx}/（m/s）	5.78×10^{-5}	8.85×10^{-6}	3.45×10^{-6}	5.78×10^{-5}	5.00×10^{-8}
渗透系数 K_{yy}/（m/s）	5.78×10^{-5}	8.85×10^{-6}	3.45×10^{-6}	5.78×10^{-5}	5.00×10^{-8}
渗透系数 K_{zz}/（m/s）	5.78×10^{-5}	8.85×10^{-6}	3.45×10^{-6}	5.78×10^{-5}	5.00×10^{-8}
单位储水系数 μ_s/（1/m）	0.0003	0.0001	5.00×10^{-5}	0.0003	8.00×10^{-7}
单位给水度 S_y	0.30	0.15	0.05	0.30	0.04
有效孔隙度 E_{ff}	0.30	0.15	0.05	0.30	0.04
总孔隙度 T_{ot}	0.35	0.35	0.45	0.35	0.05

4. 数值模拟结果

通过建立模型，进行参数反演，可以计算出 P1 剖面地下水流线分布图、流速分布图，如图 4-33 和图 4-34 所示。从模拟结果可以看出，地下水的补给符合一般地下水的补给、排泄规律。等水头变化相对较平均，同一介质中水头变化差异不大。等水头线从上游向下游递减，间距均匀，灵渠向湘江渗流途径较通畅。由于黏土质粉细砂、粉质黏土孔隙率偏高、渗透性差、强度偏低、土质松软，而砂卵石层透水性好、强度较高，从流线分布图和流速分布图可以看出，渗流主要经过砂卵石层。流线上箭头间的间隔越大，代表流速越快，水力坡度越大；水头等值线越密，水力坡度越大。通过计算可知，观测孔 W1 中的地下水位与实际观测值的平均值（13.31m）十分吻合。

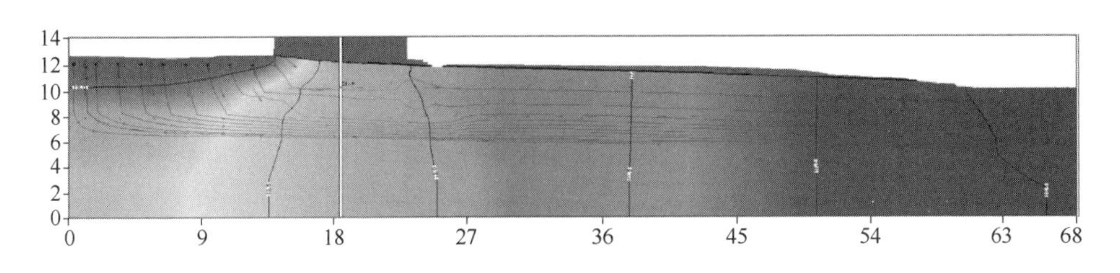

图 4-33　P1 剖面地下水流线分布图

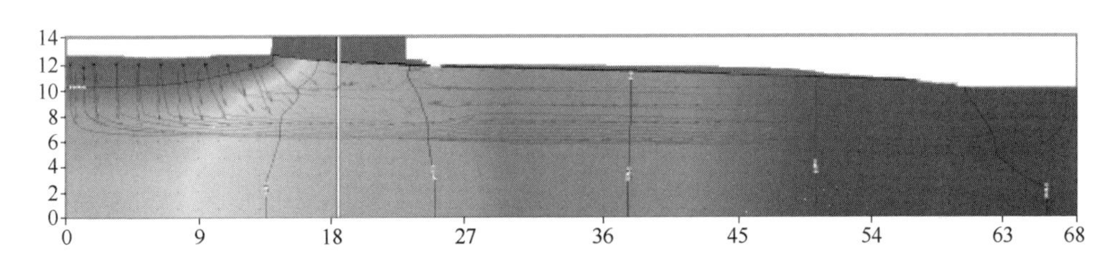

图 4-34　P1 剖面地下水流速分布图

4.3.2　P2 剖面

P2 剖面位于 P1 剖面北侧，里程 K0+450m 处，剖面长 106.6m，走向 NE54°。堤顶高程 213.85～214.31m，灵渠水位 213.23m，湘江水位 210.13m，二者水位相差 3.1m。

1. 地层结构

P2 剖面处分布二级阶地，该段一级阶地缺失。河流相二元结构明显，二级阶地下部为砂卵石层，厚 3.7～4m，连续分布；上部为粉质黏土层，厚 3.5～4m，连续分布；下伏基岩为石炭系下统严关阶灰岩，根据飞来石处出露的基岩测得岩层产状 62°∠8°；堤顶部有约 0.4m 厚的人工填土。P2 剖面工程地质断面图如图 4-35 所示。

2. 渗流与渗透变形特征

P2 剖面处秦堤宽仅有 7.5m，渗透路径较短，水力坡度相对较大，秦堤靠近湘江侧底部有明显的渗水点（S4），泉眼集中，以明显的涌泉状出露，流速快，流量大。

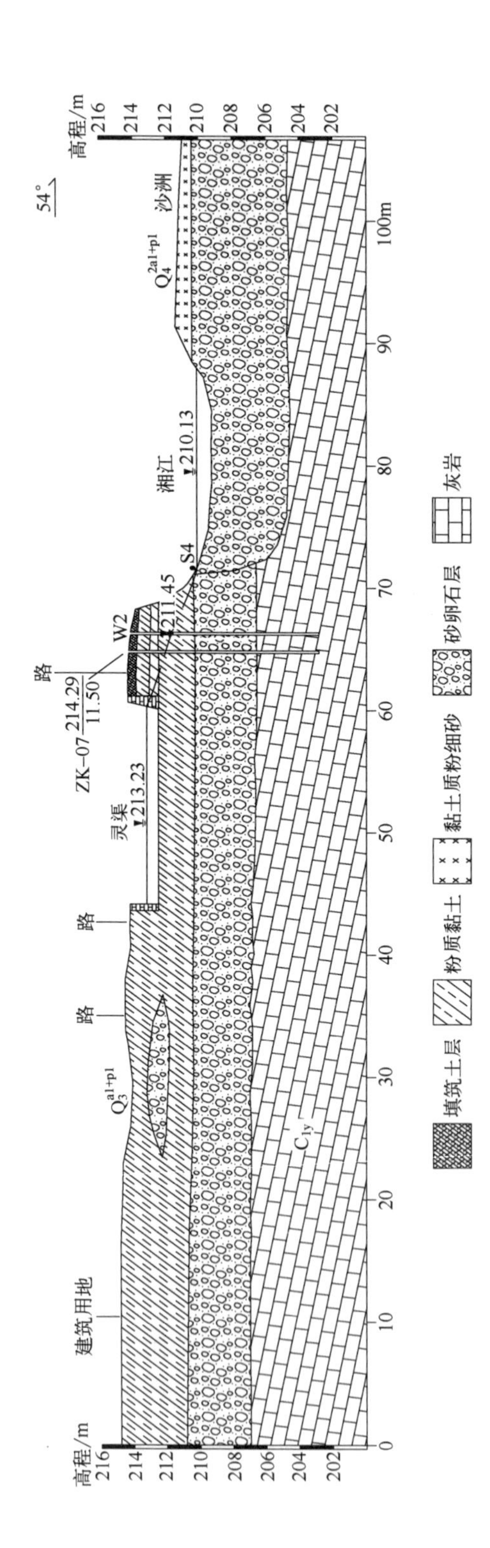

图 4-35 P2 剖面工程地质断面图

P2 剖面处渗漏严重，导致地面塌陷也较严重，在剖面 2m 范围内有 2 处塌陷，分别为 C12-1 和 C12-2，C12-1 几乎横贯整个堤顶，C12-2 位于秦堤外侧。

为了更好地进行渗流的数值分析及研究渗水防治效果，在 P2 剖面距离灵渠岸边 5.5m 处设有观测孔 W2，孔深 4.5m，在防渗工程施工前后每天观测其水位。

3. 渗流数值分析模型

为了更好地模拟出 P2 剖面处秦堤的渗流情况，选取灵渠为模型的左边界，湘江为右边界。将模型概化为非均质各向同性含水层，按照垂直方向上渗透性差异，将模型地层分为五层，从地面往下依次为填筑土层、黏土质粉细砂层、粉质黏土层、砂卵石层和基岩（灰岩）。

灵渠、湘江（长期水位恒定）水位取观测值的平均值，概化为第一类边界（定水头），其中灵渠为补给边界，湘江为排泄边界。底部下伏基岩，渗透系数非常小，且越往深部渗透系数越小，因此将深部基岩概化为零流量边界。概化模型如图 4-36 所示，网格剖分如图 4-37 所示。

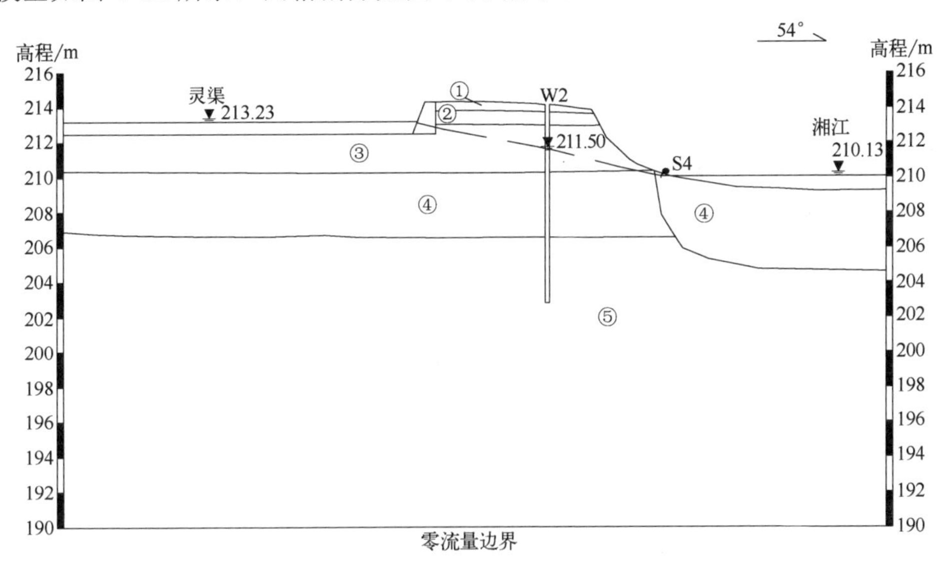

图 4-36　P2 剖面水文地质模型

①人工填土（填筑土）层；②黏土质粉细砂层；③粉质黏土层；④砂卵石层；⑤灰岩

通过野外渗水试验获取了相关土层渗透系数，其他有关参数结合经验取值。根据防渗施工前后观测到的水位，通过数值模拟进行参数反演分析，最后得到 P2 剖面各地层的参数，见表 4-4。

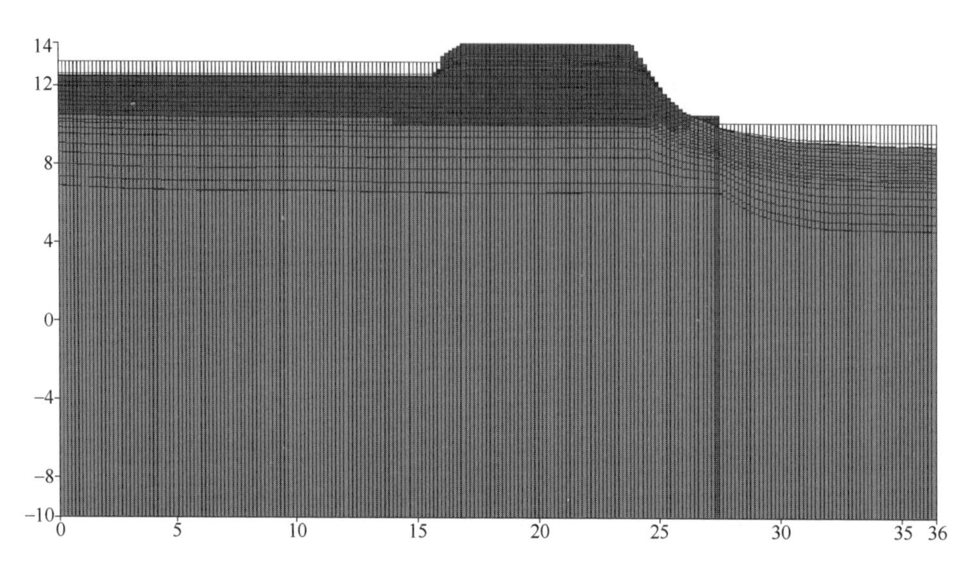

图 4-37 P2 剖面模型网格剖分

表 4-4 P2 剖面地层参数

土层参数	填筑土层	黏土质粉细砂层	粉质黏土层	砂卵石层	灰岩
渗透系数 K_{xx}/（m/s）	9.16×10^{-5}	1.50×10^{-5}	9.50×10^{-6}	4.81×10^{-5}	5.00×10^{-8}
渗透系数 K_{yy}/（m/s）	9.16×10^{-5}	1.50×10^{-5}	9.50×10^{-6}	4.81×10^{-5}	5.00×10^{-8}
渗透系数 K_{zz}/（m/s）	9.16×10^{-5}	1.50×10^{-5}	9.50×10^{-6}	4.81×10^{-5}	5.00×10^{-8}
单位储水系数 μ_s/（1/m）	0.0001	0.0002	5.00×10^{-5}	0.0003	8.00×10^{-7}
单位给水度 S_y	0.15	0.20	0.05	0.30	0.04
有效孔隙度 E_{ff}	0.15	0.20	0.05	0.30	0.04
总孔隙度 T_{ot}	0.35	0.40	0.45	0.35	0.05

4. 数值模拟结果

通过建立模型，进行参数反演，可以计算出天然工况下 P2 剖面地下水流线分布图、流速分布图、水头等值线图，如图 4-38～图 4-40 所示。

从模拟结果可以看出，地下水的补给符合一般地下水的补给、排泄规律。等水头变化相对较平均，同一介质中水头变化差异不大。等水头线从上游向下游递减，间距均匀，灵渠向湘江渗流路径较通畅。由于人工填土和粉质黏土孔隙率偏高、渗透性差、强度偏低、土质松软，而砂卵石层透水性好、强度较高，从流线分布图和流速分布图中可以看出，渗流主要经过砂卵石层，流线上箭头间的间隔越大，代表流速越快，水力坡度越大；水头等值线越密，水力坡度越大。通过计算可知，观测孔W2中的地下水位与实际观测平均值（11.43m）十分吻合。

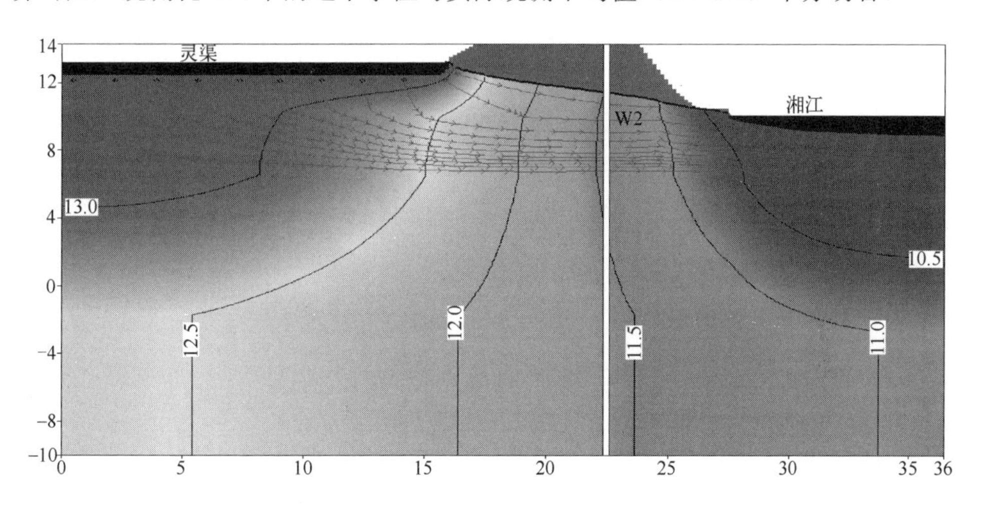

图4-38　P2剖面地下水流线分布图

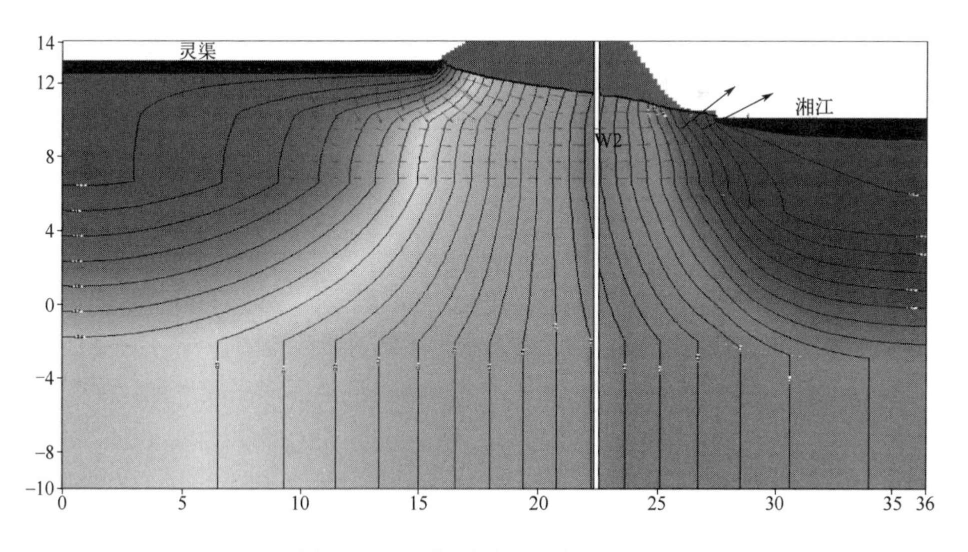

图4-39　P2剖面地下水流速分布图

4.3.3　P3剖面

P3剖面位于P2剖面北侧，里程K0+598m处，剖面总长98.4m，走向NEE87°。

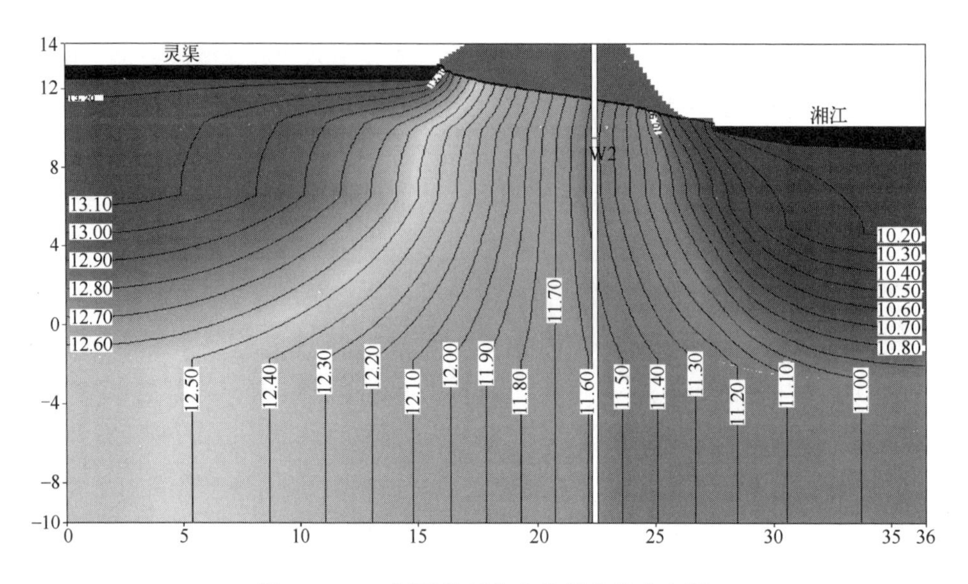

图 4-40 P2 剖面地下水水头等值线分布图

堤顶高程 213.85～214.31M，渠内水位 213.4M，湘江水位 210.4M，二者水位相差 3M，灵渠渠底高程 212.8M，灵渠水深 0.6M。

1. 地层结构

P3 剖面分布有二级和三级阶地，一级阶地缺失。二级阶地上部为粉质黏土，厚 2.2～3.6m；下部为砂卵石层，厚 3～7.5m。下伏基岩为石炭系下统严关阶灰岩。剖面附近灰岩出露，岩层产状 62°∠8°。P3 剖面工程地质断面图如图 4-41 所示。

2. 渗流与渗透变形特征

P3 剖面处秦堤宽 42.1m，渗透路径较长，水力坡度相对较小，秦堤外侧没有明显的渗水点，湘江边有灰岩出露。P3 剖面附近地面塌陷较严重，剖面两侧 20m 范围内共有 9 处塌陷，秦堤内侧有 5 个，分别是 C23、C24、C25、C26-1 和 C26-2，外侧有 4 个，分别是 C20-1、C20-2、C20-3 和 C21。

为了更好地进行渗流的数值分析及研究渗水防治效果，在 P3 剖面上设置了两个水位观测孔（W3-1 和 W3-2）和两个水压观测孔（D3 和 D4）。其中，W3-1、D3、W3-2 和 D4 分别距离灵渠岸边 7m、21.45m、34.28m 和 37.8m，孔深分别为 5.5m、6.52m、5.8m 和 5.75m。在防渗工程施工前后每天观测其水位。

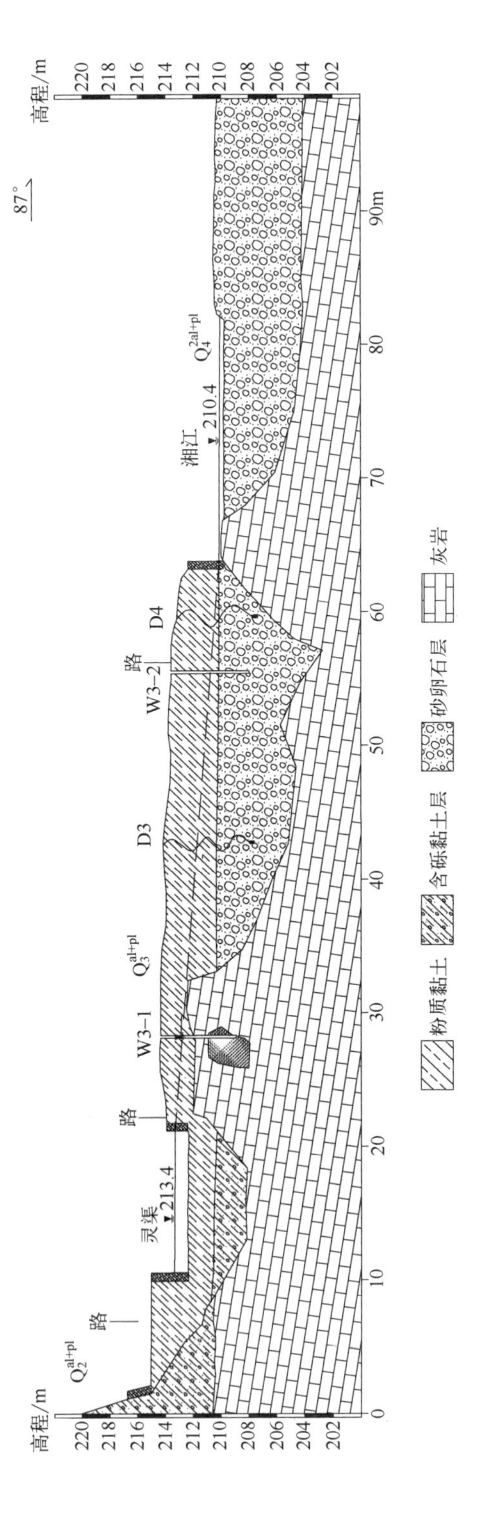

图 4-41　P3 剖面工程地质断面图

3. 渗流数值分析模型

选取灵渠为模型的左边界，湘江为右边界。将模型概化为非均质各向同性含水层，按照垂向上渗透性差异，将模型地层分为六层，从地面往下依次为粉质黏土层、砂卵石层、第一层灰岩、第二层灰岩、第三层灰岩和底层灰岩。

灵渠、湘江（长期水位恒定）水位取观测值的平均值，概化为第一类边界（定水头），其中灵渠为补给边界，湘江为排泄边界。底部下伏基岩渗透系数非常小，将深部的基岩概化为隔水边界。概化模型如图 4-42 所示，网格剖分如图 4-43 所示。

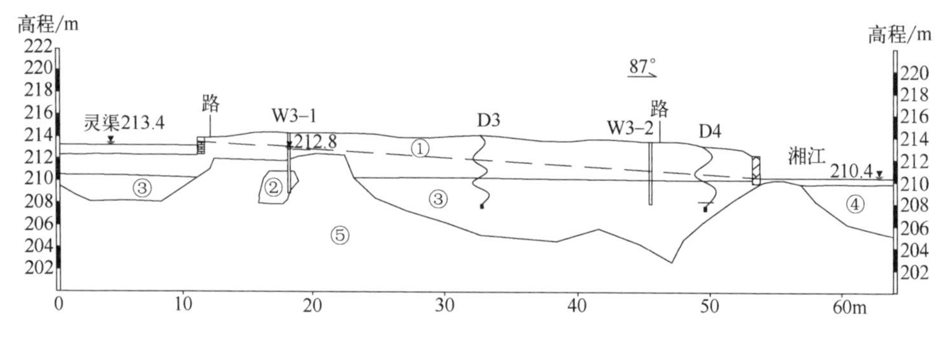

图 4-42　P3 剖面水文地质模型

①粉质黏土层；②土洞；③粉质黏土层；④砂卵石层；⑤灰岩

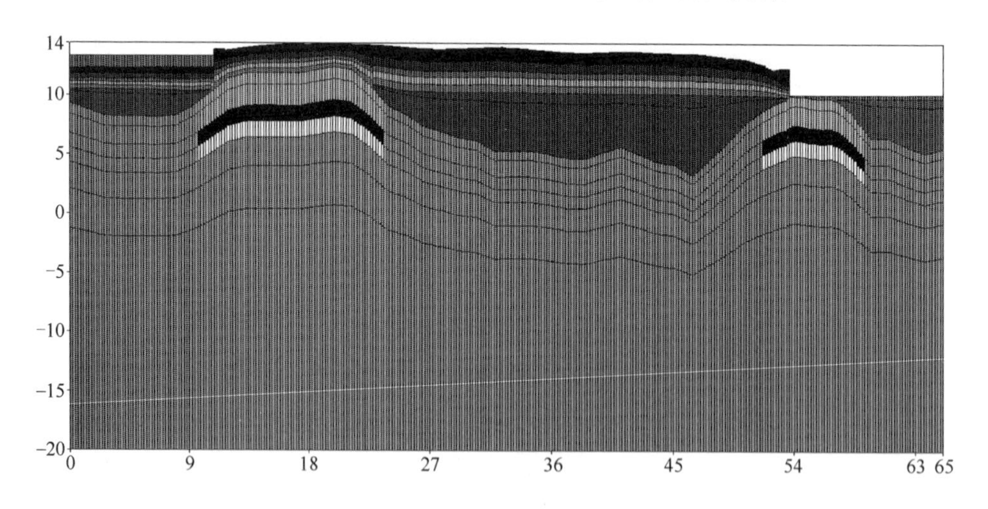

图 4-43　P3 剖面模型网格剖分

通过野外渗水试验获取了相关土层渗透系数，其他有关参数结合经验取值。根据防渗施工前后观测到的水位，通过数值模拟进行参数反演分析，最后得到 P3 剖面各地层的参数，见表 4-5。

表 4-5　P3 剖面各地层参数

土层参数	粉质黏土层	砂卵石层	第一层灰岩	第二层灰岩	第三层灰岩	底层灰岩
渗透系数 K_{xx}/（m/s）	4.66×10^{-6}	4.81×10^{-4}	3.00×10^{-3}	5.00×10^{-5}	5.00×10^{-6}	5.00×10^{-8}
渗透系数 K_{yy}/（m/s）	4.66×10^{-6}	4.81×10^{-4}	3.00×10^{-3}	5.00×10^{-5}	5.00×10^{-6}	5.00×10^{-8}
渗透系数 K_{zz}/（m/s）	4.66×10^{-6}	4.81×10^{-4}	3.00×10^{-3}	5.00×10^{-5}	5.00×10^{-6}	5.00×10^{-8}
单位储水系数 μ_s/（1/m）	5.00×10^{-5}	0.0003	8.00×10^{-7}	8.00×10^{-7}	8.00×10^{-7}	8.00×10^{-7}
单位给水度 S_y	0.05	0.30	0.04	0.04	0.04	0.04
有效孔隙度 E_{ff}	0.05	0.30	0.04	0.04	0.04	0.04
总孔隙度 T_{ot}	0.45	0.35	0.05	0.05	0.05	0.05

4. 数值模拟结果

通过建立模型，进行参数反演，计算出 P3 剖面地下水流线分布图、流速分布图、水位等值线图，如图 4-44～图 4-46 所示。

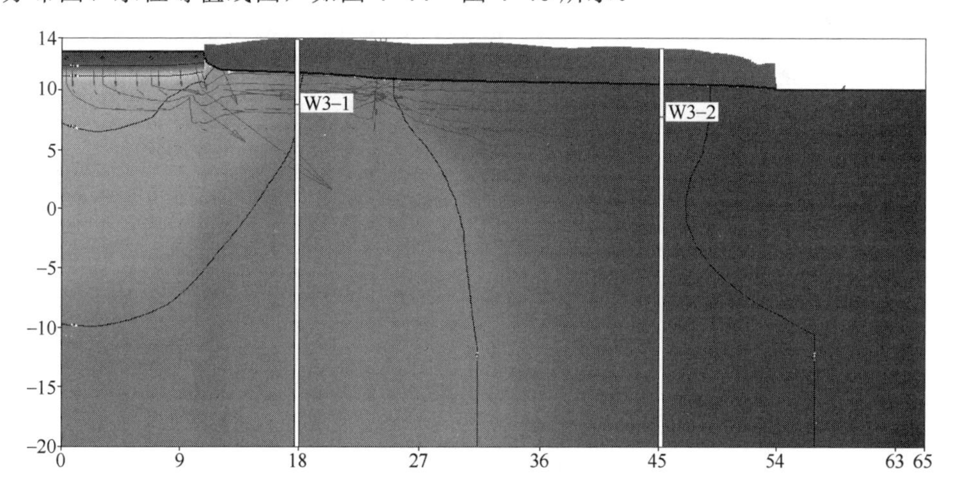

图 4-44　P3 剖面地下水流线分布图

从模拟结果可以看出，地下水的补给符合一般地下水的补给、排泄规律。等水头变化相对较平均，同一介质中水头变化差异不大。等水头线从上游向下游递减，间距均匀，灵渠向湘江渗流途径较通畅。由于粉质黏土孔隙率偏高、渗透性差、强度偏低、土质松软，而黏土质细粉砂层透水性好、强度较高，从流线分布图和流速分布图中可以看出，渗流主要经过黏土质细粉砂层。流线上箭头间的间隔越大，代表流速越快，水力坡度越大；水头等值线越密，水力坡度越大。通过计算可知，观测孔 W3-1、W3-2 中的地下水位与实际观测平均值（11.5m、10.5m）十分吻合。

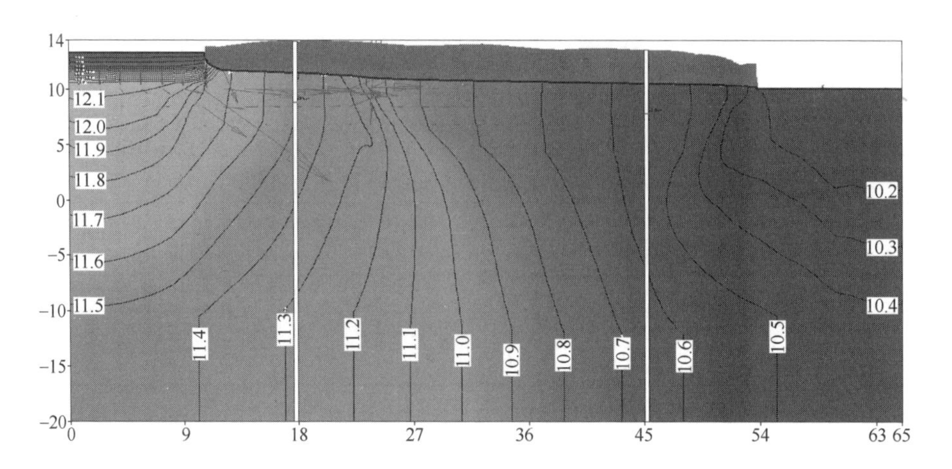

图 4-45 P3 剖面地下水流速分布图

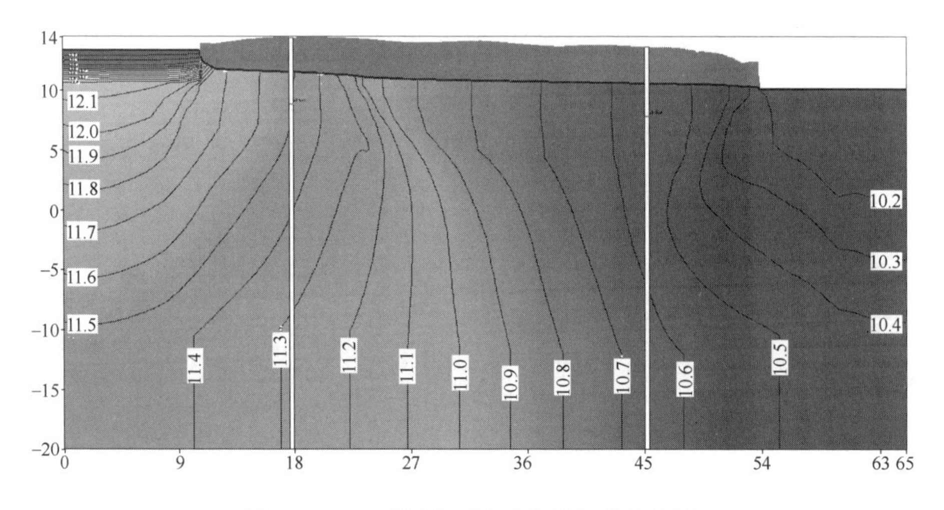

图 4-46 P3 剖面地下水水头等值线分布图

4.3.4 P4 剖面

P4 剖面位于 P3 剖面的北侧，里程 K0+684m 处，剖面长 88.9m，走向 NEE81°。堤顶高程 213.60～213.90m，渠内水位 213.24m，湘江水位 209.70m，渠内水位与湘江水位差为 3.54m，灵渠渠底高程 212.04m，灵渠水深 1.2m。

1. 地层结构

P4 剖面处一级阶地缺失，二级阶地发育。上部为人工填土，厚 2.4～4m；下部为粉质黏土层，厚 3.7～4.8m。下伏基岩为石炭系下统严关阶灰岩。P4 剖面工程地质断面图如图 4-47 所示。

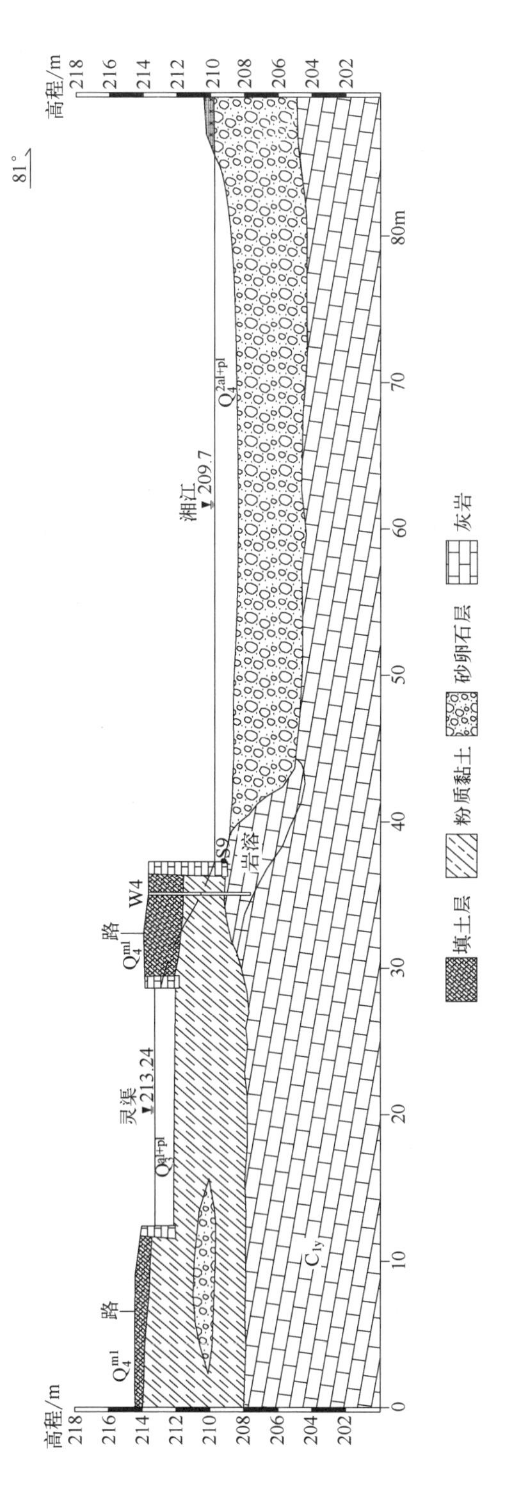

图 4-47　P4 剖面工程地质断面图

2. 渗流与渗透变形特征

P4 剖面处秦堤宽 8.6m，此段渗流路径很短，有明显的水头差，所以水力坡度比较大，有多处明显的渗水点，分别为 S8、S9、S10、S11、S12、S13、S14、S15、S16、S17、S18 和 S19，以明显的涌泉状出露，流速快，流量大。

P4 剖面渗水严重，导致地面塌陷严重，在剖面附近有 2 处大的塌陷（C30 和 C31），沿着秦堤走向分布，且整个路面塌陷。

为了更好地进行渗流的数值分析及研究渗水防治效果，在距离灵渠岸边 6.4m 处设有观测孔 W4，孔深 6.0m，在防渗工程施工前后每天观测其水位。

3. 渗流数值分析模型

选取灵渠最南边为模型的左边界，湘江正中间为右边界。将模型概化为非均质各向同性含水层，按照垂向上渗透性差异，将模型地层分为四层，从地面往下依次为填筑土层、粉质黏土层、岩溶层、基岩层。

灵渠、湘江（长期水位恒定）水位取观测值的平均值，概化为第一类边界（定水头），其中灵渠为补给边界，湘江为排泄边界。底部下伏基岩渗透系数非常小，将深部基岩概化为隔水边界。概化模型如图 4-48 所示，网格剖分如图 4-49 所示。

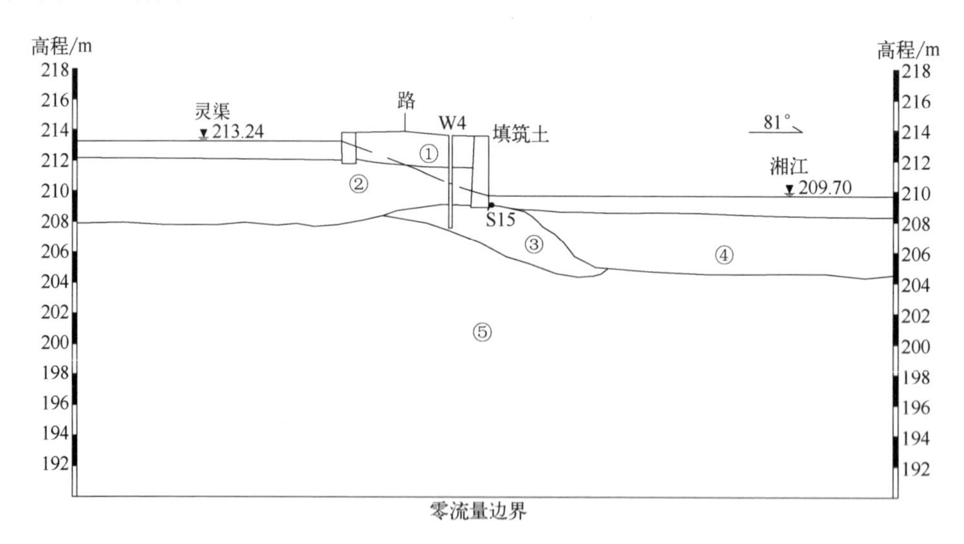

图 4-48 P4 剖面水文地质模型

①填土层；②粉质黏土层；③岩溶层；④砂卵石层；⑤灰岩

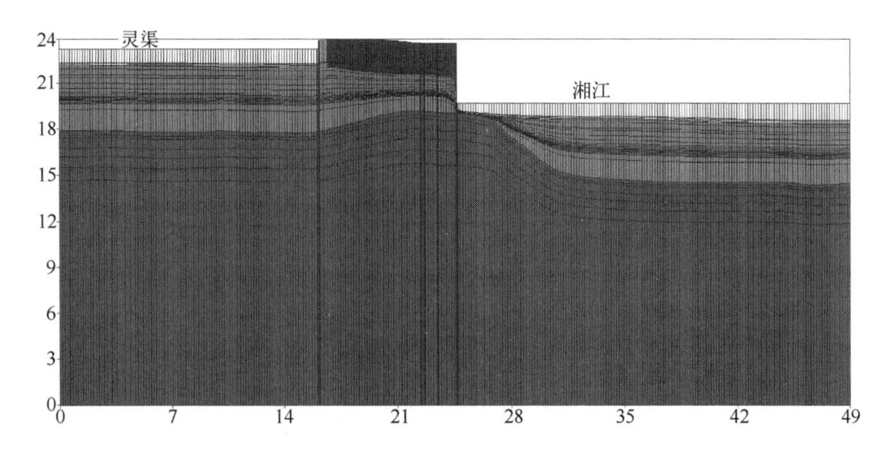

图 4-49　P4 剖面模型网格剖分

通过野外渗水试验，获取了相关土层渗透系数，其他有关参数结合经验取值。根据防渗施工前后观测到的水位，通过数值模拟进行参数反演分析，得到 P4 剖面各地层的参数，见表 4-6。

表 4-6　P4 剖面各地层参数

土层参数	填筑土层	粉质黏土层	岩溶层	灰岩
渗透系数 K_{xx}/（m/s）	9.16×10^{-5}	4.66×10^{-6}	6.50×10^{-6}	5.00×10^{-8}
渗透系数 K_{yy}/（m/s）	9.16×10^{-5}	4.66×10^{-6}	6.50×10^{-6}	5.00×10^{-8}
渗透系数 K_{zz}/（m/s）	9.16×10^{-5}	4.66×10^{-6}	6.50×10^{-6}	5.00×10^{-8}
单位储水系数μ_s/（1/m）	0.0001	5.00×10^{-5}	8.00×10^{-5}	8.00×10^{-7}
单位给水度 S_y	0.15	0.05	0.04	0.04
有效孔隙度 E_{ff}	0.15	0.05	0.04	0.04
总孔隙度 T_{ot}	0.35	0.45	0.05	0.05

4．数值模拟结果

通过建立模型，进行参数反演，计算出 P4 剖面地下水水头等值线分布图、流速分布图，如图 4-50 和图 4-51 所示。

从模拟结果可以看出，地下水的补给符合一般地下水的补给、排泄规律。等水头变化相对较平均，同一介质中水头变化差异不大。等水头线从上游向下游递减，间距均匀，灵渠向湘江渗流路径较通畅。由于人工填土、粉质黏土孔隙率偏高、渗透性差、强度偏低、土质松软，而岩溶层和砂卵石层透水性好、强度较高，从水头等值线分布图和流速分布图中可以看出，渗流主要经过岩溶层和砂卵石层。流线上箭头间的间隔越大，代表流速越快，水力坡度越大；水头等值线越密，水力坡度越大。通过计算可知，观测孔 W4 中的地下水位与实际观测平均值十分吻合。

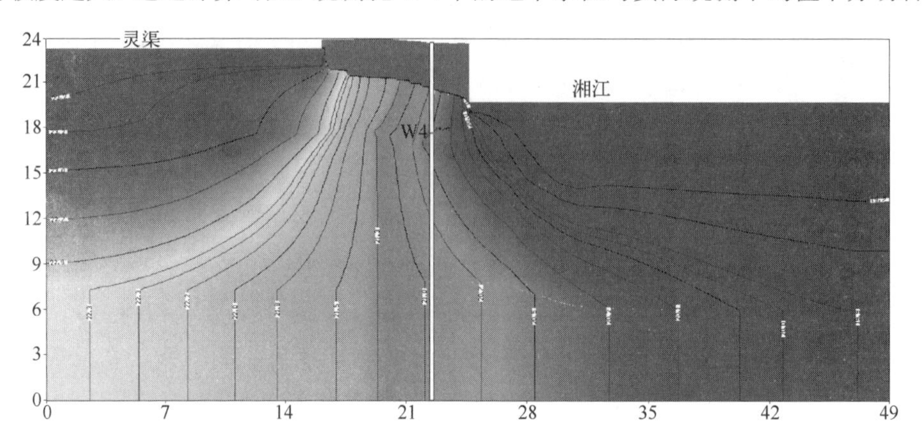

图 4-50 P4 剖面地下水水头等值线分布图

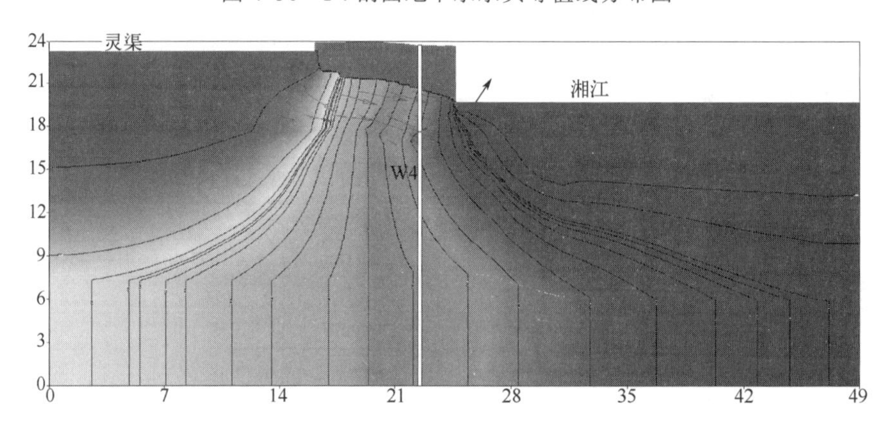

图 4-51 P4 剖面地下水流速分布图

4.3.5 P5 剖面

P5 剖面位于 P4 剖面北侧，里程 K0+475m 处，剖面长 91.2m，走向 NE52°。堤顶高程约 213.5m，灵渠水位 212.9m，湘江水位 209.8m，二者水位相差 3.1m。灵渠渠底高程 212.3m，灵渠水深 0.6m。

1. 地层结构

P5 剖面处二级和三级阶地发育，一级阶地缺失。二级阶地的河流相二元结构明显，上部为人工填筑土（少量）和粉质黏土，厚 3.8～5m；下部为砂卵石层，厚 2.5～4m；下伏基岩为石炭系下统严关阶灰岩。P5 剖面工程地质断面图如图 4-52 所示。

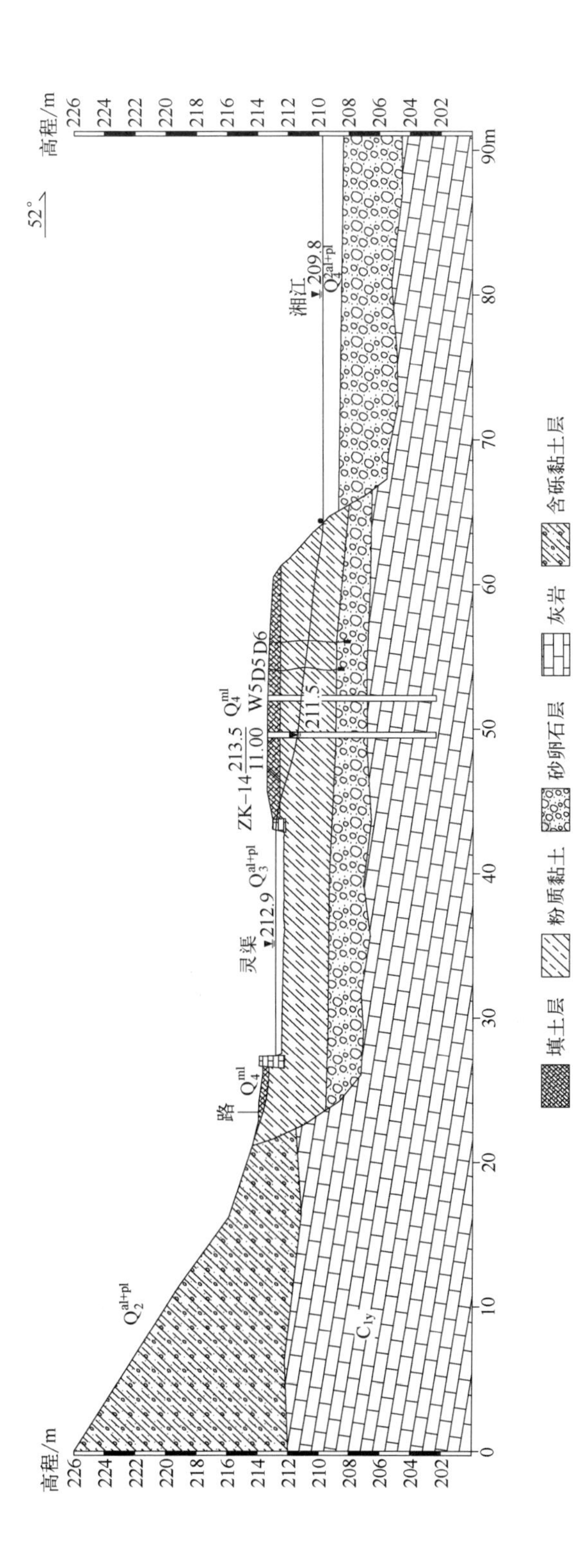

图 4-52　**P5 剖面工程地质断面图**

2. 渗流与渗透变形特征

P5 剖面处秦堤宽 21m，渗透路径相对较长，水力坡度相对较小。秦堤外侧底部有 5 个明显的渗水点（S31、S32、S33、S34 和 S35），以显著的涌泉状渗水泉眼集中，流速快，流量大。

P5 剖面处渗水较严重，在长期地下水动力作用下，容易形成不同规模的土洞和塌陷。在剖面两侧有 2 个塌陷，分别是 C38 和 C39。

为了更好地进行渗流的数值分析及研究渗水防治效果，在 P5 剖面上分别设置了 1 个水位观测孔（W5）和 2 个水压观测孔（D5 和 D6），其中 W5、D5 和 D6 分别距离灵渠 7.4m、9.3m 和 11.2m，孔深分别为 6m、4.55m 和 4.87m，在防渗工程施工前后每天观测其水位。

3. 渗流数值分析模型

选取灵渠为模型的左边界，湘江为右边界。将模型概化为非均质各向同性含水层，按照垂向上渗透性差异，将模型地层分为三层，从地面往下依次为粉质黏土层、砂卵石层、基岩层。

灵渠、湘江（长期水位恒定）水位取观测值的平均值，概化为第一类边界（定水头），其中灵渠为补给边界，湘江为排泄边界。底部下伏基岩渗透系数非常小，将深部基岩概化为隔水边界。概化模型如图 4-53 所示，网格剖分如图 4-54 所示。

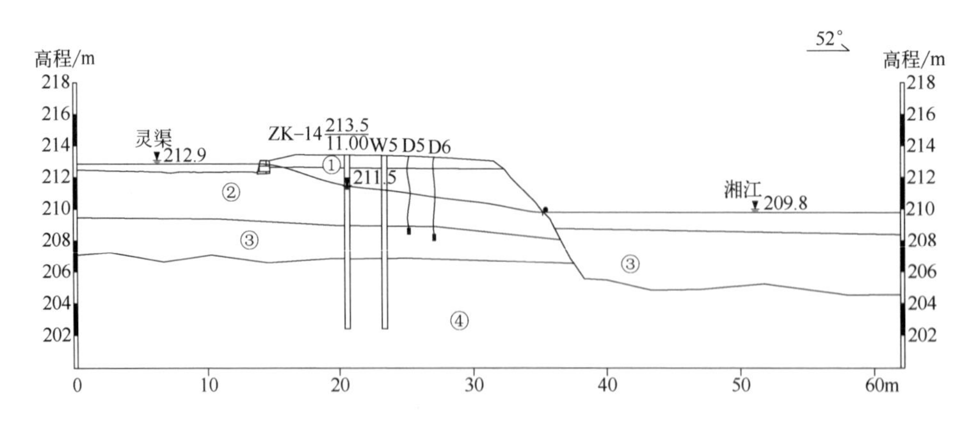

图 4-53 P5 剖面水文地质模型

①填土层；②粉质黏土层；③砂卵石层；④灰岩

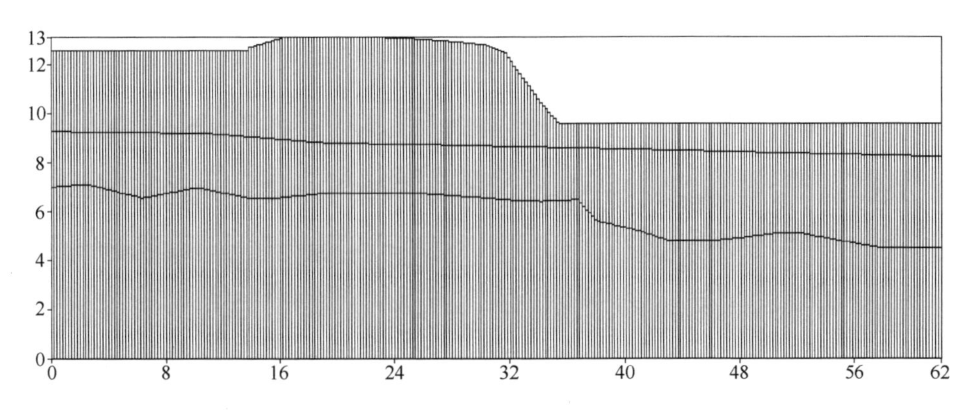

图 4-54　P5 剖面模型网格剖分

通过野外渗水试验获取了相关土层渗透系数，其他有关参数结合经验取值。根据防渗施工前后观测到的水位，通过数值模拟进行参数反演分析，最后得到 P5 剖面各地层的参数，见表 4-7。

表 4-7　P5 剖面各地层参数

土层参数	粉质黏土层	砂卵石层	灰岩
渗透系数 K_{xx}/（m/s）	9.70×10^{-6}	3.21×10^{-5}	5.00×10^{-8}
渗透系数 K_{yy}/（m/s）	9.70×10^{-6}	3.21×10^{-5}	5.00×10^{-8}
渗透系数 K_{zz}/（m/s）	9.70×10^{-6}	3.21×10^{-5}	5.00×10^{-8}
单位储水系数 μ_s/（1/m）	5.00×10^{-5}	0.0003	8.00×10^{-7}
单位给水度 S_y	0.05	0.30	0.04
有效孔隙度 E_{ff}	0.05	0.30	0.04
总孔隙度 T_{ot}	0.45	0.35	0.05

4. 数值模拟结果

通过建立模型，进行参数反演，计算出 P5 剖面流线分布图、流速分布图、水头等值线图，如图 4-55～图 4-57 所示。

从模拟结果可以看出，地下水的补给符合一般地下水的补给、排泄规律。等水头变化相对较平均，同一介质中水头变化差异不大。等水头线从上游向下游递减，间距均匀，灵渠向湘江渗流路径较通畅。由于粉质黏土孔隙率偏高、渗透性差、强度偏低、土质松软，而砂卵石层透水性好、强度较高，从流线分布图和流速分布图中可以看出，渗流主要经过砂卵石层。流线上箭头间的间隔越大，代表流速越快，水力坡度越大；水头等值线越密，水力坡度越大。通过计算可知，观测孔 W5 中的地下水位与实际观测平均值（11.2m）十分吻合。

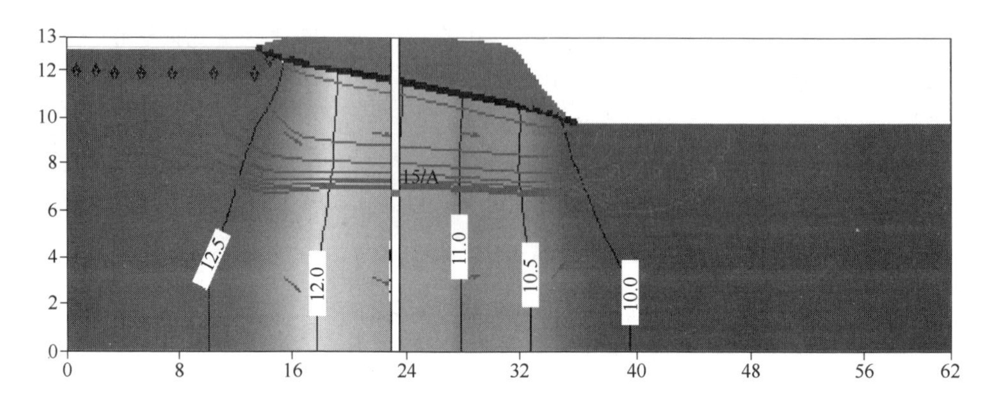

图 4-55　P5 剖面地下水流线分布图

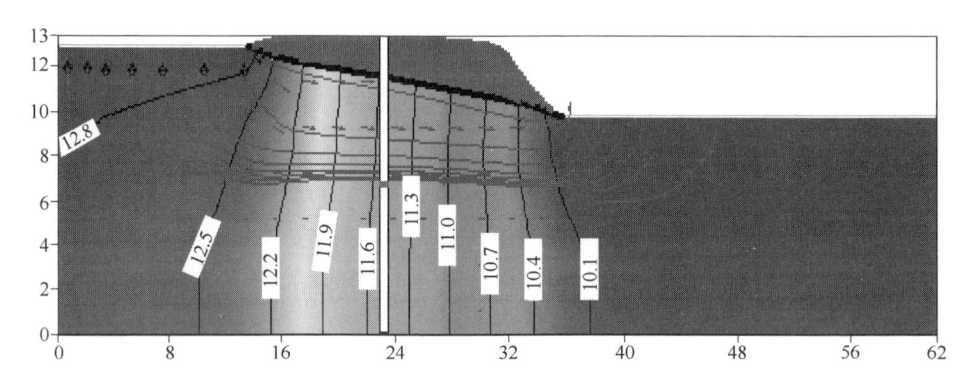

图 4-56　P5 剖面地下水流速分布图

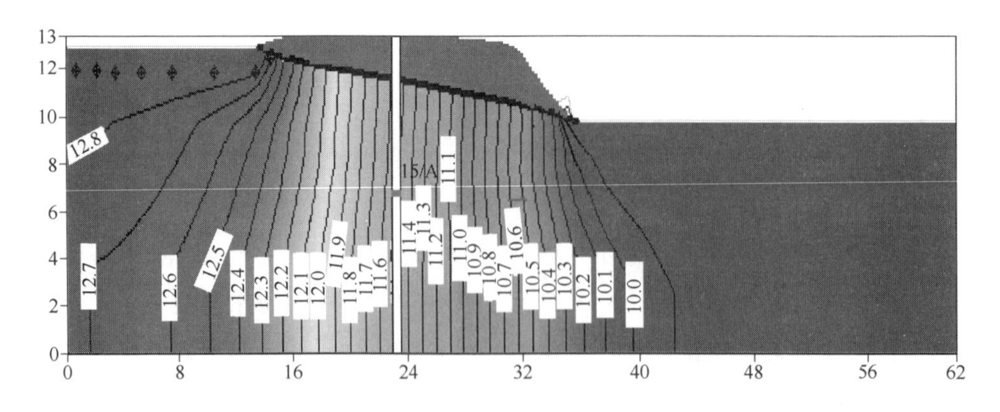

图 4-57　P5 剖面地下水水头等值线图

4.3.6　P6 剖面

P6 剖面位于泄水天平北侧，里程 K1+002m 处，剖面长 123.5m，走向 NEE71°。堤顶高程约 214.82m，渠内水位 212.86m，湘江水位 209.8m，渠内水位与湘江水位差为 3.06m，灵渠渠底高程 212.23m，灵渠水深 0.63m。

1. 地层结构

P6 剖面发育有一级、二级和三级阶地，P6 处一级阶地的河流相二元结构明显，上部为黏土质粉细砂层，下部为砂卵石层，下伏基岩为石炭系下统严关阶灰岩。二级阶地上部为粉质黏土，厚 5～8m，下伏基岩为石炭系下统严关阶灰岩。在距泄水天平北侧约 3m 处发育深度为 12.5m、宽度为 5.9m 的土洞，被粉质黏土填充。它的形成原因是由于粉质黏土渗透性小，为中等压缩性土，在堤内土体结构被渗水破坏，冲蚀形成土洞。P6 剖面工程地质断面图如图 4-58 所示。

2. 渗流与渗透变形特征

P6 剖面处秦堤宽约 10.6m，此段渗流路径较长，所以水力坡度比较小，渗水点不明显。P6 剖面附近存在 4 处地面塌陷，分别是 C50、C51、C52-1 和 C52-2。

为了更好地进行渗流的数值分析及研究渗水防治效果，在距离灵渠岸边 8.6m 处设有观测孔 W6，孔深 5.5m，在防渗施工前后每天观测其水位。

3. 渗流数值分析模型

选取灵渠为模型的左边界，湘江为右边界。将模型概化为非均质各向同性含水层，按照垂向上渗透性差异，将模型地层分为五层，分别为粉质黏土层、黏土质细粉砂层、砂卵石层、含砾黏土层、基岩层。

灵渠、湘江（长期水位恒定）水位取观测值的平均值，概化为第一类边界（定水头），其中灵渠为补给边界，湘江为排泄边界。底部下伏基岩，渗透系数非常小，将深部基岩概化为隔水边界。概化模型如图 4-59 所示，网格剖分如图 4-60 所示。

通过野外渗水试验获取了相关土层渗透系数，其他有关参数结合经验取值。根据防渗施工前后观测到的水位，通过数值模拟进行参数反演分析，最后得到 P6 处各地层的参数，见表 4-8。

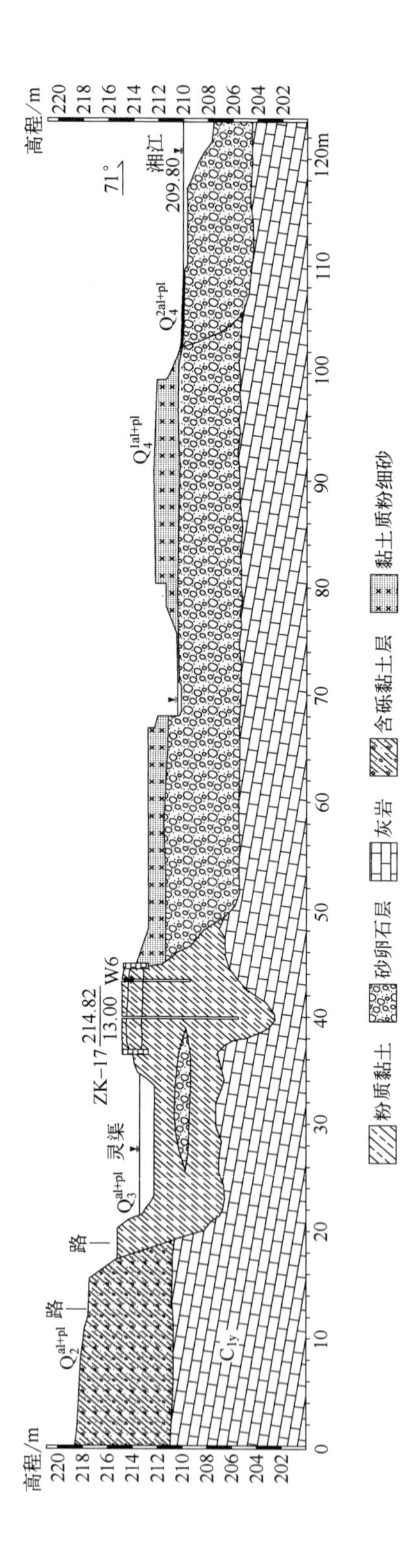

图 4-58 P6 剖面工程地质断面图

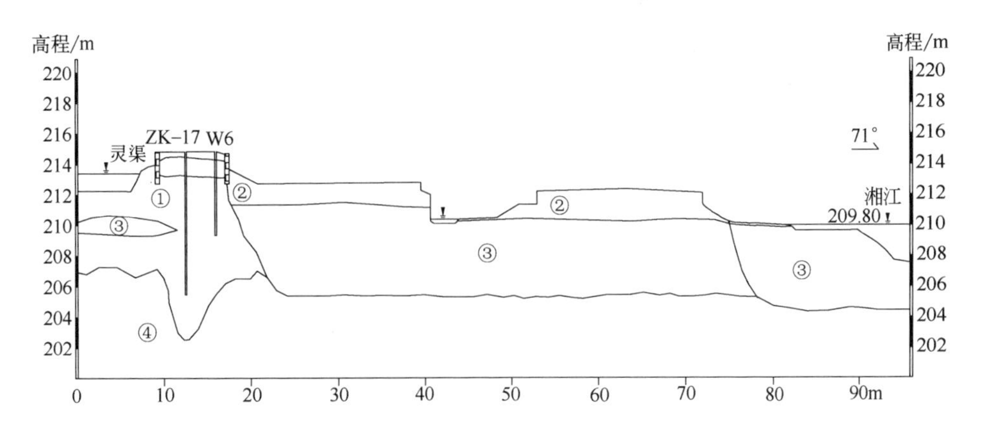

图 4-59　P6 剖面水文地质模型

①粉质黏土层；②黏土质粉细砂；③砂卵石层；⑤灰岩

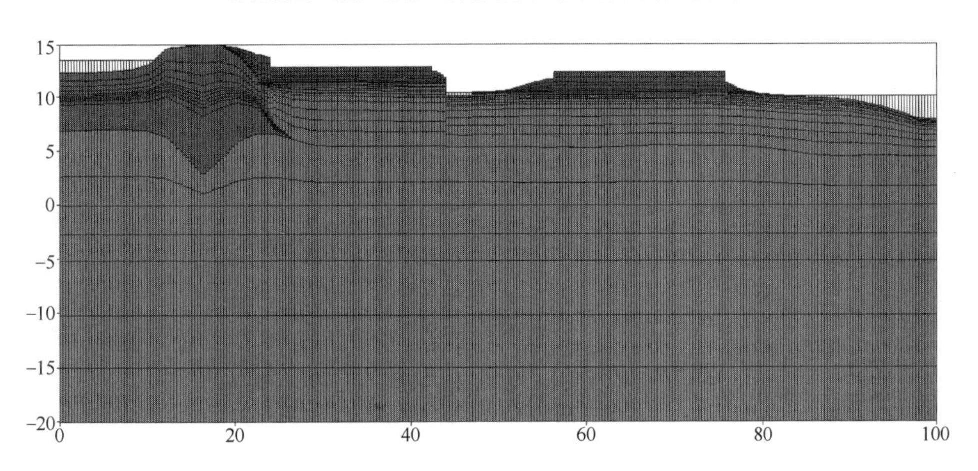

图 4-60　P6 剖面模型网格剖分

表 4-8　P6 剖面各地层参数

土层参数	粉质黏土层	黏土质细粉砂层	砂卵石层	灰岩
渗透系数 K_{xx}/（m/s）	9.7×10^{-6}	1.0×10^{-5}	2.0×10^{-5}	5.0×10^{-8}
渗透系数 K_{yy}/（m/s）	9.7×10^{-6}	1.0×10^{-5}	2.0×10^{-5}	5.0×10^{-8}
渗透系数 K_{zz}/（m/s）	9.7×10^{-6}	1.0×10^{-5}	2.0×10^{-5}	5.0×10^{-8}
单位储水系数 μ_s/（1/m）	5.0×10^{-5}	0.0001	0.0003	8.0×10^{-7}
单位给水度 S_y	0.05	0.15	0.30	0.04
有效孔隙度 E_{ff}	0.05	0.15	0.30	0.04
总孔隙度 T_{ot}	0.45	0.35	0.35	0.05

4. 数值模拟结果

通过建立模型，进行参数调整，计算出 P6 剖面地下水流线分布图、流速分布图、水头等值线图，如图 4-61～图 4-63 所示。

从模拟结果可以看出，地下水的补给符合一般地下水的补给、排泄规律。等水头变化相对较平均，同一介质中水头变化差异不大。等水头线从上游向下游递减，间距均匀，灵渠向湘江渗流路径较通畅。由于粉质黏土孔隙率偏高、渗透性差、强度偏低、土质松软，而砂卵石层透水性好、强度较高，从流线分布图和流速分布图中可以看出，渗流主要经过砂卵石层。流线上箭头间的间隔越大，代表流速越快，水力坡度越大；水头等值线越密，水力坡度越大。通过计算可知，观测孔 W6 中的地下水位距地面的高度与实际观测平均值（2.42m）十分吻合。

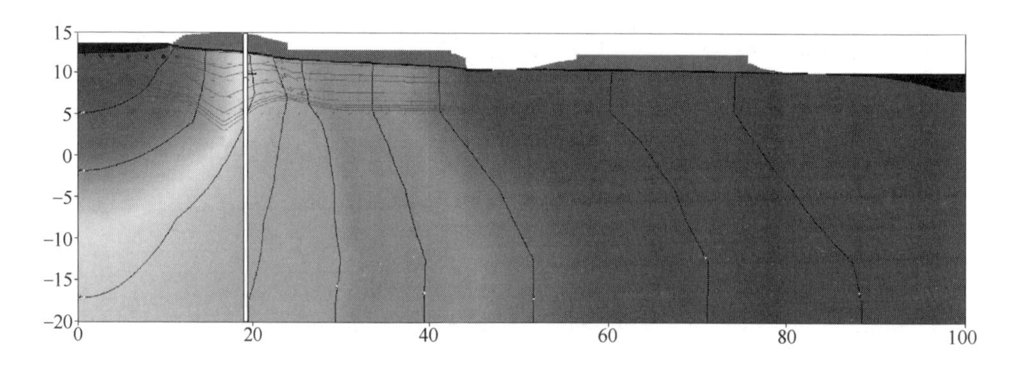

图 4-61　P6 剖面地下水流线分布图

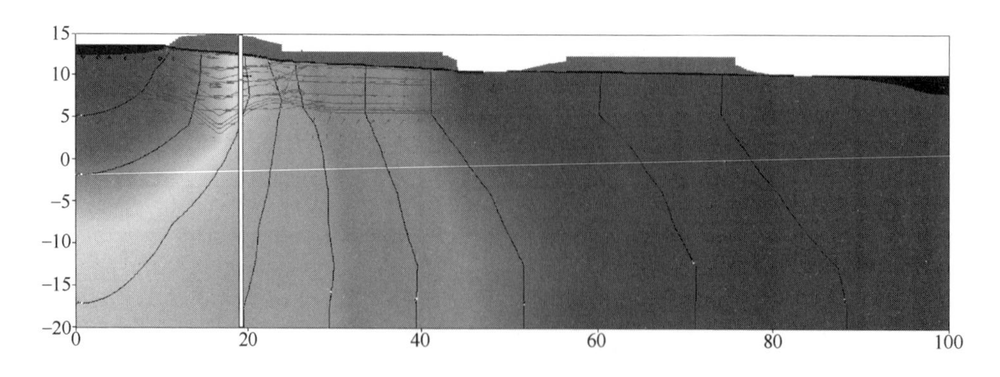

图 4-62　P6 剖面地下水流速分布图

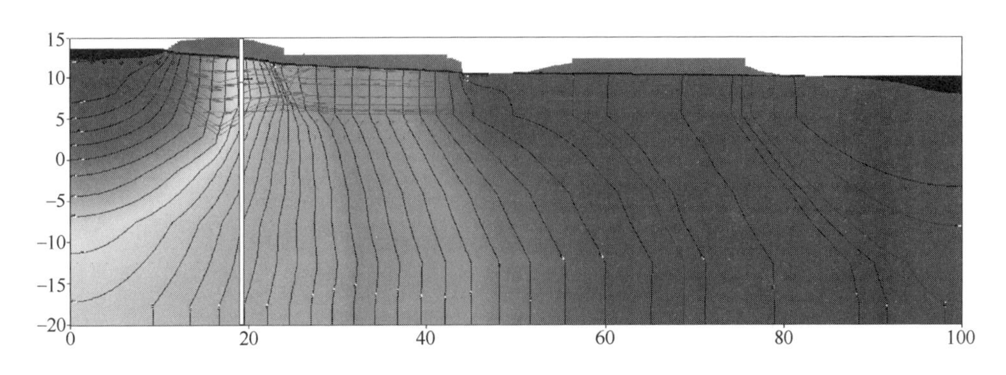

图 4-63　P6 剖面地下水水头等值线图

4.3.7　P7 剖面

P7 剖面位于 P6 剖面北侧，里程 K1+090m 处，剖面长 115.5m，走向 NEE74°。堤顶高程约 223.5m，渠内水位 212.6m，湘江水位 209.22m，渠内水位与湘江水位差为 3.38m，灵渠渠底高程 211.6m，灵渠水深 1m。

1. 地层结构

P7 剖面分布有一级、二级和三级阶地，P7 处一级阶地的河流相二元结构明显，上部为粉质黏土和黏土质粉细砂，下部为砂卵石层。二级阶地上部为人工填土层，厚 1～2m，下部为粉质黏土层，厚 7～9.5m。下伏基岩为石炭系下统严关阶灰岩。P7 剖面工程地质断面图如图 4-64 所示。

2. 渗流与渗透变形特征

P7 剖面处秦堤宽 7.35m，渗透路径较短，水力坡度相对较大，北侧有渗水点（S45），以明显的涌泉状出露，流速快，流量较大。

P7 附近存在地面塌陷，在剖面两侧 15m 范围内有 2 处塌陷，分别是 C56 和 C57，C56 呈长条状，沿秦堤轴线方向分布。

为了更好地进行渗流的数值分析及研究渗水防治效果，在距离灵渠岸边 5m 处设有观测孔 W7，孔深 6m，在防渗施工前后每天观测其水位。

3. 渗流数值分析模型

选取灵渠为模型的左边界，湘江为右边界。将模型概化为非均质各向同性含水层，按照垂向上渗透性差异，将模型地层分为五层，分别为填筑土层、粉质黏土层、黏土质粉细砂层、砂卵石层和基岩层。

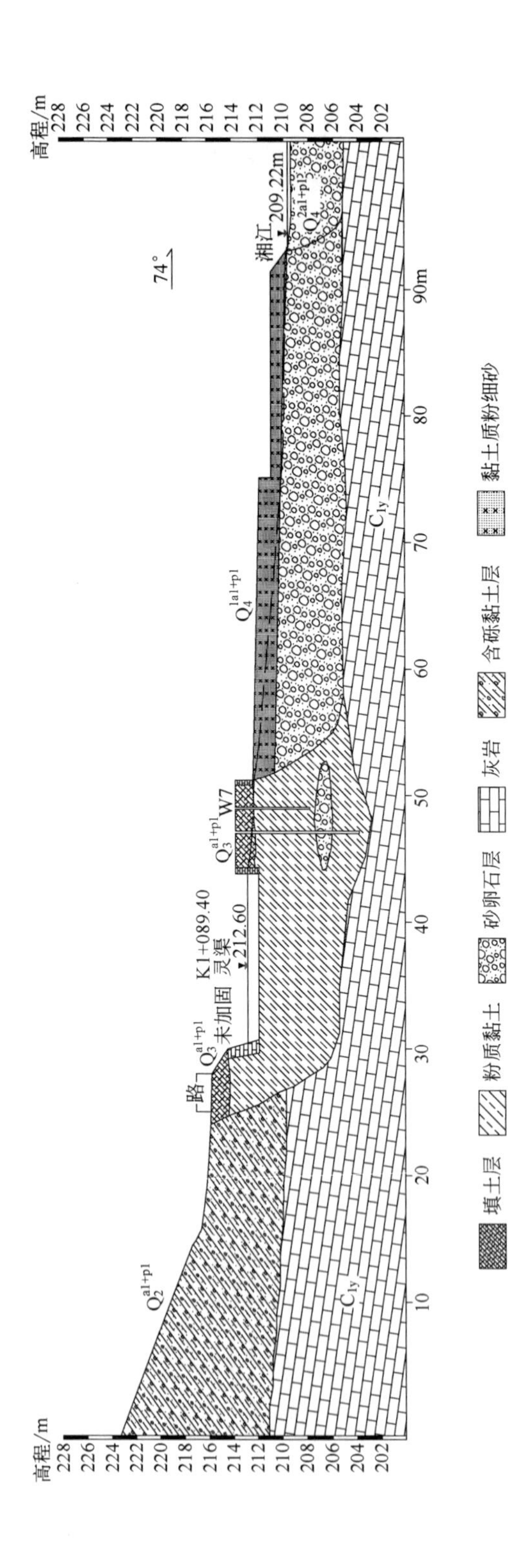

图 4-64 P7 剖面工程地质断面图

灵渠、湘江（长期水位恒定）水位取观测值的平均值，概化为第一类边界（定水头），其中灵渠为补给边界，湘江为排泄边界。底部下伏基岩渗透系数非常小，将深部的基岩概化为隔水边界。概化模型如图4-65 所示，网格剖分如图 4-66 所示。

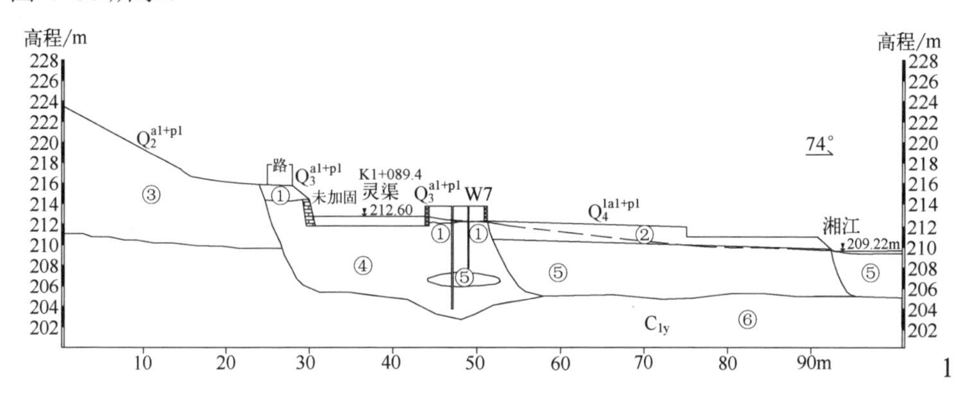

图 4-65　P7 剖面水文地质模型

①人工填土；②黏土质粉细砂；③含砾黏土层；④粉质黏土；⑤砂卵石层；⑥灰岩

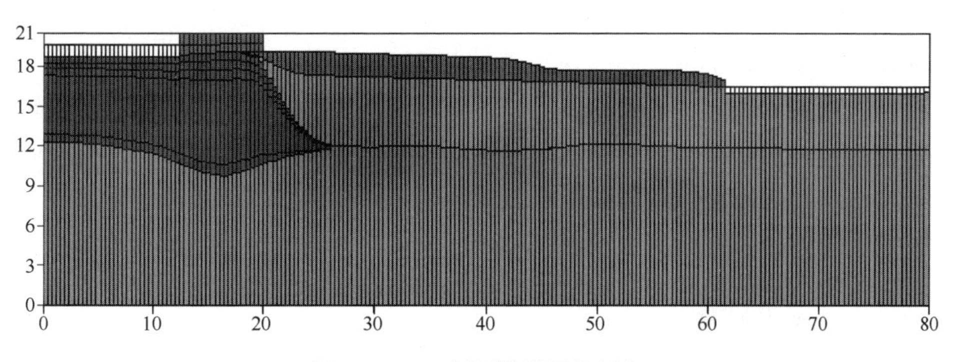

图 4-66　P7 剖面模型网格剖分

通过野外渗水试验获取了相关土层渗透系数，其他有关参数结合经验取值。根据防渗施工前后观测到的水位，通过数值模拟进行参数反演分析，最后得到 P7 处各地层的参数，见表 4-9。

表 4-9　P7 剖面各地层参数

土层参数	填筑土层	粉质黏土层	黏土质细粉砂层	砂卵石层	灰岩
渗透系数 K_{xx}/（m/s）	9.16×10^{-5}	9.70×10^{-6}	1.00×10^{-5}	2.00×10^{-5}	5.00×10^{-8}
渗透系数 K_{yy}/（m/s）	9.16×10^{-5}	9.70×10^{-6}	1.00×10^{-5}	2.00×10^{-5}	5.00×10^{-8}
渗透系数 K_{zz}/（m/s）	9.16×10^{-5}	9.70×10^{-6}	1.00×10^{-5}	2.00×10^{-5}	5.00×10^{-8}

续表

土层参数	填筑土层	粉质黏土层	黏土质细粉砂层	砂卵石层	灰岩
单位储水系数μ_s/（1/m）	0.0001	5.00×10^{-5}	0.0001	0.0003	8.00×10^{-7}
单位给水度 S_y	0.15	0.05	0.15	0.30	0.04
有效孔隙度 E_{ff}	0.15	0.05	0.15	0.30	0.04
总孔隙度 T_{ot}	0.35	0.45	0.35	0.35	0.05

4. 数值模拟结果

通过建立模型，进行参数反演，计算出 P7 剖面地下水流线分布图、流速分布图、水头等值线图，如图 4-67～图 4-69 所示。

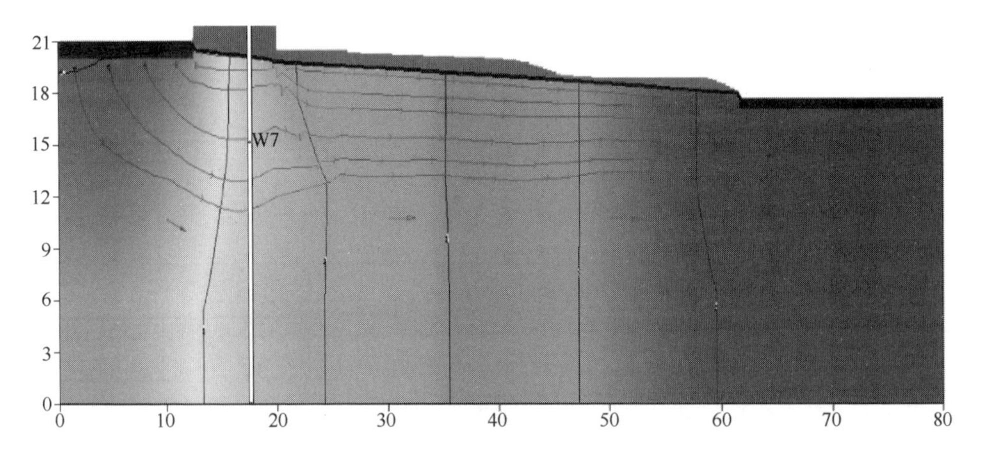

图 4-67　P7 剖面地下水流线分布图

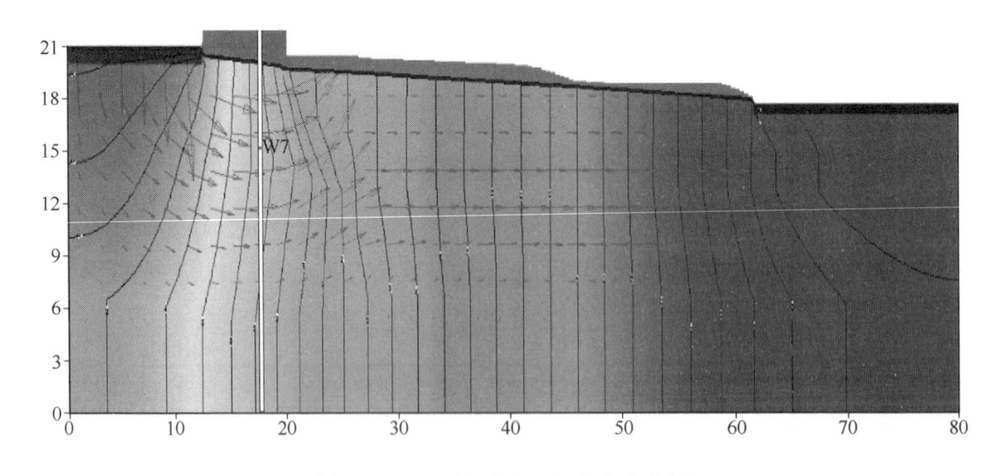

图 4-68　P7 剖面地下水流速分布图

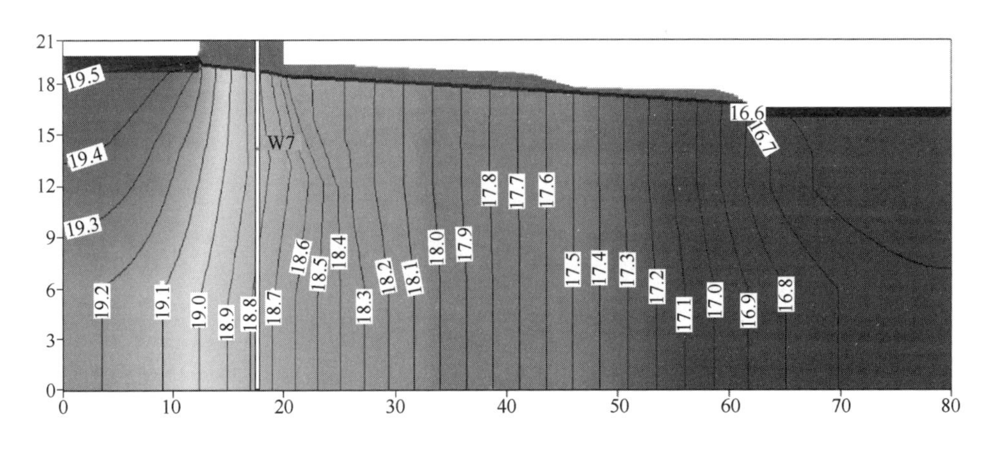

图 4-69　P7 剖面地下水水头等值线图

从模拟结果可以看出，地下水的补给符合一般地下水的补给、排泄规律。等水头变化相对较平均，同一介质中水头变化差异不大。等水头线从上游向下游递减，间距均匀，灵渠向湘江渗流路径较通畅。由于粉质黏土孔隙率偏高、渗透性差、强度偏低、土质松软，而砂卵石层透水性好、强度较高，从流线分布图和流速分布图中可以看出，渗流主要经过砂卵石层。流线上箭头间的间隔越大，代表流速越快，水力坡度越大；水头等值线越密，水力坡度越大。通过计算可知，观测孔 W7 中的地下水位距地面的高度与实际观测平均值（1.747m）十分吻合。

4.3.8　P8 剖面

P8 剖面位于 P7 剖面北侧，里程 K1+172m 处，剖面长 94.13m，走向 NEE79°。堤顶高程约 217.11m，渠内水位 213.18m，湘江水位 209.19m，渠内水位与湘江水位差为 4m，灵渠渠低高程 213.82m，灵渠水深 0.64m。

1. 地层结构

P8 剖面分布有一级、二级和三级阶地。一级阶地的河流相二元结构明显，上部为粉质黏土，下部为砂卵石层。二级阶地上部为人工填土层，厚 0.5～1m，下部为粉质黏土层，厚 8～9.5m。下伏基岩为石炭系下统严关阶灰岩。P8 剖面工程地质断面图如图 4-70 所示。

2. 渗流与渗透变形特征

P8 剖面处秦堤宽 10.2m，渗透路径相对较长，水力坡度相对较小。P8 剖面附近秦堤外侧底部有渗水点（S50），以涌泉状出露，流速较快。

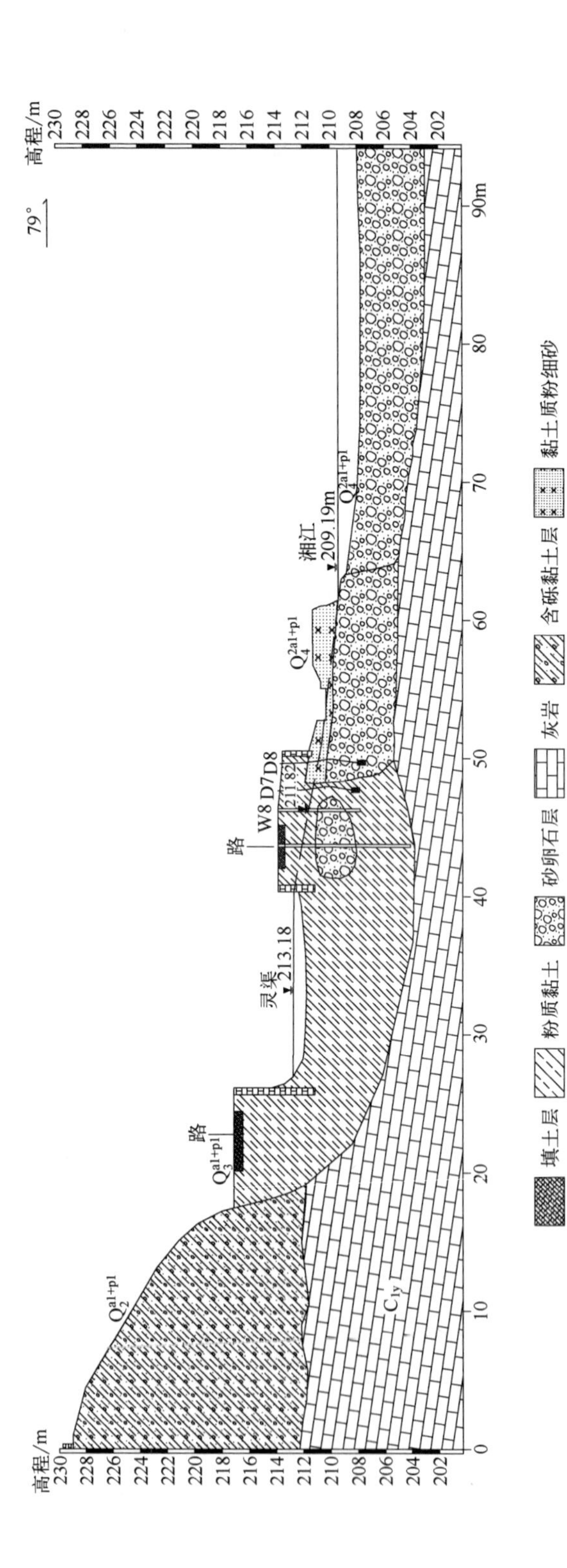

图 4-70 P8 剖面工程地质断面图

P8 剖面附近塌陷严重，P8 剖面两侧发育地面塌陷 3 处，分别为 C61、C62 和 C63。

为了更好地进行渗流的数值分析及研究渗水防治效果，在 P8 剖面上分别设置了一个水位观测孔（W8）、两个水压观测孔（D7 和 D8）和一个观测水槽，其中 W8、D7、D8 距灵渠分别为 5.8m、7.3m 和 9.3m，孔深分别为 6m、5.3m 和 5.4m，在防渗施工前后每天观测其水位。

3. 渗流数值分析模型

选取灵渠渠中间为模型的左边界，湘江为右边界。将模型概化为非均质各向同性含水层，按照垂向上渗透性差异，将模型土层分为四层，从地面往下依次为粉质黏土层、黏土质粉细砂层、砂卵石层和基岩层。

灵渠、湘江（长期水位恒定）水位取观测值的平均值，概化为第一类边界（定水头），其中灵渠为补给边界，湘江为排泄边界。底部下伏基岩渗透系数非常小，将深部的基岩概化为隔水边界。概化模型如图 4-71 所示，网格剖分如图 4-72 所示。

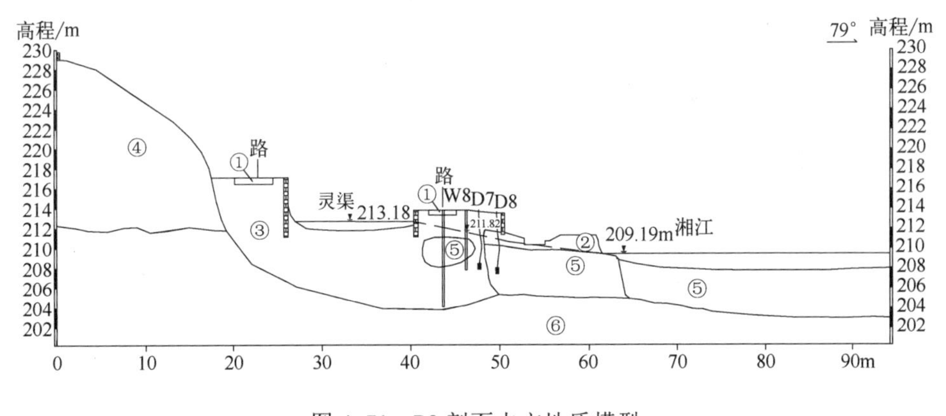

图 4-71　P8 剖面水文地质模型

①人工填土；②黏土质粉细砂；③含砾黏土层；④粉质黏土；⑤砂卵石层；⑥灰岩

通过野外渗水试验获取了相关土层渗透系数，其他有关参数结合经验取值。根据防渗施工前后观测到的水位，通过数值模拟进行参数反演分析，最后得到 P8 处各地层的参数，见表 4-10。

4. 数值模拟结果

通过建立模型，进行参数反演，计算出 P8 剖面地下水流线分布图、流速

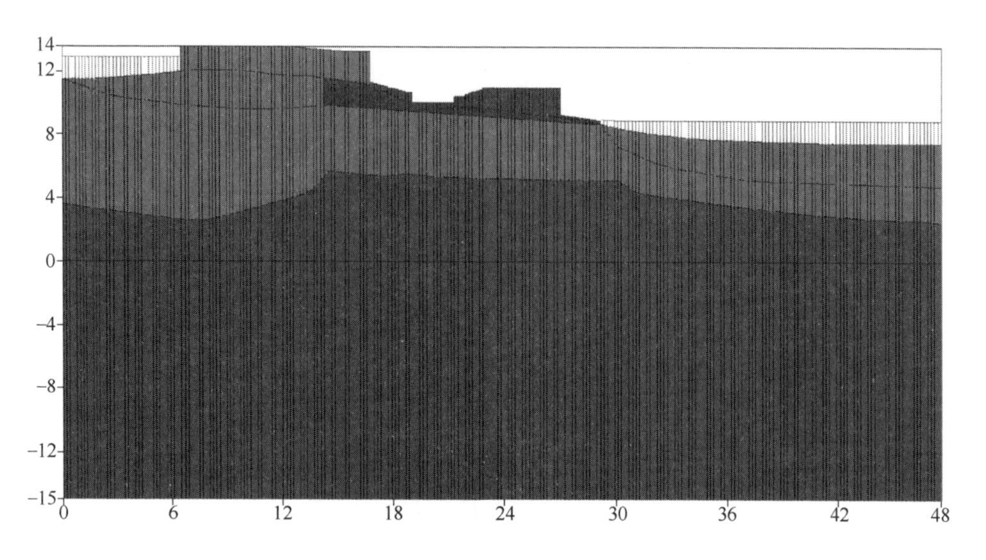

图 4-72 P8 剖面模型网格剖分

表 4-10 P8 剖面各地层参数

土层参数	粉质黏土层	黏土质粉细砂	砂卵石层	灰岩
渗透系数 K_{xx}/（m/s）	9.7×10^{-6}	1.0×10^{-5}	2.0×10^{-5}	5.0×10^{-8}
渗透系数 K_{yy}/（m/s）	9.7×10^{-6}	1.0×10^{-5}	2.0×10^{-5}	5.0×10^{-8}
渗透系数 K_{zz}/（m/s）	9.7×10^{-6}	1.0×10^{-5}	2.0×10^{-5}	5.0×10^{-8}
单位储水系数 μ_s/（1/m）	5.0×10^{-5}	0.0001	0.0003	8.0×10^{-7}
单位给水度 S_y	0.05	0.15	0.30	0.04
有效孔隙度 E_{ff}	0.05	0.15	0.30	0.04
总孔隙度 T_{ot}	0.45	0.35	0.35	0.05

分布图、水头等值线图，如图 4-73～图 4-75 所示。

从模拟结果可以看出，地下水的补给符合一般地下水的补给、排泄规律。等水头变化相对较平均，同一介质中水头变化差异不大。等水头线从上游向下游递减，间距均匀，灵渠向湘江渗流路径较通畅。由于粉质黏土孔隙率偏高、渗透性差、强度偏低、土质松软，而砂卵石层透水性好、强度较高，从流线分布图和流速分布图中可以看出，渗流主要经过砂卵石层。流线上箭头间的间隔越大，代表流速越快，水力坡度越大；水头等值线越密，水力坡度越大。通过计算可知，观测孔 W8 中的地下水位距地面的高度与实际观测平均值（1.862m）十分吻合。

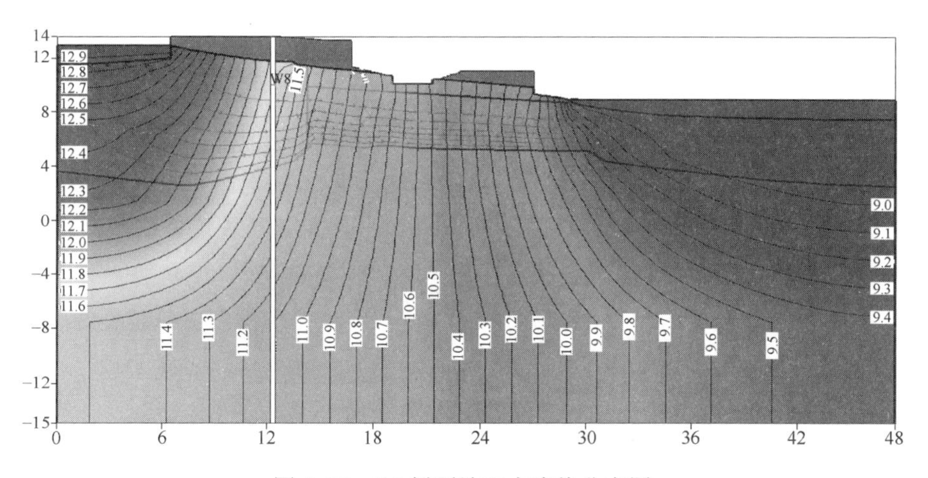

图 4-73　P8 剖面地下水流线分布图

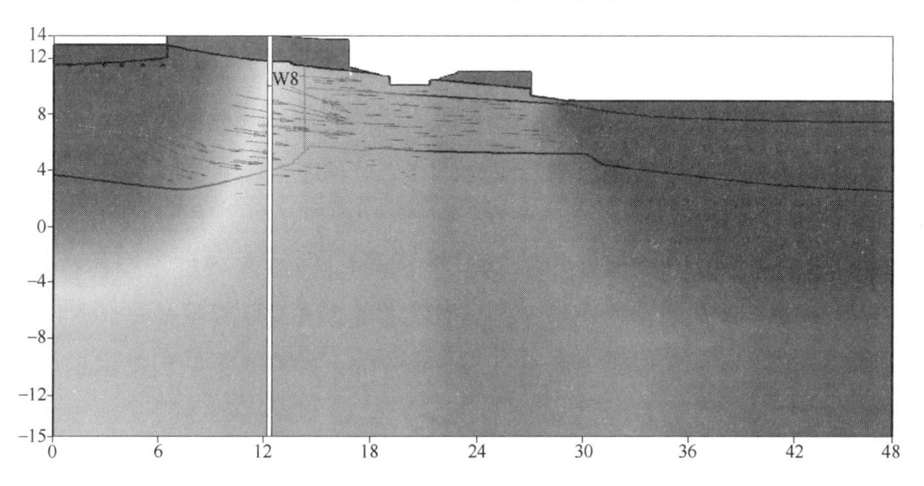

图 4-74　P8 剖面地下水流速分布图

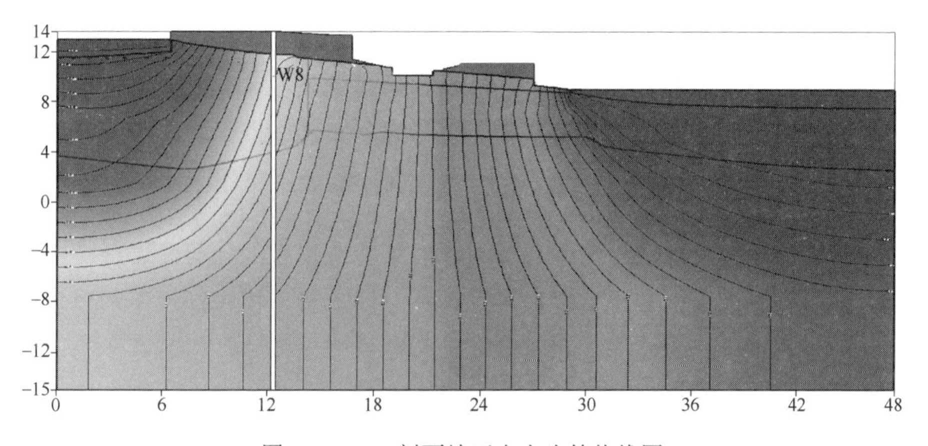

图 4-75　P8 剖面地下水水头等值线图

通过以上各剖面的二维渗流分析，可以看出秦堤地下水渗流与秦堤的水文地质条件关系密切，上部主要为粉质黏土层，地下水流向近水平向，地下水位线接近直线形式；下部若存在砂砾石层，则容易形成绕堤基的渗流，且渗流量相对较大；如存在土洞等，对地下水的流向有聚集作用，容易导致土洞扩大。

4.4 三维流渗流场模拟

为了进一步对秦堤渗水情况进行分析，消除二维数值分析侧向边界条件可能造成的影响，特选择 P1 剖面至 P3 剖面段秦堤，采用三维流进行渗流场的模拟。

4.4.1 三维数值模型的建立

建立三维数值模型前，应充分收集该地区的地形地貌、地质构造、气象水文及钻探、物探等相关资料，在系统分析与研究的基础上详细了解各土层结构特征、空间分布和透水性能，明确模拟区的水文地质条件，并进行合理的概化，使概化模型能较真实、全面地反映实际地下水流动状态，保证模型的客观性，提高地下水渗流模拟的精度，同时便于用数学关系式进行定量描述，并进行求解计算。水文地质条件的概化通常包括两个方面，即含水层结构概化和边界性质概化。

三维模拟选择的范围：K0+340—620m，长约 197m，宽约 73m，模拟面积约 14 381m^2，高程为 190～230m。模拟区平面图如图 4-76 所示。取垂直于秦堤指向湘江方向为 x 轴正方向，取灵渠下游方向（图中为向左）为 y 轴正方向，向上为 z 轴正方向，高程 200m 为模拟 z 轴的起始高程，建立模型坐标，单位为 m。

1. 地下水含水层的概化

以大量的水文地质钻孔资料为基础，对钻孔所揭示的地层和岩性特征进行分析，详细地分析模拟区地下含水层组。从空间上看，模拟区地下水以水平渗流为主，以垂向渗流为辅，符合质量守恒和能量守恒定律。将赋存于第四系松散冲洪积层孔隙和裂隙中的地下水视为层流运动，在渗流过程中水质点的运动是有秩序、互不混杂的，符合达西定律。地下水流速在三个坐标轴上都有速度分量，可概化为三维流；地下水流在渗流场内运动过程中各运动要素（水位、流速、流向等）均随时间改变，故为非稳定流。通过以上分析，结合地下水补给、径流、排泄条件，将模拟区域的渗流概化为非均质各向同性三维非稳定流。

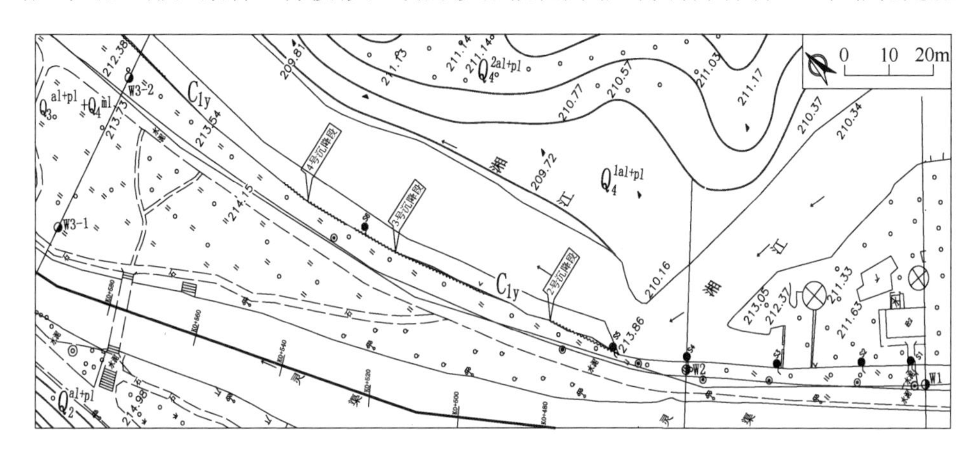

图 4-76　模拟区平面图

在建立数值分析模型时，将地下水含水层概化为中新统全新统粉质黏土、填土、黏土质粉细砂孔隙潜水（Q^{3+4}）、中新统全新统砂卵石孔隙微承压水（Q^{3+4}）及石炭系灰岩岩溶裂隙水（C_{1y}）。由于裂隙发育不规律，连通性复杂，为了简化计算，将其概化为各向同性含水层。

2. 模型边界条件处理

当建立数值分析模型求解时，必须给出求解条件，即确定模拟区的边界条件和初始条件，以便于进行数值计算。根据含水层分布、边界上地下水流特征、地下水与地表水的水力联系，将计算区边界分别概化为第一类定水头边界、第二类定流量边界和第三类混合边界。

模拟区的西侧为灵渠，东侧为湘江，通过分析钻孔水位资料可知，灵渠和湘江与秦堤地下水运动具有紧密的相关性，所以采用软件中的 River 模块进行模拟。灵渠水位、湘江水位、秦堤观测孔地下水位均可由每日监测资料获知（监测时间为 2014 年 1—12 月），因此将灵渠和湘江设定为给定地下水位的第一类边界，即定水头单元，并且灵渠为补给边界，湘江为排泄边界。在模拟过程中，将监测水位数据导入模型，以反映灵渠与湘江水位全年变化的情形。底部基岩为石炭系灰岩，渗透系数小，渗透性能差，取基岩面高程 190m 为模型底部，将底部边界设定为零流量底界，即隔水边界。模拟区的左、右边界设置为隔水边界。

模型顶部以自由水面为界，潜水通过此面与系统外界进行水量交换，如降雨入渗、蒸发排泄等。采用 Recharge 模块模拟模拟区的降雨入渗补给，数据来源于兴安县水文监测站 2014 年全年的监测数据。由于降雨落到地表以后，一部分蒸发回到大气中，一部分产生地表径流，剩余部分才通过入渗补给地下潜水，所以在进行模拟时必须将获取的降雨数据乘以当地的降雨入渗系数。根据模拟区地表岩性、地下水水位埋深，降雨入渗系数取经验值 0.25。本节主要研究地下水渗流的空间分布，蒸发量相对较小，为了简化计算，在模拟过程中暂不考虑蒸发。

3. 网格剖分

利用有限差分软件 Modflow，模拟模型用规则的矩形网格剖分，并将网格离散化，如图 4-77 所示，每一计算层剖分成 60 行、140 列，即每层有 8400 个计算单元，将灵渠和秦堤渗水点所在单元的网格进行加密，做细化处理，以提高模拟结果的精度。根据模拟区钻孔资料揭示的地层岩性和厚度绘制地质剖面图，将模拟区概化为三层：表层为第四系覆盖层，主要由填土、粉质黏土、黏土质粉细砂组成；中部为砂卵石层；下部为灰岩层，在局部地区细化，以反映透镜体的存在。图 4-78 中竖向深线条代表三个剖面上的观测井，将观测井中每日监测的实际地下水位与数值模拟计算水位进行比较，可以判断模拟的准确性。如果偏差过大，需要利用观测数据进行反演分析，调节各土层的渗透参数，直到满足精度要求为止。最后将拟合后的各透水层的渗透系数作为预测渗流场特征的计算参数。

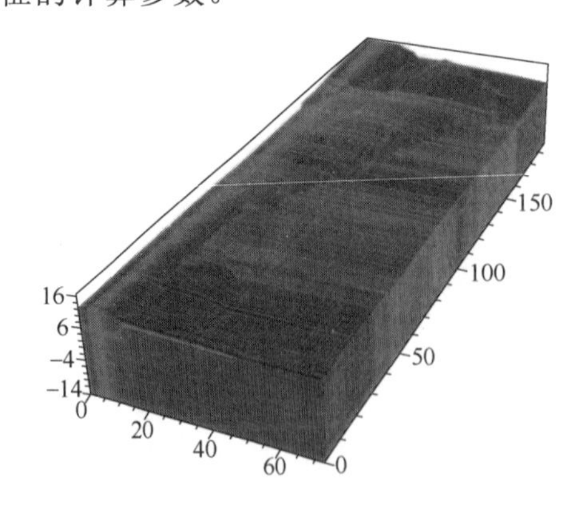

图 4-77 模型网格剖分图

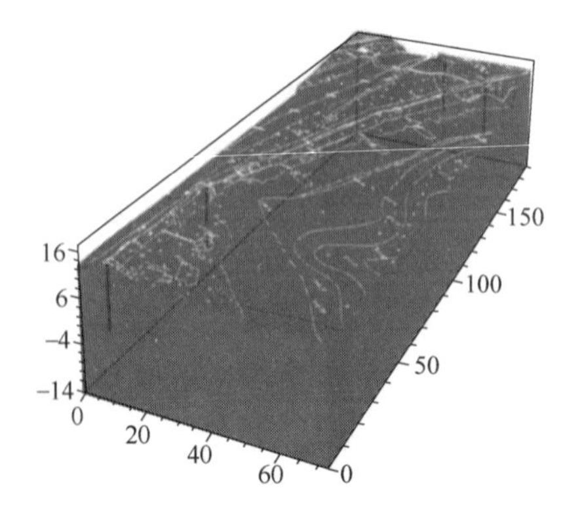

图 4-78 观测井

4. 参数取值

模拟中各土层的渗透系数采用现场渗水试验获取的结果(参见表4-2),给水度、弹性释水系数参照《水文地质手册》(中国地质调查局主编,地质出版社,2012年出版)中的经验值,将这些水文地质参数作为模拟初值。将各地层单元分别赋予相应的渗透系数,输出的三维模型如图4-79所示,其中上部为第一层的第四系覆盖层,中上部为砂卵石层,下部为灰岩层。

选取模拟区进行防渗治理前的监测数据进行模型识别和验证。例如,P2剖面在2014年2月25日开始注浆,因此选取25日之前的数据,如图4-80所示,为P2剖面处注浆前灵渠、湘江和观测孔中的水位,这一期间的水位基本稳定,变化浮动很小。

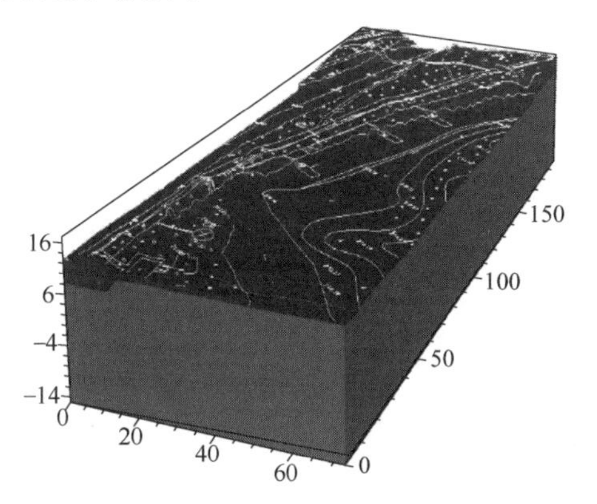

图4-79 渗透系数赋值后的模型

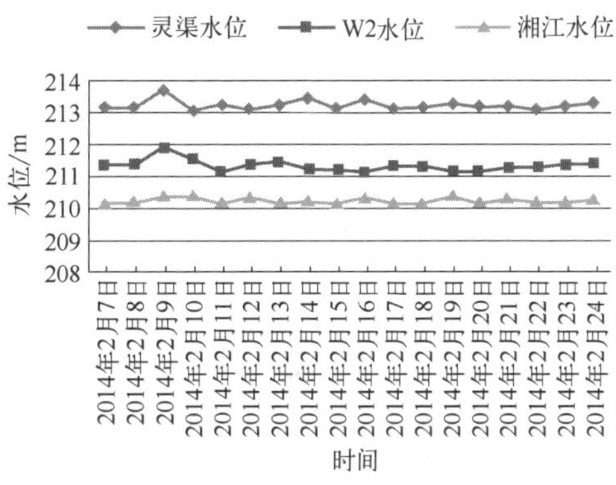

图4-80 P2剖面水位监测图

将各单元赋予水文地质参数初值,模拟计算得出的观测井中水位与实际监测的水位拟合,各剖面水位拟合图如图4-81所示,直到误差在允许范围之内,最终得出岩土层的水文地质参数值(表4-11)。

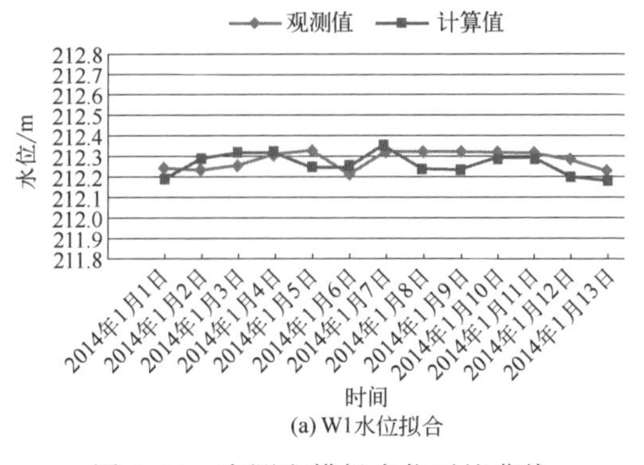

(a) W1水位拟合

图4-81 实测和模拟水位对比曲线

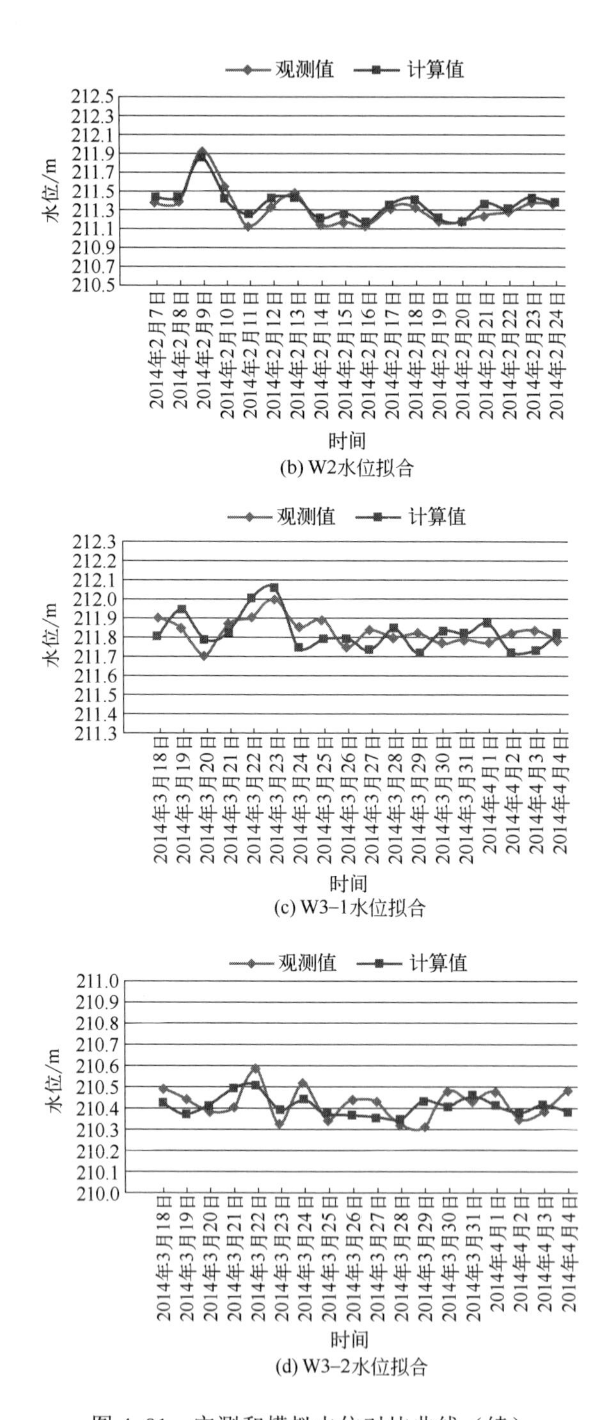

(b) W2水位拟合

(c) W3-1水位拟合

(d) W3-2水位拟合

图 4-81　实测和模拟水位对比曲线（续）

表 4-11　水文地质识别参数

参数	填筑土		粉质黏土		黏土质粉细砂		砂卵石		灰岩	
	初始值	识别值	初始值	识别值	初始值	识别值	初始值	识别值	初始值	识别值
渗透系数 K/（cm/s）	9.16×10^{-5}	3.25×10^{-5}	4.66×10^{-6}	9.50×10^{-6}	6.64×10^{-5}	5.20×10^{-5}	4.81×10^{-4}	2.70×10^{-4}	5.00×10^{-8}	6.30×10^{-8}
给水度 μ	0.050	0.042	0.032	0.035	0.070	0.075	0.130	0.110	0.008	0.010

对比分析三个典型剖面的水位拟合表（表 4-12），可知剖面观测井模拟的计算水位和实际监测水位之间存在一定的差值，但水位基本接近，误差均相对较小，误差绝对值为 2～8cm；四个观测井的计算与监测水位标准差、方差相对较小，说明数据较稳定。

表 4-12　水位拟合分析表

项目	平均值/m	标准差/m	误差平均值/m	方差/m²
W1（Obs）	212.29	0.464	0.109	0.215
W1（Cal）	212.23	0.435	0.102	0.189
$\|Obs-Cal\|_{W1}$	0.06	0.029	0.007	0.026
W2（Obs）	211.32	0.190	0.045	0.036
W2（Cal）	211.36	0.157	0.037	0.025
$\|Obs-Cal\|_{W2}$	0.04	0.033	0.008	0.011
W3-1（Obs）	211.83	0.069	0.016	0.005
W3-1（Cal）	211.81	0.094	0.022	0.009
$\|Obs-Cal\|_{W3-1}$	0.02	0.025	0.006	0.004
W3-2（Obs）	210.65	0.076	0.102	0.006
W3-2（Cal）	210.73	0.045	0.107	0.002
$\|Obs-Cal\|_{W3-2}$	0.08	0.031	0.005	0.004

产生误差的原因主要有以下几点：

1）采用数值法对模拟区地下水渗流进行模拟时，将边界条件进行了简化，选定的模拟范围与实际地下水系统相比较小，存在尺寸效应，影响计算精度。

2）观测井的实际监测水位是某一固定时刻的数值，而模拟计算水位是在考虑了各种影响因素后得到的综合结果。

3）由于地下水系统十分复杂，在模拟的过程中不可能与实际情况完全相符，加之模拟区域可利用的资料有限，因此模拟值与监测值之间存在一定的误差是合理的。

4.4.2 三维数值模拟结果分析

1. 等水头线

图 4-82 所示为模拟区表层等水头线分布图，由达西定律可知，水头等值线越密，水力坡度越大。图中不同的灰度代表不同的水头范围，灵渠水头值最大，秦堤水头值减小，湘江水头值最小，地下水从高水头处流向低水头处。这也证明了灵渠为补给区，秦堤为径流区，湘江为排泄区。图 4-83 所示为高程 212m 处等水头线分布图，与图 4-82 所示具有相同的渗流规律。图 4-83 中，A 区域在飞来石附近，底部基岩凸入上覆砂卵石层和第四系黏土层中，凸出基岩部分顶部高程为 211.7～212.3m，由于基岩渗透性为极微透水，所以在高程 212m 处 A 区域为干单元。图 4-83 中 B 区域为灵渠另一岸的城台岭土山，也为干单元。C 区域在高程 212m 处，为第四系黏土层，亦为干单元。A 区域与 C 区域之间，在高程 212m 处为砂卵石层，透水性强，径流通畅，为湿单元。图 4-84 所示为高程 208m 处等水头线分布图，秦堤地层为砂卵石层，等水头线均匀分布，径流通畅，全部为湿单元。

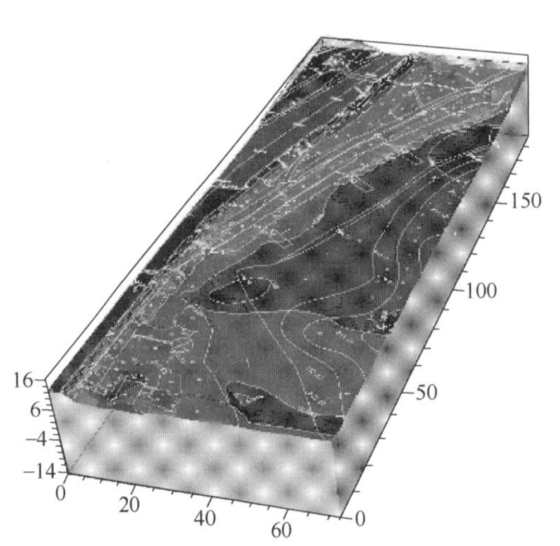

图 4-82 模拟区表层等水头线分布图

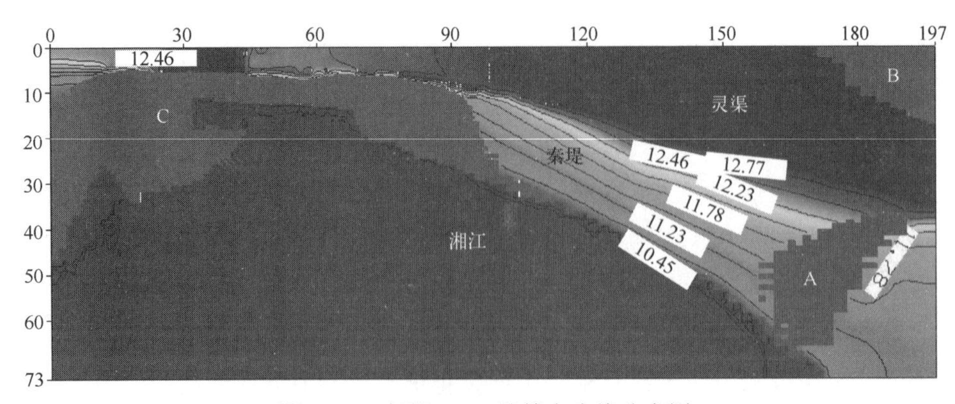

图 4-83 高程 212m 处等水头线分布图

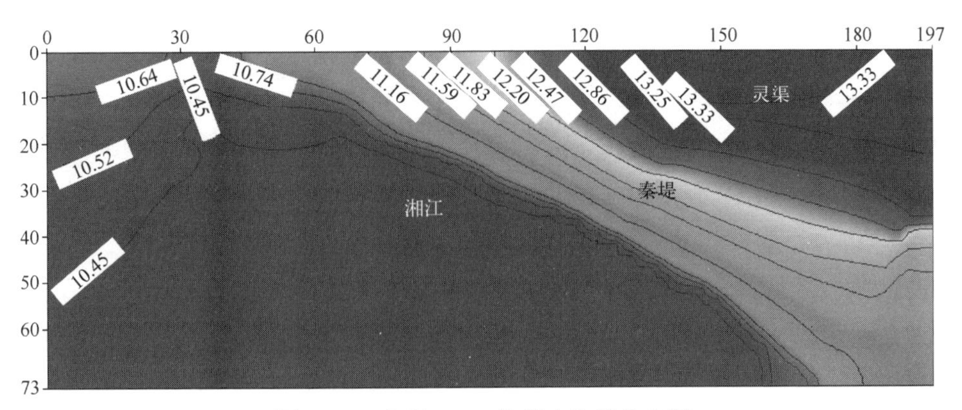

图 4-84　高程 208m 处等水头线分布图

2. 流速

流速为矢量，既有大小又有方向，箭头大小及密集程度可以显示土体中地下水流动的快慢。高程 210.7m 处（图 4-85）为黏土层底部，渗透性小，地下水流动缓慢；高程 210.4m 处（图 4-86）为砂卵石层顶部，渗透性大，地下水径流通畅。图 4-86 中，箭头长度代表流速大小，靠近湘江的一侧流速大于靠近灵渠的一侧，即流出速度大于流入速度，表明模拟区存在多处渗水点，有些堤段已发生渗透变形。灰色箭头代表地下水流入秦堤，白色箭头代表地下水流出秦堤，证明了本次模拟针对模拟区所分析的地下水补给、径流、排泄条件的正确性。高程 207.2m 处（图 4-87）为砂卵石层底部。高程 207.0m 处（图 4-88）为基岩顶部，为不透水岩层，所以看不到地下水流动。总体来说，当岩土层性质发生转变时，地下水的渗透性能也发生变化。地下水从黏土层流入砂卵石层时，流速变大，径流快；地下水从砂卵石层流入基岩时，流速变缓，径流慢；在砂卵石层中流速相近。

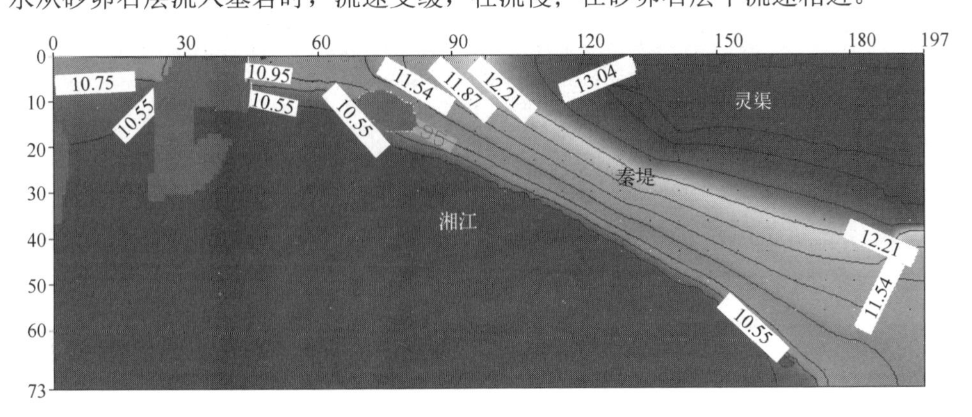

图 4-85　高程 210.7m 处流速分布图

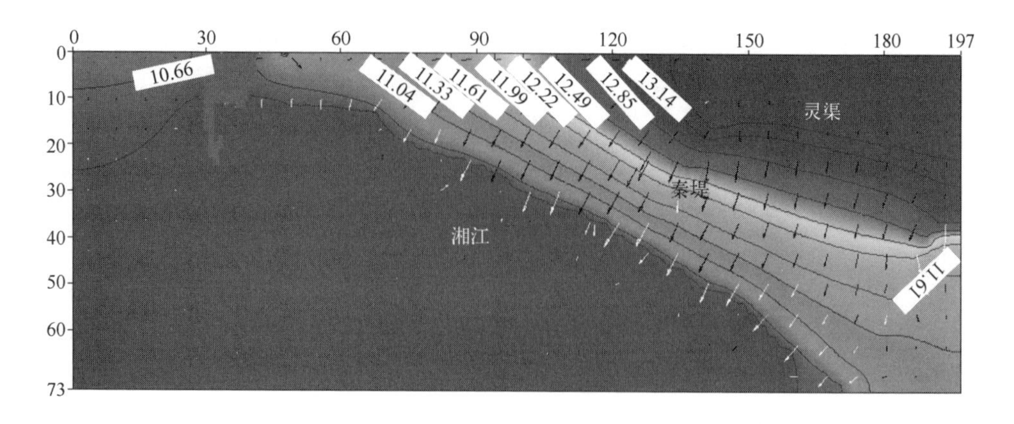

图 4-86 高程 210.4m 处流速分布图

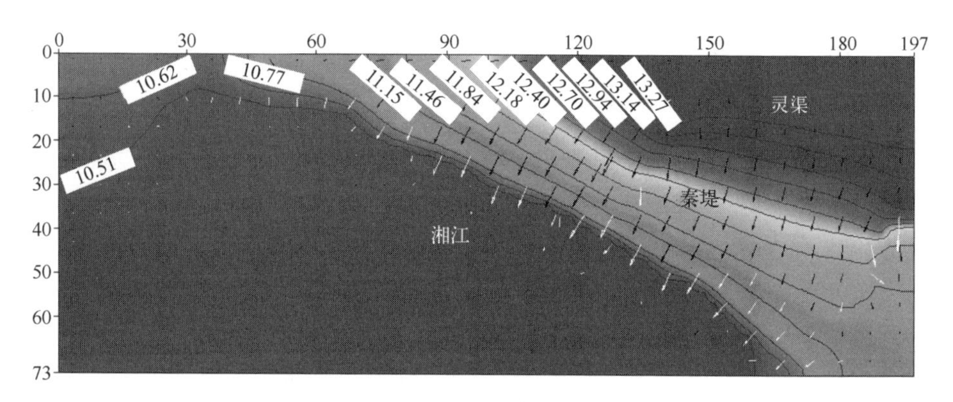

图 4-87 高程 207.2m 处流速分布图

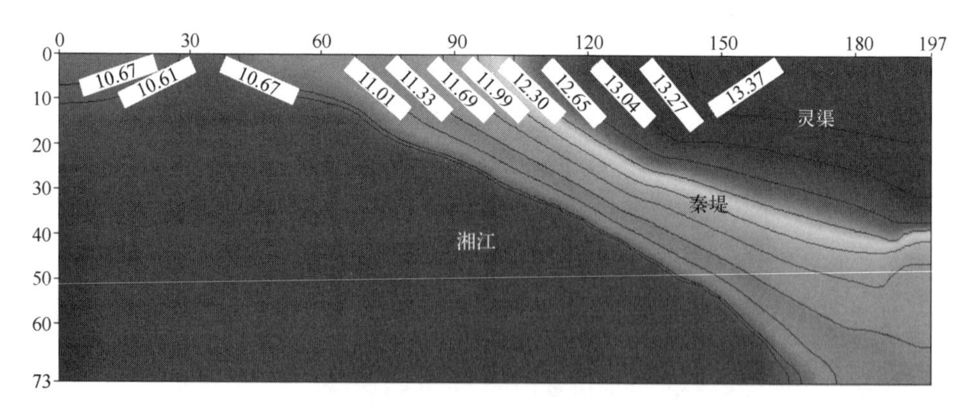

图 4-88 高程 207.0m 处流速分布图

第5章　秦堤渗水影响因素量化分析及变形预测

5.1　渗水渗透影响因素量化分析

影响土体渗透变形的基本因素为水力条件及土体特性，这些特点可采用 PFC 3D 软件进行模拟分析。PFC 颗粒流分析软件在分析细观变化方面有着巨大的优势，因此本章选取具有代表性且宜于量化分析的动水压力进行模拟，以了解其对土体渗透变形的影响方式及程度。地层结构和地形地貌的影响主要采用 Geo-studio 软件进行模拟。

5.1.1　影响因素量化分析

1. 动水压力

利用数值分析的方法揭示不同动水压力下土体渗透变形的变化与发展。模拟水压力的四个水平：2kPa、3kPa、4kPa、6kPa。

对模拟结果进行分析，可以发现，在砂土上加上水头初期砂土并没有立即发生流失，但随着时间的推移，流动稳定以后，在渗透力作用下砂土会发生土壤侵蚀的现象，并且可以从模拟的整个过程中观察到，由于颗粒的流失或者颗粒的迁移而引起的土体变形和土体表面的沉降也得到了一定的体现。在试验过程中记录了在不同压力下土颗粒的流失过程，如图 5-1 所示。

在一定的压力下，随着时间的推移，颗粒流失量逐渐增大。从图 5-2 中可以看出，颗粒随时间流失的速率基本稳定。从图 5-3 中可知，压力越大，即水力坡度越大，颗粒流失越快，颗粒流失总量也越多。另外，颗粒流失的启动时间也随着压力的增大而提前。

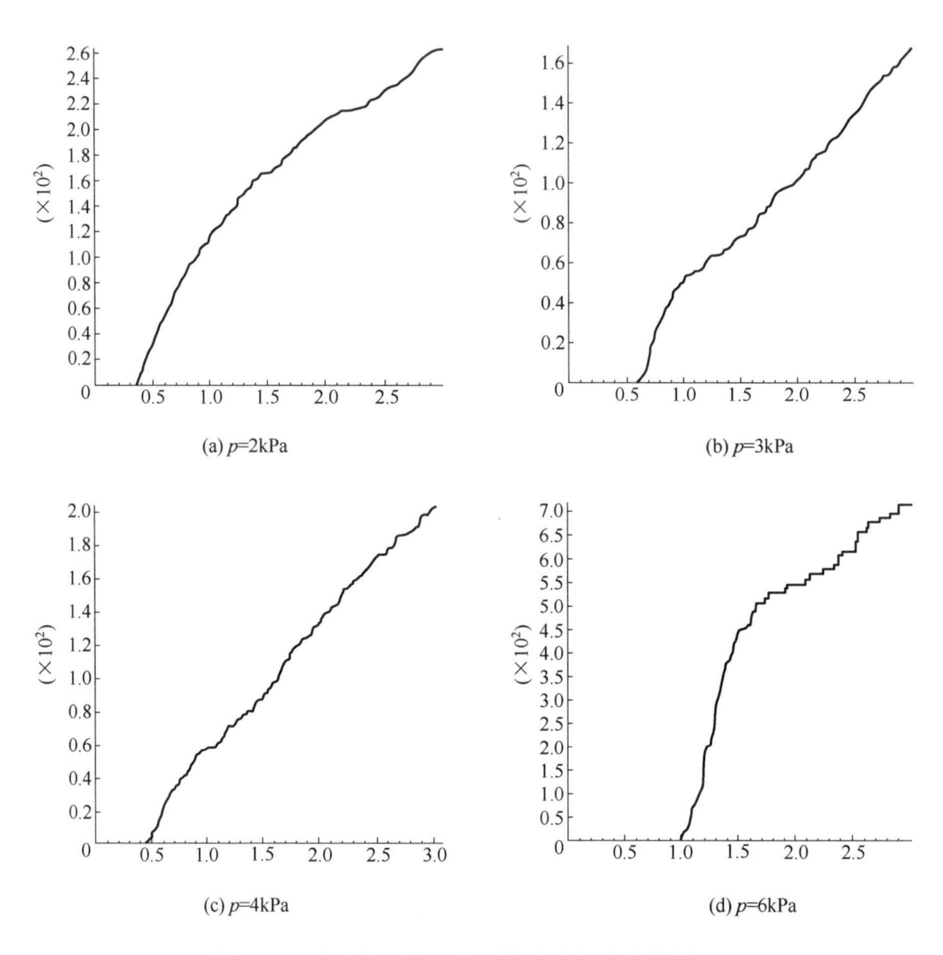

图 5-1 不同水压力下土颗粒随时间流失的情况

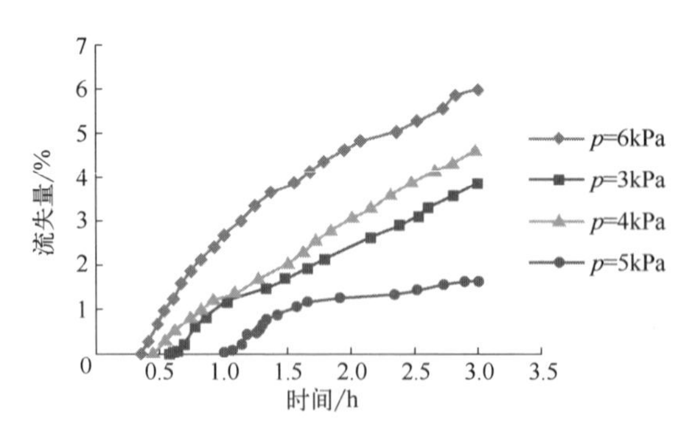

图 5-2 流失量变化对比

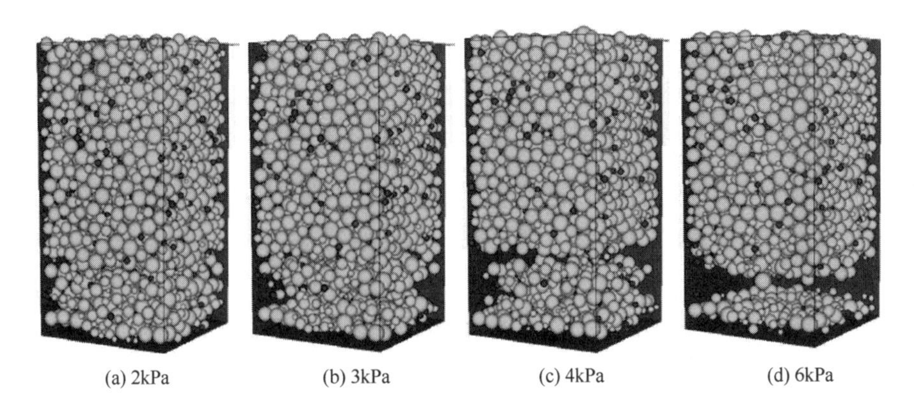

图 5-3　不同压力下渗透变形颗粒效果图

2. 地层结构

为了量化分析地层结构对渗透变形的影响，将地层厚度作为量化指标进行分析。一方面，地层厚度易于测量；另一方面，其对土体的渗透变形有着重要的影响。这里以单、双层堤基结构为主要分析对象。在对渗透变形的宏观因素进行模拟时，本节选择了易操作实现且符合实际的模拟软件 Geo-studio 的 seep 模块，该模块专门用于岩土体的饱和-非饱和渗流模拟。

由上述地层结构对渗透变形影响分析可知，地层结构在影响土体渗透变形时，主要是由于存在不同的地层关系，而这种关系可用中～强透水层和弱透水层之间的相对厚度来反映。因此，本节选取双层堤基上层弱透水层厚度这一量化指标，作为地层结构的代表之一，研究不同地层结构对渗透变形的影响。渗透变形的指标主要以水力坡度等为重要参量，这里选取下游坡脚点的水力坡度描述渗透变形现象的变化和发展。

本节所选模型以 P5 剖面为原型进行概化处理，利用渗水试验获取的参数结合概化剖面共进行五组试验，其上层弱透水层厚度分别为 0m、1m、2m、3m、4m。图 5-4（a～e）为五组试验水头分布图。通过计算其水力坡度，得到图 5-4（f）中的关系，可以看出，随着弱透水层厚度的增加，水力坡度总体呈下降的趋势。

3. 地形地貌

为了量化分析地形地貌条件对渗透变形的影响，选取可量化且与地貌密切相关的堤基宽度作为变量因素。渗透变形指标同样选取了下游坡脚的水力坡度。

图 5-5（a～e）分别为堤宽 5m、10m、15m、20m、25m 的水头分布图。通过计算得到不同堤宽下的水力坡度，如图 5-5（f）所示。堤宽的变化主要影响的是渗流通过的路径。渗径加长，其水力坡度相应减小，这样也可减小土体渗透变形现象发生的可能性。图 5-5 中水力坡度与实际情形一致，随着堤宽的增加，水力坡度呈不断降低的趋势，这说明堤坝渗透变形中，堤宽越窄的地段渗流路径越短，越容易产生变形。

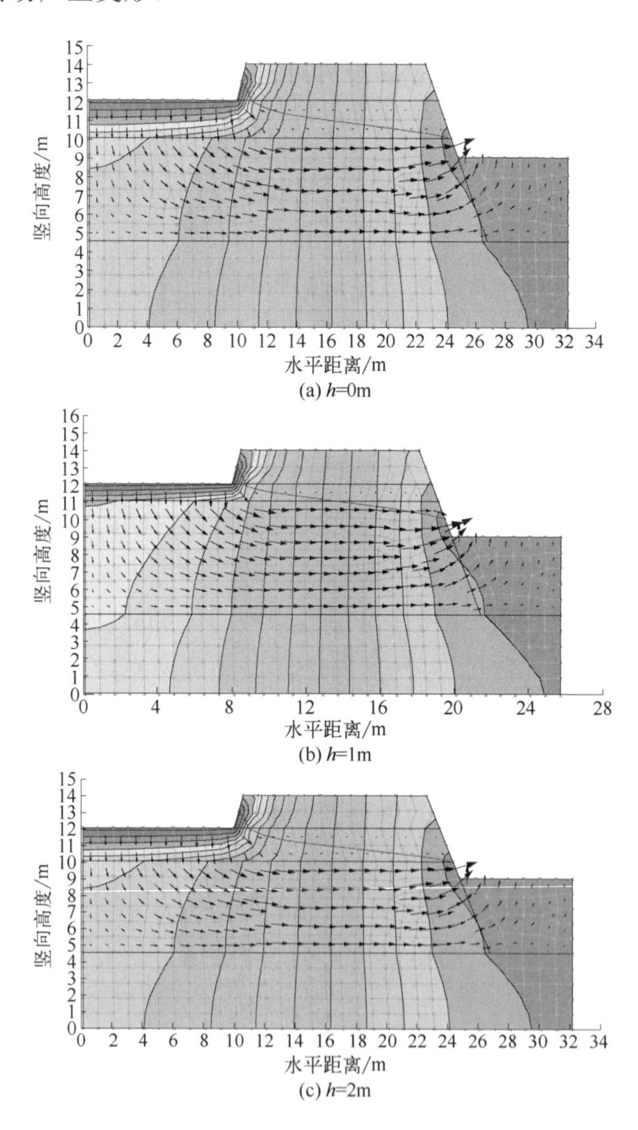

图 5-4　上层弱透水层厚度对水力坡度的影响

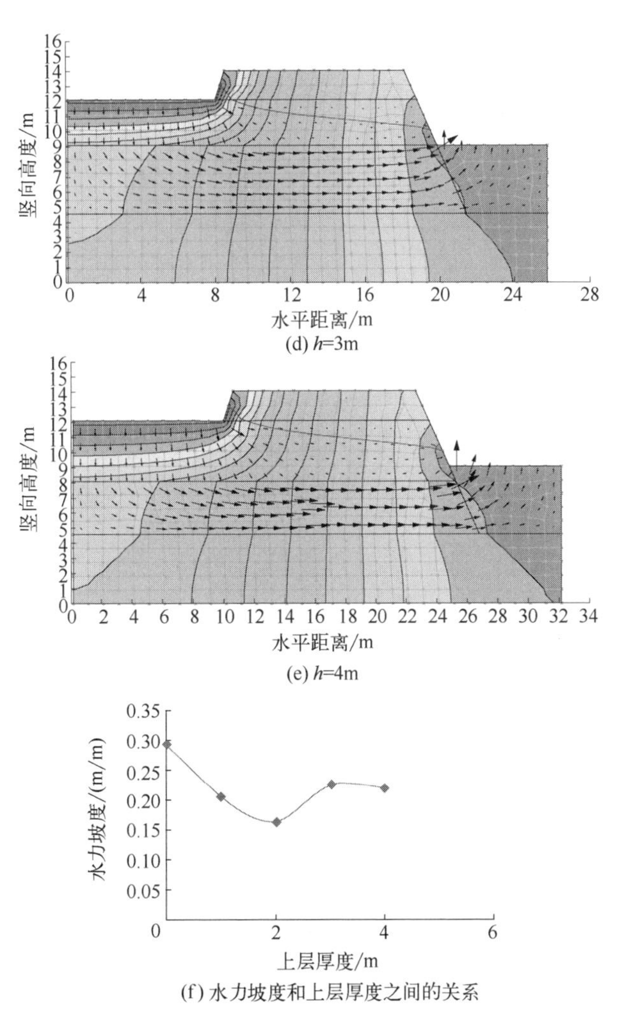

(d) h=3m

(e) h=4m

(f) 水力坡度和上层厚度之间的关系

图 5-4　上层弱透水层厚度对水力坡度的影响（续）

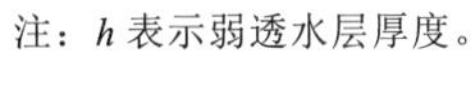

注：h 表示弱透水层厚度。

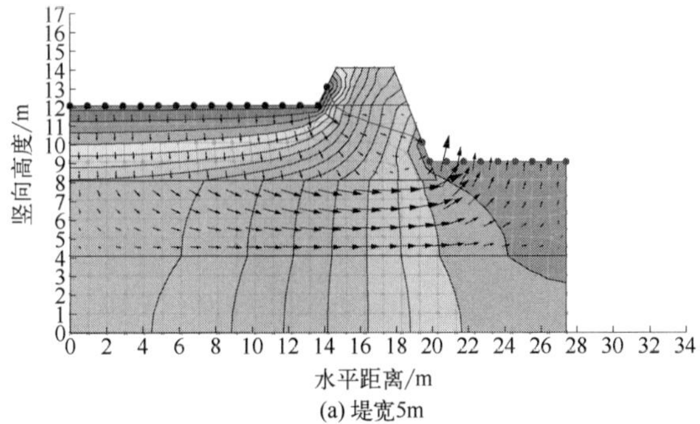

(a) 堤宽5m

图 5-5　不同堤宽下的渗流

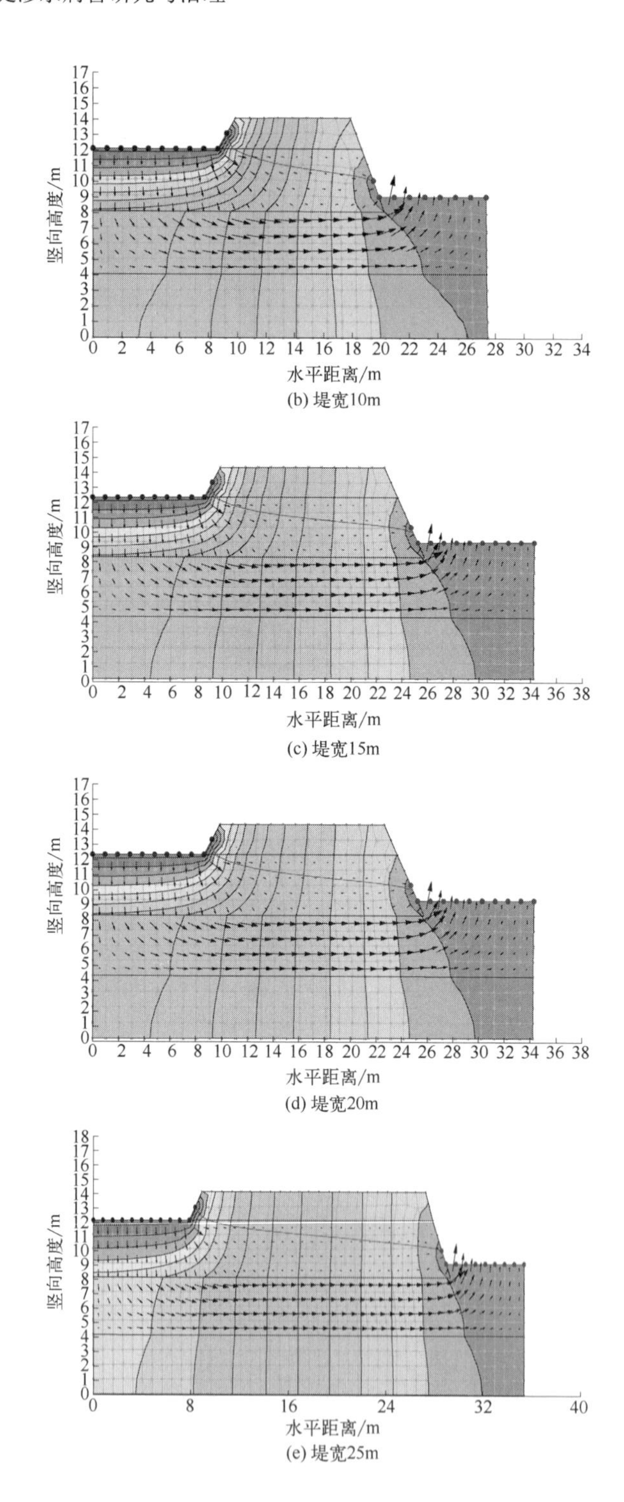

图 5-5 不同堤宽下的渗流（续）

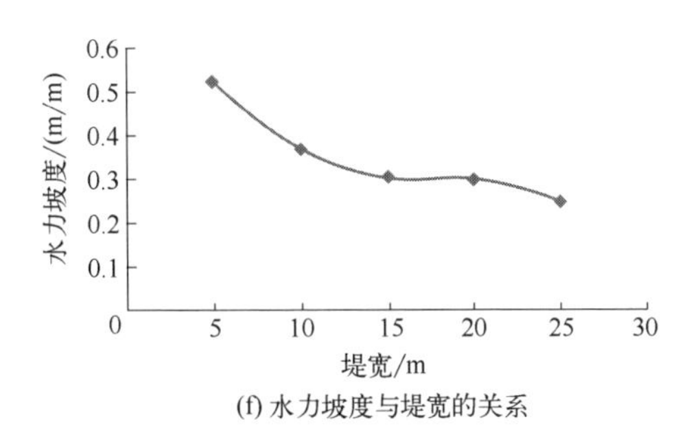

(f) 水力坡度与堤宽的关系

图 5-5　不同堤宽下的渗流（续）

5.1.2　基于正交设计的多因素敏感性分析

正交试验设计是指采用一种数理统计的方法，通过科学地安排与分析多因素试验，能够直接实现优化目标。它主要是利用正交表从全面试验中挑选具有代表性、均匀分散性及齐整可比性特点的水平组合进行试验，并通过这部分试验结果分析、确定全面试验的情况。正交试验设计因其具有快速、高效、经济、结果可靠等特点，在很多领域的研究中已经得到广泛应用。

正交试验设计是通过采用正交表进行试验方案的设计的多因素的科学的优选方法，这种方法主要分为混合位级正交表和同位级正交表两种形式，前者的主要优点是可以根据已有的经验把认为重要的一些因素安排比较多的水平，从而增加试验的次数。后者各因素的变化水平个数一样多，而前者的水平个数是不同的。

利用正交表能够显著地减少试验的次数，并且所进行的试验可以帮助人们认识系统中的内在规律，所以正交设计是进行多因素敏感性分析的有力方法。对于试验后的各因素的敏感性分析，可以运用极差分析得到结果，而如果想要对每个试验的结果进行综合评价，可采用加权综合和排队综合的评分方法。

在选择正交设计中的各因素的取值时必须选择有代表性、能反映实际情况的关键值。本次正交试验中所选因素的取值范围根据前文章节的研究成果及工程类比确定，选择了关键性、有代表性的点，以突出各因素对边坡稳定性的影响，并将每个因素概化为 5 个水平（表 5-1）。

选用的 5 水平 4 因素正交试验表所确定的因素组合共 25 组（表 5-2），运用 Geo-studio 数值模拟软件，以图 5-6 所示模型为基础，计算各组水平正交因素下出溢点的水力坡度。计算结果见表 5-3。

表 5-1 影响因素及水平表 单位：m

水平	堤宽	弱透水层厚度	中～强透水层厚度	水位差
1	5	0	3	1
2	10	1	4	2
3	15	2	5	3
4	20	3	6	4
5	25	4	7	5

表 5-2 正交设计表 单位：m

序号	堤宽	弱透水层厚度	中～强透水层厚度	水位差
1	1	1	1	1
2	1	2	2	2
3	1	3	3	3
4	1	4	4	4
5	1	5	5	5
6	2	1	2	3
7	2	2	3	4
8	2	3	4	5
9	2	4	5	1
10	2	5	1	2
11	3	1	3	5
12	3	2	4	1
13	3	3	5	2
14	3	4	1	3
15	3	5	2	4
16	4	1	4	2
17	4	2	5	3
18	4	3	1	4
19	4	4	2	5
20	4	5	3	1
21	5	1	5	4
22	5	2	1	5
23	5	3	2	1
24	5	4	3	2
25	5	5	4	3

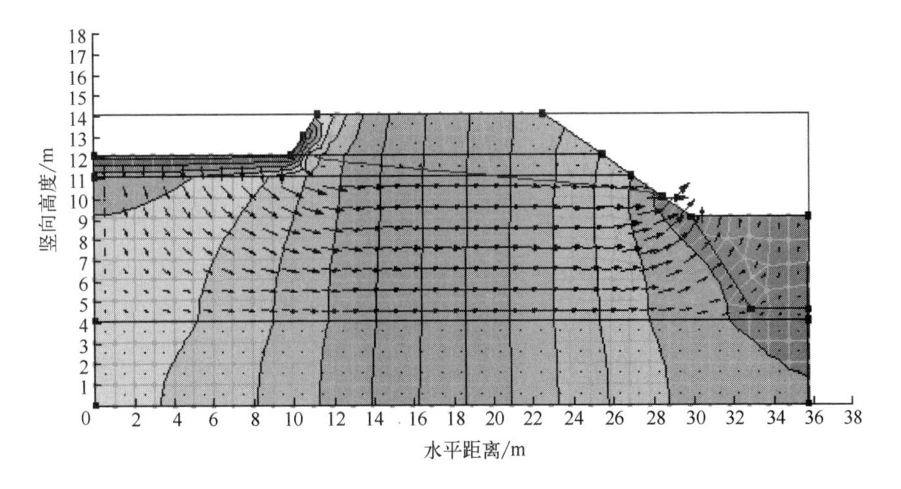

图 5-6　代表模型

表 5-3　数值模拟得到的水力坡度

序号	水力坡度	序号	水力坡度	序号	水力坡度	序号	水力坡度	序号	水力坡度
1	0.108 00	6	0.294 12	11	0.538 36	16	0.053 81	21	0.333 15
2	0.185 04	7	0.537 91	12	0.053 01	17	0.109 17	22	0.380 83
3	0.252 68	8	0.453 66	13	0.094 61	18	0.293 33	23	0.024 49
4	0.503 36	9	0.063 33	14	0.217 27	19	0.316 37	24	0.091 32
5	0.528 17	10	0.169 25	15	0.313 76	20	0.058 14	25	0.184 06

把各因素中水平相同的五次试验的结果求解平均值，可以得到不同水平情况下各因素的指标平均值，对同一个因素不同水平的指标求出最大值和最小值的差，就可以得出这个因素变化所对应的级差，见表 5-4。

表 5-4　正交试验结果汇总表　　单位：m

	堤宽	弱透水层厚度	中～强透水层厚度	水位差
1	0.3155	0.2655	0.2337	0.0614
2	0.3037	0.2532	0.2268	0.1188
3	0.2434	0.2238	0.2957	0.2115
4	0.1662	0.2383	0.2496	0.3963
5	0.2028	0.2507	0.2257	0.4435
级差	0.1493	0.0417	0.0700	0.3821
次序	2	4	3	1

从试验结果可以得出，对秦堤渗透变形影响由大到小的因素排列顺序是水位差、堤宽、中～强透水层厚度、弱透水层厚度。由表 5-4 可知，水位差较大、堤宽较窄、具有较厚的中～强透水层及薄弱覆盖层的地段是堤坝最危险的地段。

5.2 渗水渗透变形预测

5.2.1 渗透变形预测方法

在工程实际中研究渗透变形的目的在于结合堤坝的特点、规模和重要性，对堤坝渗透稳定性作出评价。渗透变形的评价一般遵循下面的步骤：

1）判定渗透变形形式。若为管涌，是发展型的还是非发展型的；若为流土，是整体性的还是局部性的。

2）确定渗流各点的实际水力坡降。

3）根据土的特性确定其临界水力坡降，进而确定允许水力坡降。

4）以实际水力坡降与土的允许水力坡降相比较，如果前者小于后者则是安全的，相反则是危险的。

1. 渗透变形类型判别

（1）根据颗粒级配曲线判别

颗粒级配曲线较直（或称直线式级配曲线，见图 5-7 中 Ⅰ 型），表示土的颗粒成分是连续变化的，不均匀系数一般较小，较粗粒级之间的空隙被较细粒级逐级充填，颗粒处于互相夹挤状态，渗透水流不能将细粒带出，很难发生管涌，而以流土为主，除非其结构特别疏松，才会发生管涌。若颗粒级配曲线呈上凹形状（或称瀑布式级配曲线，见图 5-7 中 Ⅱ 型），说明粗粒含量多而集中，细粒含量少，渗透变形为管涌。若颗粒级配曲线为上凸形（或称阶梯式级配曲线，见图 5-7 中 Ⅲ 型），说明土中粗、细两级颗粒含量均较高，而中间颗粒较少，所以渗透变形以管涌为主，但是当细粒含量特别高时则为流土。

（2）根据土的细粒含量 P_C 判别

土中细粒含量的多寡在很大程度上决定了渗透变形的形式。当土的细粒含量 P_C 满足式（5-1）时为流土，否则为管涌。

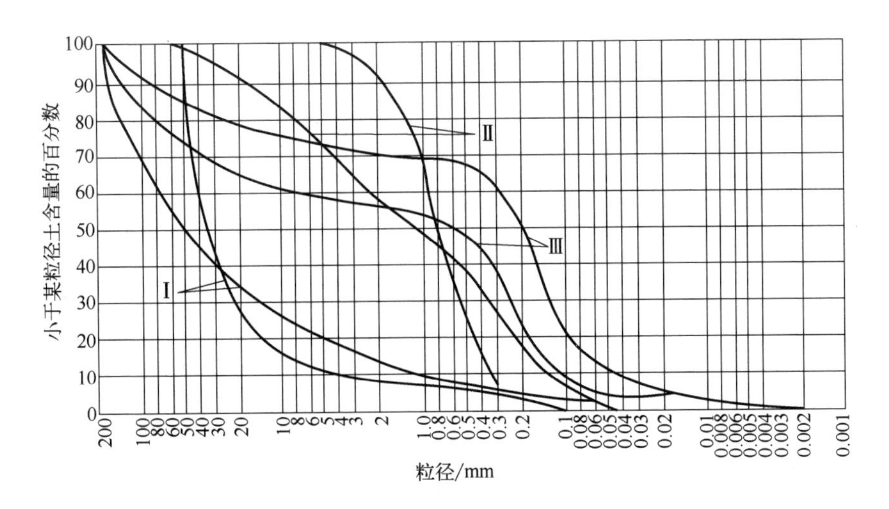

图 5-7　粗颗粒级配曲线与渗透变形形式的关系

Ⅰ. 流土；Ⅱ. 管涌；Ⅲ. 管涌或流土

$$P_C \geqslant \frac{1}{4\times(1-n)}\times 100\% \tag{5-1}$$

式中　n——土的孔隙率。

土的细粒含量 P_C 可根据下面的方法确定：

1）对于不连续级配的土，级配曲线中至少有一个粒径级的颗粒含量小于或等于 3%的平缓段，粗、细粒的区分粒径 d_f 为平缓段粒径级的最大和最小粒径的平均粒径，或以最小粒径为区分粒径，相应于此粒径的含量为细粒含量。

2）对于连续级配的土，d_f 可按下式确定：

$$d_f=\sqrt{d_{70}\bullet d_{10}} \tag{5-2}$$

式中　d_{70}——小于该粒径的含量占总土重 70%的颗粒粒径；

d_{10}——小于该粒径的含量占总土重 10%的颗粒粒径，以下 d_{60} 等含义与此类似。

对于不均匀系数大于 5 的不连续级配的土，如果 P_C＞35%，渗透变形形式为流土；如果 P_C＜25%，渗透变形形式为管涌；如果 P_C=25%～35%，渗透变形形式为过渡型。

（3）根据土体不均匀系数（C_u）判别

不均匀系数 C_u（$=d_{60}/d_{10}$）表示土的粒度成分的不均匀程度，对土的渗透变形形式有明显的影响。若 C_u＜10，为流土；若 10＜C_u＜20，可能为流土，也可能为管涌；若 C_u＞20，为管涌。

（4）双层结构坝基渗透变形的判别

对于双层结构的坝基，若两层土不均匀系数都不超过 10，且 $D_{10}/d_{10} \leqslant 10$ 时（D_{10} 代表较粗一层土中大于该粒径的含量占总土重 10%的颗粒粒径），不会发生接触冲刷，否则可能发生接触冲刷。若渗流方向向上，不均匀系数都不超过 5，且 $d_{15}/d_{85} \leqslant 5$ 时，不会发生接触流失；不均匀系数不超过 10，且 $d_{20}/d_{70} \leqslant 7$ 时，也不会发生接触流失。

2. 临界水力比降的确定

流土型渗透变形的临界水力比降可采用太沙基公式确定：

$$J_{cr} = (G_s - 1)(1 - n) \tag{5-3}$$

式中 J_{cr}——土的临界水力比降；

G_s——土的颗粒密度；

n——土的孔隙率。

管涌型或过渡型渗透变形的临界水力比降可采用下式确定：

$$J_{cr} = 2.2(G_s - 1)(1 - n)^2 \frac{d_5}{d_{20}} \tag{5-4}$$

管涌型渗透变形的临界水力比降也可采用下式确定：

$$J_{cr} = 42 d_3 \sqrt{\frac{n^3}{K}} \tag{5-5}$$

式中 K——土的渗透系数，$K = 6.3 C_u^{-3/8} d_{20}^2$。

3. 允许水力比降的确定

允许水力比降等于临界水力比降除以工程的安全系数。安全系数与工程等级、坝高、工程的重要性及地质条件的复杂程度等有关。安全系数一般可取 1.5～2.0；对水工建筑物的危害较大时，安全系数可取 2.0；对于特别重要的工程，安全系数也可取 2.5；个别工程在特殊情况下采用过 3.0。根据上述原则，针对秦堤，取安全系数为 2.0。

另外，对于无黏性土，无试验资料时，也可以按照表 5-5 所列的经验值选用允许水力比降。

表 5-5　无黏性土的允许水力比降

允许水力坡度（比降）	渗透变形类型					
	流土			过渡型	管涌	
	$C_u \leqslant 3$	$3 < C_u \leqslant 5$	$C_u > 5$		级配连续	级配不连续
$J_{允}$	0.25～0.35	0.35～0.50	0.50～0.80	0.25～0.40	0.15～0.25	0.10～0.20

4. 渗透变形类型的判断

方法一：根据《水利水电工程地质勘察规范》（GB 50487—2008）附录 G 土的渗透变形判别公式，对渗透变形类型进行判别：

$$P_C' = \frac{1}{4 \times (1-n)} \times 100\% = \frac{1}{4 \times (1-0.476)} \times 100\% \approx 47.7\% > P_C = 44\%$$

则土的渗透变形判别为管涌型。

方法二：根据土体不均匀系数（C_u）判别。不均匀系数 $C_u(=d_{60}/d_{10})$表示土的粒度成分的不均匀程度，对土的渗透变形形式有明显的影响。

取现场土进行颗粒分析试验，得到粉质黏土和含砾黏土的级配曲线，如图 2-2 和图 2-3 所示。

由图 2-2 可知，粉质黏土中 d_{60}=0.01，d_{10}=0.000 16，所以 $C_u = d_{60}/ d_{10}$=62.5。由图 2-3 可以看出，含砾黏土中 d_{60}=0.045，d_{10}=0.000 15，所以 $C_u = d_{60}/ d_{10}$=300。由于粉质黏土和含砾黏土的 C_u 都大于 20，故判断为管涌。

5. 临界水力坡度的确定

根据《水利水电工程地质勘察规范》（GB 50487—2008）附录 G 土的临界水力坡度计算公式，管涌型可用下式计算：

$$J_{cr} = 42d_3\sqrt{\frac{n^3}{K}} \tag{5-6}$$

式中　J_{cr}——临界水力坡度；

d_3——小于该粒径的含量占总土重 3%的颗粒粒径，mm；

K——土的渗透系数，cm/s。

根据上述公式，可以得到粉质黏土和含砾黏土的临界水力坡度。砂卵石层由于无法取样测试，主要按经验取值。各土层的临界水力坡度及允许水力坡度见表 5-6。

表 5-6　各土层的临界水力坡度及允许水力坡度

土层	渗透系数 K/（cm/s）	d_3	临界水力坡度 J_{cr}	允许水力坡度 $J_{允}$
粉质黏土	9.5×10^{-6}	0.000 07	0.314	0.157
含砾黏土	7.37×10^{-5}	0.000 05	0.08	0.04
砂卵石层	—	—	—	0.1

5.2.2 渗透变形预测结果

根据前述分析和计算，各剖面的粉质黏土和含砾黏土的允许水力坡度与防渗治理前的实际水力坡度对比见表 5-7。

表 5-7　防渗治理前各剖面渗透变形可能性判断

剖面编号	土层	治理前实际水力坡度 $J_{实}$	允许水力坡度		发生渗透变形的可能性
			$J_{允}$	$J_{允}$经验值	
P1	粉质黏土	0.1701	0.157	0.13	大
	砂卵石层	0.1120	—	0.10	一般
P2	粉质黏土	0.3578	0.157	0.13	大
	砂卵石层	0.1530	—	0.10	大
P3	含砾黏土	0.0301	0.040	0.10	小
P4	粉质黏土	0.3030	0.157	0.13	大
P5	粉质黏土	0.1695	0.157	0.13	一般
P6	砂卵石层	0.1937	—	0.10	大
P7	粉质黏土	0.1300	0.157	0.13	一般
	砂卵石层	0.0340	—	0.10	小
P8	砂卵石层	0.1045	—	0.10	一般

由表 5-7 可以看出，不同堤段发生渗透变形的可能性不同，P1、P2、P4 和 P6 剖面附近，治理前实际水力坡度远大于允许水力坡度，易发生渗透变形，并引发地面塌陷；其他剖面实际水力坡度与允许水力坡度较接近，存在发生渗透变形的可能性，但没有上述堤段可能性大。总体上没有实际水力坡度明显小于允许水力坡度的剖面，说明整个秦堤抗渗透变形性能不理想，只是出现的可能性有差异，有些可能性大，有些可能性小，这与地面塌陷实际发生的情况相符。

第 6 章　秦堤渗水治理措施及实施

6.1　设计范围及原则

1. 设计范围

设计主要针对灵渠大小天平坝、铧嘴本体的维修补强，灵渠美龄桥至粟家桥段秦堤稳定性及渗水防治，大小天平与湘江故道衔接段、南陡至粟家桥段秦堤堤面、泄水天平加固整治，采取相应的治理措施。本章主要介绍秦堤渗水的治理措施。

2. 设计原则

1）以安全可靠、经济合理为主，保护工程必须按照“尽量保持原貌，修旧如旧”的原则，不改变文物体的原状，保护文物的真实性，包括文物本体和文物环境，同时在保护工程实施过程中不允许对文物体造成新的破坏和影响。

2）保护工程应遵循可识别性和可持续性（可逆性）的保护原则。

3）所用材料和工艺应遵循“原工艺、原材料”的原则，浆液配制必须在进行现场、室内试验，材料性质、配比、施工工艺取得成功的基础上，与原工艺一致，再用于工程施工。

4）根据工程地质勘察资料，分析文物保护区内的岩土破坏机理，同时考虑暴雨、洪水、地震等突发因素。

6.2　设计主要依据

1. 执行的法规、规范、规程及参照的技术标准

1）《中华人民共和国文物保护法》。

2）《中华人民共和国文物保护法实施细则》。

3）《纪念建筑、古建筑、石窟寺等修缮工程管理办法》。

4）《国际古迹保护与修复宪章》（《威尼斯宪章》）。

5）《中国文物古迹保护准则》。

6）《建筑地基处理技术规范》（JGJ 79—2012）。

7）《既有建筑地基基础加固技术规范》（JGJ 123—2012）。

8）《地质灾害防治工程设计规范》（DB 50/5029—2004）。

9）《岩土锚杆（索）技术规程》（CECT 22—2005）。

10）《建筑边坡工程技术规范》（GB 50330—2013）。

11）《建筑抗震设计规范》（GB 50011—2010）。

12）《建筑地基基础设计规范》（GB 50007—2011）。

13）相关的其他标准、规范及规程。

2. 参考的相关技术资料

1）《广西兴安灵渠渗水治理及环境整治工程地质勘察报告》（中铁西北科学研究院有限公司，2012年2月）。

2）《地下与基础工程防渗加固技术》（中国建筑工业出版社，2005年出版）。

3）《兴安县志》（广西人民出版社，2002年出版）。

4）《兴安县灵渠志》（广西人民出版社，2010年出版）。

5）《灵渠考察文集》（《广西水利水电科技》，广西壮族自治区水利学会、广西壮族自治区水力水电厅合编，1986年9月15日）。

6）《地基处理手册》（中国建筑工业出版社，2011年出版）。

6.3 主要工程措施

受渗水病害的影响，灵渠秦堤主要出现渠坝土洞或地表塌陷、渠坝渗水、渠坝外侧护面墙变形破坏等病害，根据不同的病害特征，采用不同的工程措施进行加固处理。

6.3.1 渠坝空洞处理

工程地质勘察物探报告显示：在距渠坝表层0.2～1.6m处黏土或回填土土

质疏松，出现多处大小不同的土洞或地表塌陷变形；在灰岩与冲洪积层接触区发育有少量小溶洞，在地下水和渠水渗流运移过程中携带少量细颗粒填充小溶洞，使上覆地层出现疏松或土洞，导致坝体表面局部产生小塌陷、变形和土洞，对渠体稳定有一定影响。

对 0.2～1.6m 深度处的表层土洞和地表塌陷变形区域采用灰土回填和机械夯实的方式进行治理，灰土采用黏土和石灰配制而成，二者体积比为 8∶2。对土洞和塌陷区，先机械夯实，再回填灰土并夯实，以提高土体密实度和强度。对于深层溶洞或渗水引起的上覆地层疏松和土洞，与渠坝渗水治理一并考虑，进行综合加固治理。

6.3.2　渠坝渗水加固

秦堤表层土体 0～3m 深度范围内水平渗水严重，即在表层黏土层水平渗水严重。在覆盖层与基岩分界面冲洪积卵石层大范围存在垂直渗水区，在秦堤处形成绕坝渗流。根据长江、黄河堤坝和一些古河流河堤渗水治理的成功经验，本工程采用高压注浆、高压喷浆防渗墙和前缘堵塞支挡等方式进行综合治理加固。

1. 高压注浆

高压注浆是为了增强秦堤内疏松冲洪积黏土层的密实度、土体粘结力和整体强度，防止疏松区域表层机械夯实影响深度不足，造成中上部依旧存在较大的疏松黏土区或小土洞，同时又可对渗水通道进行一定的填塞。高压注浆孔采用小直径钻机成孔，钻孔直径为 110mm，钻孔间距为 1.2m，钻孔深度为 3～5m。钻孔深度达到冲洪积卵砾石层顶部即可，沿渠岸方向根据不同区段空洞分布和渗水情况分别设置一排或两排，注浆材料为水泥土浆，水泥和黏土重量配合比为 1∶4，水灰比为 0.8，注浆压力不得低于 1MPa。注浆时注意钻孔顶端返浆量的多少，保证钻孔周边涉及的土洞、松散土体和渗流通道中的裂隙填充、堵塞饱满，提高周边土体的密实度和整体强度。注浆后钻孔顶端 30cm 内用黏土填充夯实。

2. 高压喷浆防渗墙

根据类似工程经验，在透水式堤坝（下伏有透水层）竖向防渗治理中，设置封闭式防渗墙效果明显，而悬挂式防渗墙作用不大。根据灵渠的现场施工条件和尽量少扰动、改变原貌的原则，由于混凝土防渗墙浇筑施工在成桩、沉井或开挖过程中采用的设备体积较大，对灵渠渠堤扰动和破坏较大，通过工程措施比较分析，灵渠竖向渗水治理采用高压喷射注浆法形成防渗墙进行治理。高压喷浆防渗墙主要起阻断渠坝水平渗流和垂直绕坝渗流途径的作用，同时，对洪积层中下部土洞和疏松部位进行注浆加固，可增强该部位岩土体的强度、密实度和粘结力。

根据类似工程经验，高压喷浆采用二重管旋喷注浆，旋喷注浆体设计直径为0.9m，注浆孔间距为0.5m，成孔直径为130mm，成孔深度为3～12m，钻孔进入下层灰岩不小于30cm。由于K0+374m附近底部存在异常情况，灰岩埋深较大，通过防渗墙绕坝渗水插入深度计算可得该处需要插入的深度最少为9m，本工程取10m。桩孔沿渠岸方向设置1～3排，排间距为0.8m。施工完成后保证单排防渗墙成型厚度不小于60cm。钻孔在地面表层30cm内用黏土填充。

根据不同的渠坝渗水和土洞分布情况分别设置1～3排防渗墙旋喷桩孔，旋喷桩设计直径为0.9m，排间距为0.8m。为保证高压喷浆的效果，桩孔成孔和喷浆均为间隔式跳孔成桩，不可逐次成桩。高压喷浆防渗墙布置图参见下文图6-1和图6-2。注浆材料为水泥浆，水泥采用P.O42.5普通硅酸盐水泥，水灰比为1:1，可根据实际情况添加一定量的防渗外加剂，外加剂为水玻璃，添加量为2%，材料模数要求为2.4～3.4，浓度要求为30%～45%。具体施工相关参数可参照表6-1中的参数。根据实际需要，分别对帷幕孔距、钻孔插入深度进行了计算和验证。

表6-1 高压喷灌浆设计技术参数

喷灌形式	提升速度/（cm/min）	摆动角度/（°）	摆动速度/（r/min）	水			气		浆			
				喷嘴直径/mm	排量/（L/min）	压力/MPa	排量/（L/min）	压力/MPa	水灰比	相对密度	排量/（L/min）	压力/MPa
摆喷	8～12	30	5～7	1.6～2.2	75	32～35	7	0.3	0.8:1	1.58～1.6	60～70	0.2～0.3
旋喷	4～6	180	5～7	1.6～2.2	75	32～35	7	0.3	0.8:1	1.58～1.6	60～70	0.2～0.3

（1）旋喷防渗帷幕孔距计算

1）单排桩（柱列型）孔距计算。参见图6-1。

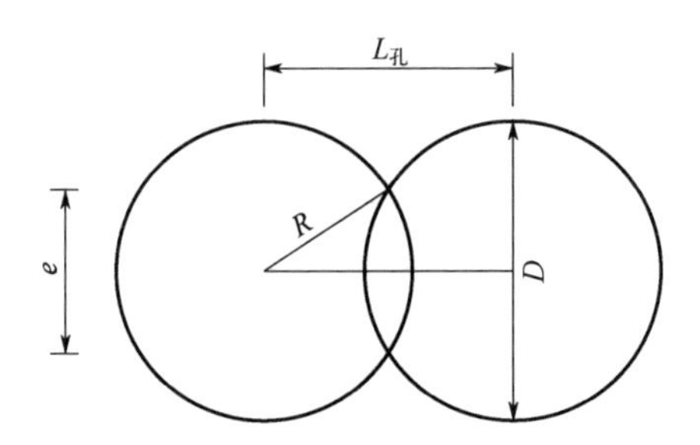

图 6-1　旋喷桩防渗帷幕孔距计算和布置图

$$L_{\max} = D - 2H_{孔}\lambda \tag{6-1}$$

式中　$L_{孔\max}$ ——旋喷桩最大孔距，m；

D ——旋喷桩设计直径，m；

$H_{孔}$ ——设计孔深，m；

λ ——垂直度偏差，按照相关技术规范和设计要求不大于 3%，取 2%。

孔距确定后，可由式（6-2）确定旋喷桩的交圈厚度：

$$e = \sqrt{D^2 - L_{孔}^2} \tag{6-2}$$

式中　e ——旋喷桩的交圈厚度，m。

2）两排或多排桩孔距计算。两排或多排桩防渗帷幕一般按等边三角形布置，其孔距一般取 $L_{孔} = 0.866D$，排距一般取 $S = 0.75D$（图 6-2）。

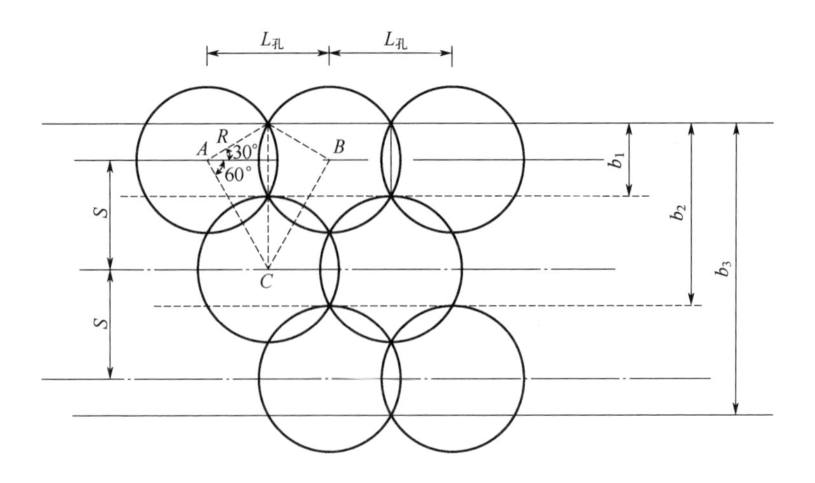

图 6-2　高压喷浆防渗墙多排桩布置图

（2）确定插入深度

1）防渗帷幕达到不透水层时。在深基础工程中，如果开挖面以下存在不透水层，防渗帷幕应尽量插入不透水层，其插入深度应保证基坑底部土体不发生管涌破坏。

防渗帷幕插入深度的计算可采用式（6–3）、式（6–4）。

$$l \geqslant \frac{\gamma_W}{\gamma}(h_C - h_B) \tag{6-3}$$

式中 l ——防渗帷幕插入深度，m；

γ_W, γ ——水的重度和土的浮重度；

h_C, h_B ——C 点和 B 点的水头压力，m；

$$l = \frac{\Delta h - Bi_C}{2i_C} \tag{6-4}$$

式中 l ——防渗帷幕插入深度，m；

Δh ——作用水头，m；

B ——帷幕厚度；

i_C ——接触面允许水力坡度。

2）防渗帷幕在透水层中。若防渗帷幕坐落在透水层中，当支护结构前后存在较大水头差时，很容易出现管涌现象。此时，一方面可采取降水措施，以降低水压差，另一方面可通过增加防渗帷幕的插入深度、减小水力坡度防止发生管涌现象。防渗帷幕的插入深度可按式（6–5）计算：

$$l \geqslant \frac{\gamma_W}{\gamma'} \cdot h' \tag{6-5}$$

式中 h' ——水头差，m。

γ_W, γ' ——水的重度和基坑土的浮重度，其中 γ_W 取 0.93，γ' 取 1。

由于渠堤下伏灰岩顶部形状不规则和上覆地层可能存在疏松段及小空洞等各种地质异常情况，故在工程实施中可能存在各种特殊情况。对于特殊情况的处理，采用以下方式：

1）漏浆处理。根据漏浆的严重程度采取停止提升或放慢提升速度的办法，让漏浆地层充分灌满水泥浆，达到注浆的目的。

2）孤石处理。由于下伏的卵砾石冲洪积层可能存在少量大块孤石，在高压喷射过程中，根据钻孔记录，在喷至孤石深度后，采取上、下 50cm 加大摆角、放慢提升速度的方法，将孤石用水泥浆充分包住，达到与防渗墙充分连接的目的。

3. 局部顶端堵塞支挡

在灵渠内侧岸坡已用条石砌筑进行了支护，但基础埋深不足，同时受渠坝渗水破坏的影响，局部岸坡护面墙下方出现一定的淘蚀（或溶蚀）凹槽，揭露出明显的渗水通道入口，渗水通道直径大小不一，对岸坡护面墙基础产生一定的淘蚀和破坏，进而影响渠堤的稳定。为保证护面墙的稳定和对渗水通道从入口根源处进行封堵截断，本项目对渗水严重的区域灵渠侧岸坡采取木桩和灰土填塞相结合的方式进行综合治理。

在岸坡护面墙下方设置一排竖向木桩，木桩采用重锤击打进入预定深度，木桩直径不小于 15cm，木桩桩缝间距不大于 10cm，木桩长度为 2.5m，木桩深入土层不小于 1.5m。木桩采用松木制作而成，使用前对其表层进行防腐和防水处理 2～3 遍。在护面墙下方对渗流通道用灰土填塞，对填塞位置及周边区域进行夯实；在护面墙下方（岸坡与木桩之间）填塞灰土，灰土中添加一定量的麻刀，以增加灰土的强度和粘结力。灰土为石灰和黏土配制而成，配合比为 2∶8，水灰比根据现场实际情况调整，保证灰土达到硬塑状态。在堵塞渗流通道时灰土含水量还应减小。

4. 护面墙变形加固

受地下水侧压力和湘江水冲刷淘蚀等多种原因影响，秦堤外侧护岸墙多处出现变形甚至坍塌破坏。根据地质勘察报告，秦堤各段堤坝的抗倾稳定性、抗滑移稳定性在正常水位基本满足规范要求。现主要存在以下三种破坏形式和病害：①基础埋深不足，河水直接冲刷淘蚀基础下伏地层土体，造成悬空变形破坏；②基础直接坐落于下伏灰岩，但受秦堤渗水影响和河水冲刷淘蚀严重，造成基础部位松动和被河水冲刷淘蚀搬运，从而引起护岸墙变形破坏；③墙面局部出现变形，墙体出现裂缝，造成护岸墙整体性变差和墙后土体疏松。针对护岸墙变形破坏的几种基本形式，采取不同的方案有针对性地进行加固。

（1）基础埋深不足

由于下伏地层为冲洪积层，首先在基础旁边 30cm 处埋入一排钢筋混凝土预制桩，预制桩埋置方式为重锤击打成孔，埋入下覆地层不小于 1.5m，桩顶高度与护面墙基础底部齐平，桩间距为20cm，C25钢筋混凝土桩直径为30cm，中间设置ϕ12mm钢筋笼，然后对护面墙基础下方表层虚土进行清理夯实，最后用C25混凝土填塞护岸墙基础下方淘蚀凹槽。

（2）基础淘蚀破坏

由于基础与下伏灰岩稳定地层直接接触，在护岸墙受河水淘蚀范围内，在基础外30cm沿基础方向浇筑一条30cm高的混凝土防冲刷墙带。

（3）墙体变形及裂缝

对墙体裂缝和墙后疏松土体进行注浆加固，注浆材料为水泥砂浆，水泥为P.O32.5，配合比为1:1，水灰比为1:0.4。对于墙面裂缝，表面注浆完毕后剔除2cm深砂浆灰缝，用白灰浆进行表面处理并做旧。对于局部墙面鼓胀、变形严重处，在裂缝位置设置一定数量的小锚杆，以增强墙体与后部土体的连接，提高墙体的整体性和稳定性。小锚杆钻孔直径为45mm，内置Φ16mm钢筋，钻孔深度为2.0m，灌浆材料为水泥砂浆，水灰比为1:0.5，配合比为1:1，保证灌浆密实。

6.4 工程实施

秦堤段渗水治理于2013年9月20日开始施工，2015年6月20日完成施工。施工单位在签订合同后，根据合同工期要求和与建设单位协商的结果，及时编制了施工组织设计和各分项工程具体的施工技术方案，并根据以往类似施工现场的情况，针对现场可能发生的各种事故或技术问题均编制了相应的施工技术方案和预防措施，确保各项施工从技术上可行。同时，根据项目特征，筹备了充足的专业机械设备，做好施工前的各项准备工作。在确定监理单位后，建设、设计、监理、施工四方负责人员经过现场查看和对图纸的重新理解和审核，进行了现场技术交底，确定了施工技术路线和技术要求。要求施工必须保证旋喷桩成孔质量、钻孔深度、注浆质量及旋喷桩成桩直径。若旋喷桩直径因地层岩性等原因达不到设计要求，必须根据现场实际进行必要的变更，保证旋喷桩连续成桩后形成地下连续墙，彻底阻断地下渗水路径。同时，要注意旋喷桩注浆和高压注浆时注浆压力的控制，防止注浆压力过大，对秦堤堤坝文物本体产生破坏，保证文物本体表面的原始信息。旋喷桩顶部至少保证50cm不注浆，防止浆液过满对堤坝上高大树木的生长产生影响，造成对文物保护区环境的破坏。在施工技术交底和开工申请批准后，施工单位按照施工组织设计各项具体要求组织施工。

要求项目部成员在进驻工地前须认真学习《中华人民共和国文物保护法》《中华人民共和国文物保护法实施条例》《文物保护工程管理办法》及《中华人民共和国环境保护法》等相关法律法规，增强文物保护意识。在进驻工地后、正式施工前，项目部对施工人员进行文物保护宣传教育，必要时邀请业主就有关事项进行讲解，切实树立起文物保护意识，提高工作人员保护文物的责任感和自觉性。

在施工过程中，施工单位全体员工不断强化质量意识，实行全员质量管理，严格执行各项规章制度。在施工中，建立操作人员自检、工序交接检查和工前检查、工中检查、工后检查及分项分部检验、定期检查和随机抽查的内部检查制度。严把主要材料采购、进场、使用的检验关。强化施工工序管理，确保工程质量。作为质量控制的一项重要内容，除了做好现场施工工序的质量控制外，坚持做到资料与施工同步，一项一表，一道工序一报表，确保施工资料真实、准确。在施工过程中及时与业主、监理工程师联系，完善报检制度，做到一工序一表格一报检，工程师同意后方可进入下一工序，确保每一施工工序的工程质量。设置安全文明施工和环境保护措施工作牌，对施工人员进行专门培训教育，确保工程实施中人员及文物的安全和对周边环境的保护。

在工程实施过程中，与中国地质大学（武汉）合作，现场设立灵渠秦堤段渗漏及渗透变形特征与防治效果研究小组，根据现场水文地质和工程地质相关资料，建立几种地下水渗流模型，将现场实测数据和试验数据相比较，两者基本相符。通过对地下水渗流模型的分析研究，从理论上研究地下水渗流的模式、流量及对周边岩土的破坏形式。针对渗水治理效果，现场建立监测系统，比较分析施工前后的数据，以指导现场施工和总结经验，把握施工中的细节，及时调整与设计不符之处，检验施工的实际效果。

在工程实施过程中，根据钻孔记录、灌浆情况反映的灵渠不同区段地层组成、破坏形式和渗水机理，为保证治理效果，对现场钻孔深度进行了一定的调整。

1）在K0+480m附近约30m范围内，钻孔显示该区段基岩出露深度远比其他区段的8～10m深得多，基岩出露最深处达到18.2m，一般深度为16～18m，结合周边地形地貌，判断该段为一近垂直于灵渠方向的古沟谷（或古支流河道），施工中将钻孔深度调整为17～19m。在深部旋喷成桩中，灌浆量明显大于设计量，甚至为设计量的 3～5 倍，表明该区段灰岩与冲洪积层接触段有一定的空洞或软弱层。

2）在飞来石和泄水天平之间的 K0+665—720m 段秦堤是整个秦堤最窄的区段，也是渗水最严重的区段。根据钻孔记录，该段地面以下 1.0～4.5m 空洞较多，以水填充为主，其间的黏土颗粒（填充构筑物）大部分已被地下水渗流带走，渗流通道已完全畅通；钻孔下部 5～10m 处空洞较多，但填充以稀泥浆为主，局部夹有一定数量的卵石。在旋喷桩灌浆过程中，由于该段地下水渗流路径较短、上下水头压差大、渗水通道顺畅等原因，在正常流水的情况下，灌浆后的浆液无法聚合凝固，即使加入絮凝剂或水玻璃等外加剂也无法顺利凝固，浆液直接随地下水渗流流入下端的湘江河道内。与业主协商后，采用将灵渠内的水完全放干的办法，在无水流水压的情况下进行旋喷桩灌注，有效解决了因水流或水压造成的浆液无法凝固等问题，灌浆效果较好。在灌浆过程中该段灌浆量远远大于设计量，本段不足 50m 长的区段共灌注约 2200t 水泥的浆液，由体积计算可知，灌注水泥的体积约为该段堤坝体积的 2.5 倍，表明该段堤坝的深部和上、下端均有一定的空洞，堤坝内的填土流失严重，同时存在严重的深部绕坝渗流造成的水土流失问题。

3）灌浆期间，在 K0+550m、K0+720m、K0+815m、K0+940m、K1+180m、K1+260m 等多处区段，秦堤上部灵渠渠底出现返浆或冒浆等现象，且距离秦堤内侧岸边有 1～3.5m 不等的距离，渠底返浆形成的范围面积一般为 0.5～5m^2 不等，返浆形成的形状也不同，一般为近圆形或椭圆形，个别为近长条形。在 K0+510m、K0+680m、K0+790m、K1+210m 等区段，秦堤下部湘江江底局部也出现返浆或冒浆现象，但距离秦堤外侧较远，一般距离在 5m 以上，灌浆量也远大于设计量，一般在设计量的 10 倍以上，这表明该段秦堤中下部或底部出现绕坝渗流现象，沿渗流路径出现了一定数量的空洞，渗水渗流通道已完整形成，与勘探发现和渗水模型建立的条件基本一致。

渗水治理前渗流通道、浆液渗漏和施工前后渗水情况如图 6-3～图 6-10 所示，典型监测断面平面布置图如图 6-11 所示，典型加固断面图如图 6-12 所示。渗水治理工程自 2015 年 5 月实施完成后，每年进行现场调查，在秦堤外侧的墙体上没有出现新的漏水点和漏水痕迹（表面无局部潮湿、生长苔藓等现象），表明旋喷注浆形成地下连续墙体的渗水治理方式符合秦堤现场条件，有效地达到了渗水治理的目标，满足了秦堤文物保护的要求。

图 6-3　K0+700m 附近无水时显现渗水通道

图 6-4　K1+180m 附近灵渠内漏浆情况

图 6-5　K0+720m 段灵渠内漏浆情况

图 6-6　K0+680m 段湘江古道漏浆情况

图 6-7　泵房渗水情况（注浆前）

图 6-8　泵房渗水情况（注浆后）

图 6-9　飞来石旁渗水情况（注浆前）

图 6-10　飞来石旁渗水情况（注浆后）

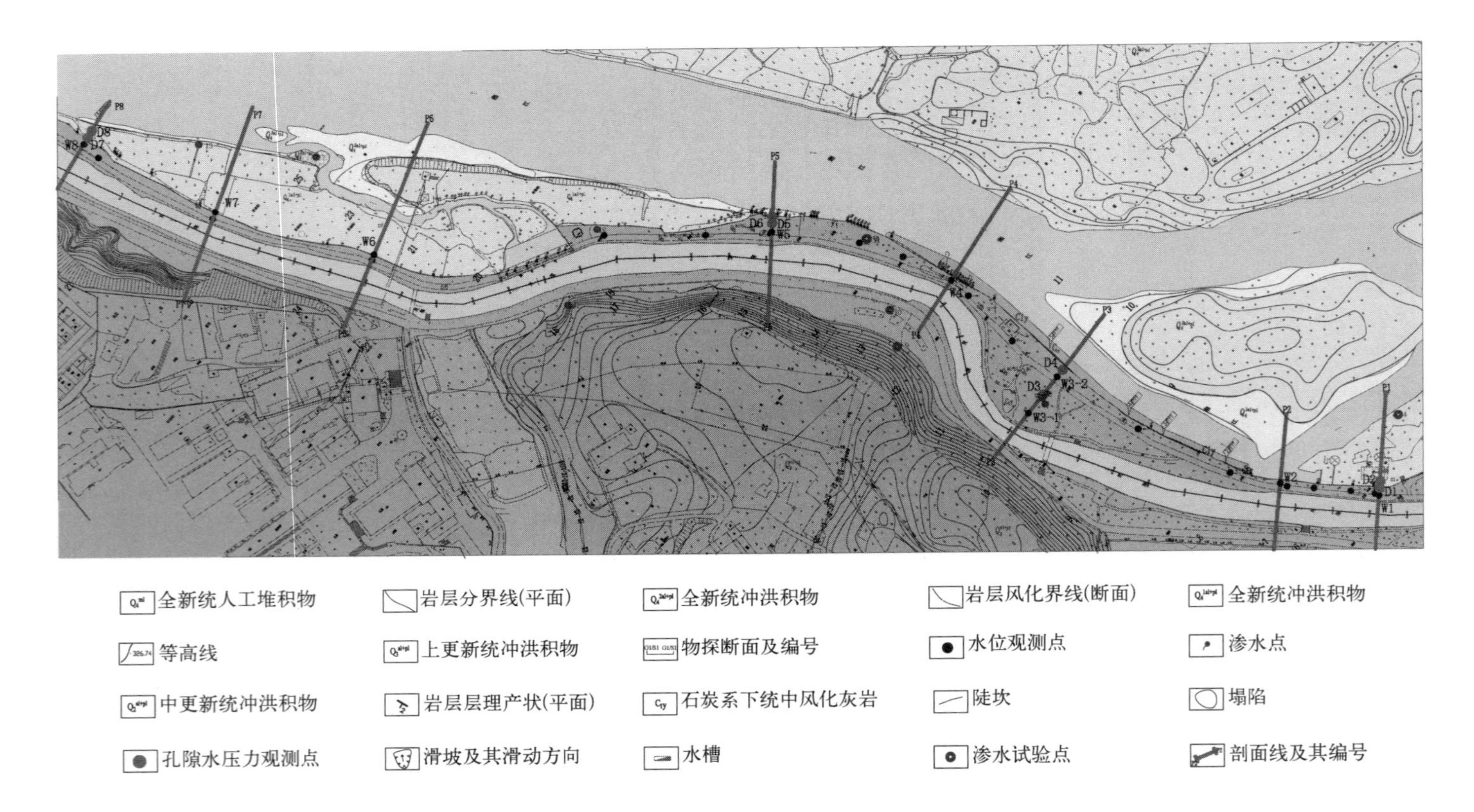

图 6-11　典型监测断面平面布置图

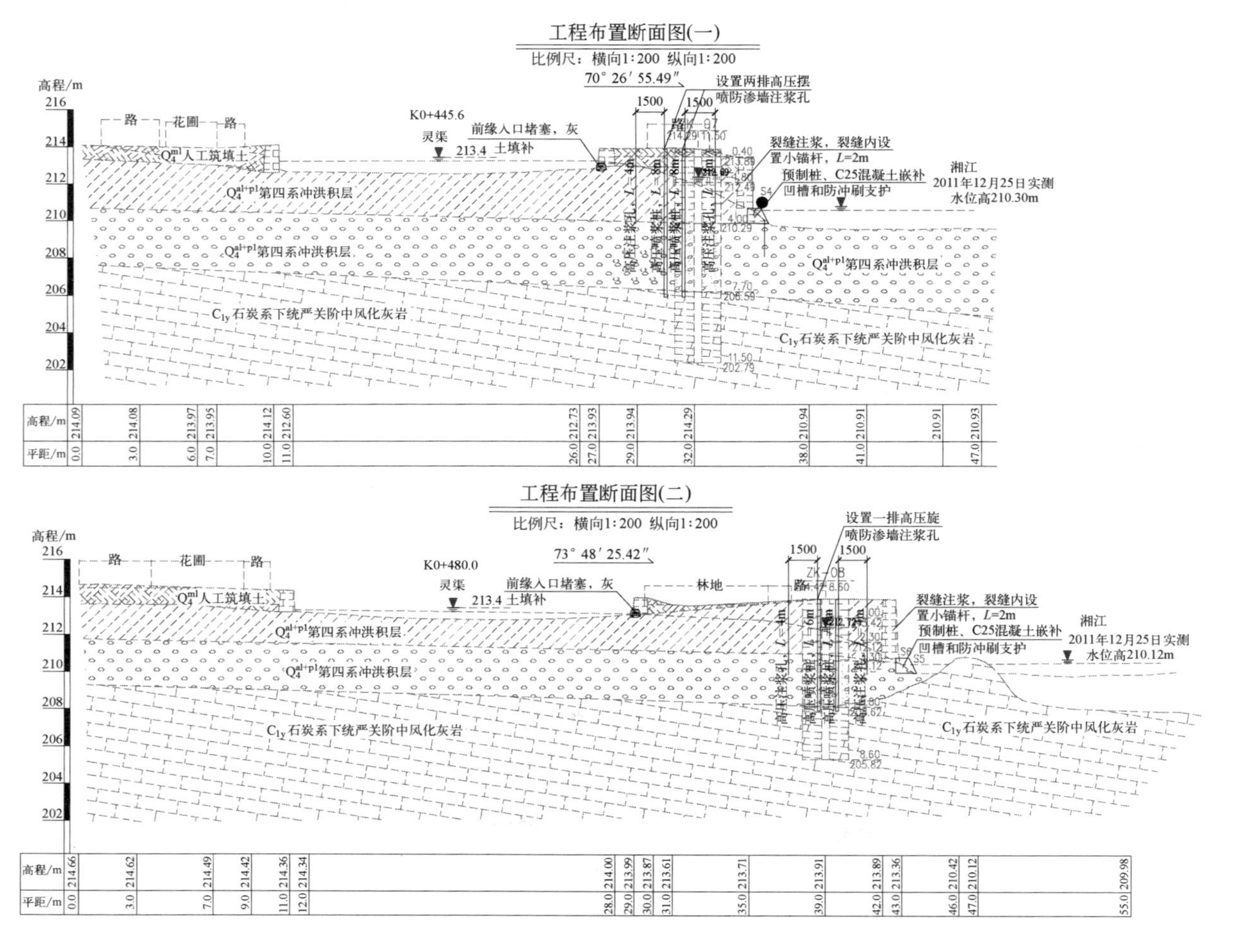

高程/m	214.09	214.08	213.97	213.95	214.12	212.60	212.73	213.93	213.94	214.29	210.94	210.91	210.91	210.93
平距/m	0.0	3.0	6.0	7.0	10.0	11.0	26.0	27.0	29.0	32.0	38.0	41.0		47.0

高程/m	214.66	214.62	214.49	214.42	214.36	214.34	214.00	213.99	213.87	213.61	213.71	213.91	213.89	213.36	210.42	210.12	209.98
平距/m	0.0	3.0	7.0	9.0	11.0	12.0	28.0	29.0	30.0	31.0	35.0	39.0	42.0	43.0	46.0	47.0	55.0

图 6-12　典型加固断面图

第7章　渗水治理效果监测分析

7.1　渗水监测内容及方法

为及时检验防渗治理工程的效果，在施工过程中开展了系列监测，对现场渠坝渗水情况进行实时监测，以对现场施工进行及时的技术指导。

7.1.1　监测内容

为及时检验治理工程的效果，对秦堤防渗治理工程进行了系统的监测，监测的重点是秦堤地下水位及对应的灵渠、湘江水位。通过水位监测可以分析秦堤的渗流变化，对比防治前后渗漏量的变化，检验防渗治理效果，还可以计算施工前后实际水力坡度的大小，借以分析防渗工程施工后是否可以避免渗透变形和地面塌陷的发生。

7.1.2　监测方法

对于秦堤地下水位的监测，主要采用两种方法：一是采用电接触悬锤式水尺，二是通过测试孔隙水压力获得。

电接触悬锤式水尺也常称为悬锤式水位计、水位测尺，由水位测锤、测尺、接触水面指示器（音响、灯光、指针）、测尺收放盘等组成。

测尺是一柔性金属长卷尺，其上附有两根导线，卷尺上有刻度。测锤有一定质量，端部有两个相互绝缘的触点，触点与导线相连。也可以以锤体作为一个触点。两触点接触地下水体时，电阻变小（导通），地上与两根导线相连的音响、灯光、指针指示发出信号，表示已到达地下水水面。从测尺上读出读数，就可以知道地下水位位置。

这种仪器原理简单，便于携带，对使用者的熟练程度要求不高，可以用于各种地下水位的观测。由于其能准确地指示地下水面的位置，水位测量准确性较高。测尺是专门制作的，高质量的测尺可以达到±1cm/100m 的精确度(刻度)。测尺定期按规定进行计量或校核后能保证地下水位测值的准确性。测尺的长度基本不受限制，现有 500m 的产品，可以用于测量不同的地下水位埋深和变幅。

国内和国外都有这种产品，其技术性、结构差不多。测尺都是覆盖塑料涂层的钢卷尺，最小刻度 1mm；水位测锤用不锈钢材质制造，带触点，直径小于 20mm；水位指示用音响、灯光、指针形式，都是由直流电池供电，精确度（刻度）能达到±2cm/100m 或±1cm/100m。有些产品可测井深，可以选配温度传感器测量地下水温。

地下水水位监测精度应符合下列要求：

1）地下水水位检测数值以 m 为单位，精确到小数点后第二位。

2）人工监测水位，应测量两次，间隔时间不应少于 1min，取两次水位的平均值，两次测量允许偏差为±0.02m。当两次测量的偏差超过±0.02m 时，应重复测量。

3）水位自动监测仪允许精度误差为±0.01m。

4）每次测量结果应当场核查，发现异常及时补测，保证监测资料真实、准确、完整、可靠。

通过测试孔隙水压力来计算地下水位是一种间接方法。孔隙水压力计的埋设方法应根据测试孔、埋点布设的数量及土的性质等条件，选用钻孔埋设法、压入埋设法和填埋法。安放前必须排除孔隙水压力计内及管路中的空气；孔隙水压力计周围必须回填透水材料；透水填料宜选用干净的中粗砂、砾砂或粒径小于 10mm 的碎石块，透水填料层高度宜为 0.6～1.0m；测试孔口应用隔水填料填实封严，防止地表水渗入；测试孔口部应设置有效的防护装置，并设立明显的标志；孔隙水压力计导线应有防潮、防水措施。

监测之前必须准确测定孔隙水压力初始值，根据孔隙水压力测定值可按下式计算地下水位深度：

$$h_{水}=H_{测}-\frac{u}{\gamma_{W}}$$

式中　$h_{水}$——地下水位深度（m)；

$H_{测}$——孔隙水压力测点埋设深度，m；

γ_{W}——水的重度，kN/m^3；

u——孔隙水压力测定值，kPa。

在 8 个典型剖面上均布置了水位观测孔，部分剖面还布置了水压力计。根据施工进展，对8个剖面进行了水位监测，分别测得注浆前、灌注第一排旋喷桩后、灌注第二排旋喷桩后和灌注第三排旋喷桩后灵渠水位、观测井水位及孔隙水压力计所测水位和湘江水位。

7.2 渗水监测数据分析

7.2.1 P1剖面

1. 渗水情况

P1剖面附近漏水情况比较严重，渗水出漏严重的有三处，如图7-1、图7-2和图7-3所示。其中，渗水点b渗流严重，在墙体外呈溪流状，因此埋设了渗流槽（图7-4），观察和测试渗水量的变化。

图7-1 渗水点a

图7-2 渗水点b

图7-3 渗水点c

图7-4 渗流槽（平视）

2. 水位观测点设置

2014 年 1 月 8—9 日在 P1 剖面处埋设一根 PVC 管作为水位观测孔（W1），并埋设两个孔隙水压力计（D1、D2）。W1 深 4m，D1（传感器编号为 3288）埋置深度为 3.08m，D2（传感器编号为 3293）埋置深度为 3.84m。各观测点水平间距如下：W1 距灵渠 4.4m，W1 与 D1 相距 1.3m，D1 与 D2 相距 1.44m，D2 距渗水点 0.96m，D2 距湘江左岸观测点 37m。各观测点相对高差见表 7-1。W1、D1、D2 相对位置如图 7-5 所示。

表 7-1　P1 剖面各观测点相对高差

位置	以 P1 处路面为基准标高	灵渠岸边观测点	W1	D1	D2	湘江岸边观测点
相对高差/m	0	0.005	-0.13	-0.095	-0.07	-3.78

在钻孔注浆过程中可以明显看到渗水点处流水变浑浊和浆液渗漏（图 7-6），表明该区域的渗流通道已贯通，且基本呈空洞状态。

图 7-5　W1、D1、D2 相对位置

图 7-6　渗流槽内水变浑浊

3. 防渗工程施工情况

P1 剖面处从灵渠到湘江一共有五排孔，中间三排为旋喷桩孔，两侧为泥浆孔。2014 年 1 月 14 日中午开始第一排旋喷桩间隔注浆，孔距 1m。第一排高压旋喷桩施工时，渗水处流浆严重（图 7-7、图 7-8），因此改为灵渠停水后注浆。17 日中午开始停水，19 日上午第二排旋喷桩注浆，间距 0.5m。同时加密第一排旋喷桩，使其间距变为0.5m。2月27日，第三排旋喷桩注浆，间距0.5m。最后，两侧泥浆孔注浆。在旋喷桩灌浆和泥浆孔注浆过程中，渗水处均出现不同程度的浆液渗出，上下段河道均没有出现漏浆现象。施工过程中，由于该断面较窄，渗水通道完全贯通，且较大，漏浆均出现在渗水点及其附近。为保证坝体内灌注浆液与周边土体有效结合并凝固，先后采用更改灌浆压力和浆液黏稠度、局部区段添加砂浆絮凝剂缩短砂浆初凝时间等措施，均没有有效改善渗水部位灌注浆液的渗流。最后采用渗流上端灵渠关闭闸门停水的方式，在无渗水流动情况下，旋喷桩和泥浆孔注浆顺利完成。

图7-7 渗水点a漏浆

图7-8 渗水点b漏浆

4. 注浆前后观测数据变化分析

表7-2中是选取的典型观测数据，反映了不同时间地下水埋深变化的趋势，如图7-9所示，可以看出，防渗施工后秦堤堤内地下水位显著降低，有效起到防渗作用。

表7-2 P1剖面不同时间各位置水位 单位：m

日期	时间	灵渠水位	W1水位	D1水位	D2水位	湘江水位	备注
2014年1月12日	7:30	1.045	2.150	2.254	2.668	4.490	未注浆
2014年1月16日	14:30	1.025	2.400	2.470	3.043	4.480	未停水注浆时
2014年2月24日	11:00	1.095	3.470	2.895*	3.625	4.125	灌注两排旋喷桩后
2014年3月21日	14:30	0.985	3.925	2.749*	3.850*	4.020	灌注三排旋喷桩后

注：监测数据后标有“*”者为异常数据点，经过分析，原因可能是：①传感器受钻机钻孔振动及风动气压影响，超过其极限值，导致测量异常；②传感器受钻机钻孔的振动荷载及水位下降导致的沉降影响。

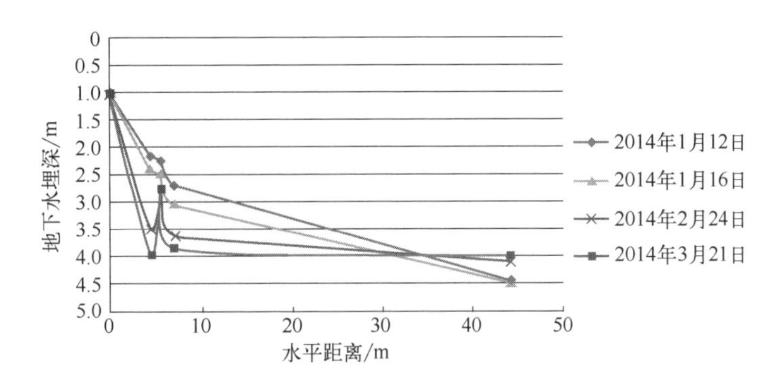

图 7-9　P1 剖面地下水位变化趋势

7.2.2　P2 剖面

1. 渗水情况

P2 剖面处渗水情况比较严重，水量很大，在堤坝外侧汇流呈溪流状，如图 7-10 所示。

2. 水位观测孔设置

2014 年 1 月 10 日埋设观测孔 W2，深度为 4m，距灵渠 6.98m，距渗水点 1.7m，距湘江岸边观测点 4.8m。在钻孔过程中可以明显看到渗水点处流水变浑浊（图 7-11），表明试验孔位于地下水渗流通道中。P2 剖面各观测点相对高差见表 7-3。

图 7-10　P2 剖面处漏水点

图 7-11　P2 剖面渗水点渗水变浑浊

表 7-3　P2 剖面各观测点相对高差

位置	以 P2 处路面为基准	灵渠岸边观测点	W2	湘江岸边观测点
相对高差/m	0	-0.005	-0.195	-3.875

3. 防渗工程施工情况

P2 剖面处共设有五排孔，中间三排为旋喷桩，两侧为泥浆孔。2014 年 1 月 20 日第一排旋喷桩注浆，间距 0.5m。3 月 3 日第三排旋喷桩注浆，间距 0.5m。同时，外侧泥浆孔灌泥浆。3 月 17 日第二排旋喷桩（中间的旋喷桩）注浆，间距 0.5m。旋喷桩和泥浆孔灌浆中下侧渗水出漏点均出现不同程度的浆液渗出，同时在渗流下端湘江河道中部（距渗水点河岸 3～5m 范围）出现局部漏浆现象，说明坝体下部渗水通道出现了底部绕坝渗流现象，坝体下部渗流孔洞出现的位置较深。根据钻孔显示地层情况、监测数据和现场浆液渗漏情况，施工现场对钻孔深度和布孔位置、间距均进行了一定的调整，确保渗水治理的有效深度。采用改变灌浆压力和浆液黏稠度、局部区段添加砂浆絮凝剂以缩短砂浆初凝时间等措施改善浆液渗流，浆液渗流情况基本得到控制，该区段旋喷桩和注浆孔均顺利完成施工。

4. 注浆前后观测数据变化分析

表 7-4 中是选取的典型观测数据，反映了不同时间地下水埋深的变化趋势，如图 7-12 所示，可以看出防渗施工后秦堤堤内地下水位显著降低，有效起到防渗作用。

表 7-4　P2 剖面不同位置水位典型数据　　单位：m

日期	时间	灵渠水位	W2 水位	湘江水位	备注
2014 年 1 月 15 日	9:00	1.025	2.675	4.265	注浆前
2014 年 2 月 25 日	17:00	1.115	3.955	4.095	灌注一排旋喷桩后
2014 年 3 月 10 日	14:30	1.150	4.015	4.195	灌注两排旋喷桩后
2014 年 4 月 5 日	17:00	1.055	3.970	4.030	灌注三排旋喷桩后

7.2.3　P3 剖面

1. 剖面处渗水塌陷情况

P3 剖面涉及范围内渗水明显（图 7-13、图 7-14），地面塌陷也很严重（图 7-15、图 7-16）。

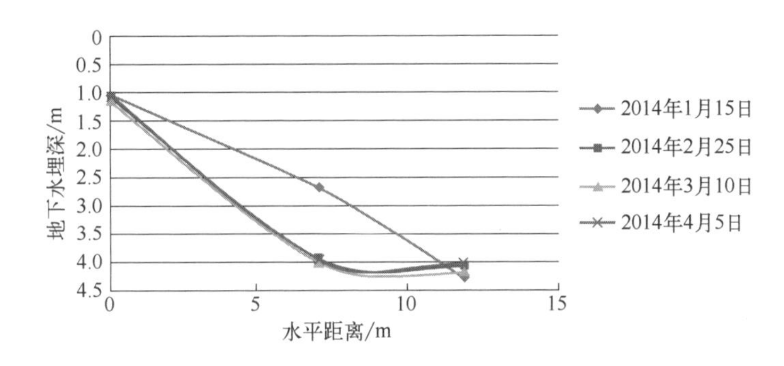

图 7-12　P2 剖面地下水位变化趋势

图 7-13　P3 剖面渗水点 a

图 7-14　P3 剖面渗水点 b

图 7-15　W3-1 旁塌陷点

图 7-16　W3-2 旁塌陷点

2. 水位观测孔设置

2014 年 3 月 29 日下午开始进行 P3 剖面处各观测点的布设，共布置四个观测点（包括两个 PVC 地下水位观测孔和两个孔隙水压力计）。中间草地上布置一个地下水位观测孔和一个孔隙水压力计，湘江旁路边布置一个地下水位观测孔和一个孔隙水压力计。

3 月 29 日晚上 W3-1 埋设完毕，后因下雨无法施工，31 日才将 W3-2 和两个孔隙水压力计 D3、D4 埋设完毕。各观测点埋深如下：W3-1 为 5.5m，D3 为 6.52m，W3-2 为 5.8m，D4 为 5.75m。孔隙水压力计 D3 的编号为 341295，D4 的编号为 3349。

各观测点水平间距如下：灵渠与 W3-1 相距 7m，W3-1 与 D3 相距 16m，D3 与 W3-2 相距 13.5m，W3-2 与 D4 相距 3.7m，D4 与湘江岸边观测点相距 4.3m。各观测点相对高差见表 7-5。

表 7-5　P3 剖面各观测点相对高差

位置	以 P3 靠近湘江处路面为基准	灵渠岸边观测点	W3-1	D3	W3-2	D4	湘江岸边观测点
相对高差/m	0	0.17	0.585	0.435	-0.14	-0.49	-1.366

3. 防渗工程施工情况

P3 剖面处，靠近湘江处的路上与靠近灵渠的小路上各有一排旋喷桩孔和一排泥浆孔，旋喷桩间距为 0.5m，泥浆孔间距为 1.2m，先灌注旋喷桩后灌注泥浆孔，灌注操作基本同步进行。4 月10—13 日，靠近湘江的旋喷桩孔注浆，同时外侧的泥浆孔注浆，注浆时在湘江边可见明显漏浆。4 月19—21 日P3 剖面附近其他旋喷桩孔注浆。4 月 20 日下午灵渠停水。在灌浆过程中，秦堤下侧湘江岸边和湘江江底出现一定的浆液渗漏（图 7-17）。由于该段秦堤位于飞来石区域，秦堤宽度最大处约为 45m，沿秦堤上下两边沿分别设置一排注浆孔和一排旋喷桩孔，上下两侧钻孔距离最大约为 38m，中间未设置注浆孔的区域较大。在工程完工后，巡查发现，2016 年和 2017 年在 6、7 月雨季过后该区段均出现一处不同位置的地面局部塌陷，塌陷面积均为 0.2～0.3m^2。这说明该段秦堤下部渗流通道已完全贯通。在工程实施中，由于注浆压力或注浆孔布置数量及位置、渗流路径长度等原因，秦堤中部存在局部注浆填充不充分的区域，导致上部土体在暴雨时地表水下渗过程中出现局部塌陷。发现后对塌陷

图 7-17　湘江岸边漏浆

区域及时进行了内部水泥土浆灌注，上部三七灰土夯填，表层黏土覆盖。处理后，根据近几年的巡查统计，该段和其他区段没有再出现类似的地表塌陷，这说明该段秦堤下部未充分填充的区域已得到有效填充。

4. 注浆前后观测数据变化分析

表 7-6 中是选取的典型观测数据，反映了不同时间地下水埋深变化的趋势，如图 7-18 所示，可以看出防渗施工后秦堤堤内地下水位显著降低，有效起到防渗作用。

表 7-6　P3 剖面不同位置水位典型数据　　单位：m

日期	时间	灵渠水位	W3-1 水位	D3 水位	W3-2 水位	D4 水位	湘江水位	备注
2014 年 4 月 4 日	8:30	0.460	2.455	3.109	3.425	3.431	3.801	未注浆
2014 年 4 月 18 日	18:00	0.385	0.635	0.899	3.600	3.412	3.836	湘江边旋喷桩灌注完成后
2014 年 5 月 9 日	14:30	0.370	2.195	3.365	3.685	3.672	3.726	灵渠边旋喷桩灌注完成后
2014 年 5 月 24 日	17:30	0.380	2.005	3.267	3.620	3.653	3.676	整体闭合完成后

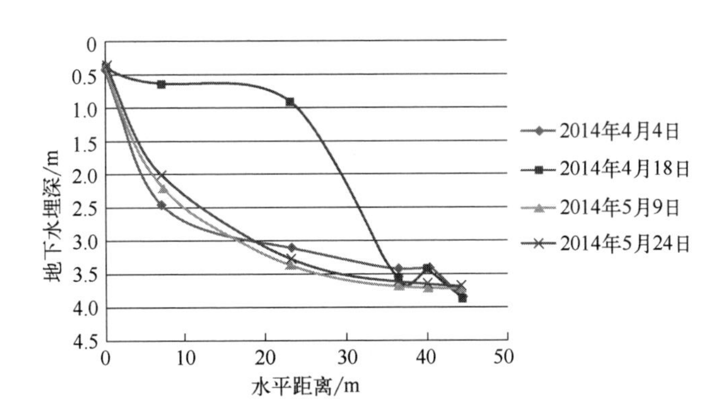

图 7-18　P3 剖面地下水位变化趋势

7.2.4　P4 剖面

1. 渗水情况

P4 剖面靠近湘江处的挡墙整体性比较好，但是局部漏水，尤其是挡墙根处漏水严重，如图 7-19 和图 7-20 所示。另外，注浆时岸底（非挡墙根）有浆液返上来，表明在基岩中存在缝隙或岩溶通道。

图 7-19　P4 剖面渗水点（俯视）

图 7-20　P4 剖面渗水点（平视）

2. 水位观测孔设置

4 月 19 日埋设地下水位观测孔 W4（图 7-21），埋深 6m。W4 与灵渠岸边观测点间距为 6.4m，与湘江岸边观测点间距为 2.2m。

图 7-21　W4 布置

各观测点相对高差见表 7-7。

表 7-7　P4 剖面各观测点相对高差

位置	以 P4 处路面为基准	灵渠岸边观测点	W4	湘江岸边观测点
相对高差/m	0	0.09	-0.26	-0.29

3. 防渗工程施工情况

P4 剖面处从湘江到灵渠一共有五排孔，中间三排为旋喷桩，桩间距为 0.5m，两边为泥浆孔，间距为 1.2m，泥浆孔的注浆时间与第一排旋喷桩相同。4 月 24—26 日注第一排高压旋喷桩，注浆时湘江处漏浆严重，湘江江底（非挡墙根）及外侧挡墙根部都有浆液流出，如图 7-22 和图 7-23 所示，因该区段下部基岩面较明显，说明堤坝下部基岩局部存在贯通裂隙或小型溶洞。在施工过程中根据浆液渗漏情况和钻孔情况及时局部调整该区段钻孔深度，保证钻孔通过下部基岩内可能存在的小型溶洞或对下部裂隙进行有效封闭，达到对下覆基岩内或堤坝土石结合层渗流通道的有效封堵。5 月 12—15 日注第二排高压旋喷桩（近灵渠），6 月 17—19 日注第三排高压旋喷桩（第一排与第二排旋喷桩之间）。该区段是秦堤渗水最严重、堤坝宽度最小的区域，堤坝内中下部土体受水渗流影响而流失的情况非常严重，内部孔洞较多，在施工钻孔中成孔比较困难，成孔时间是其他区域的 2～5 倍。根据钻孔分析，该区段堤坝内岩土成分不均，颗粒大小及分布不均一、无规律，这与该区段发生过几次较大的塌陷而对局部土石填充相吻合。在旋喷桩注浆成桩时，灌注浆液量较大，远远大于设计量，也大于堤坝填充体积计算量，在该段 60m 范围内注浆达到约 1600t。

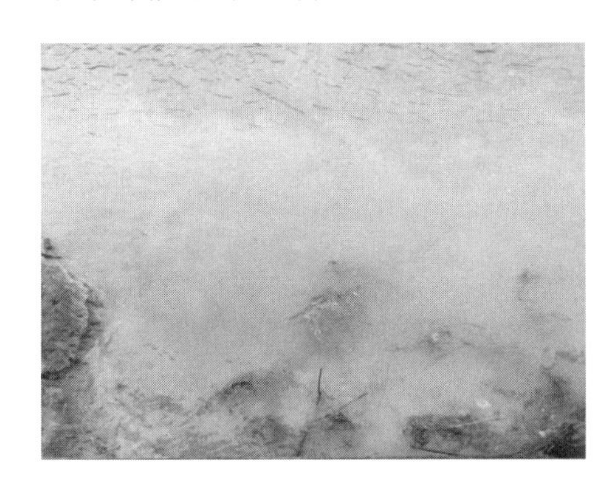

图 7-22　湘江江底漏浆

图 7-23　湘江边挡墙根部漏浆

4. 注浆前后观测数据变化分析

表 7-8 中是选取的典型观测数据，反映了不同时间地下水埋深的变化趋势，如图 7-24 所示，可以看出防渗施工后秦堤堤内地下水位降低明显，有效起到防渗作用。

表 7-8　P4 剖面不同位置水位典型数据　　单位：m

日期	时间	灵渠水位	W4 水位	湘江水位	备注
2014 年 4 月 20 日	14:30	0.650	3.360	4.190	灌注旋喷桩前
2014 年 5 月 9 日	17:30	0.630	2.850	4.080	灌注一排旋喷桩后
2014 年 5 月 31 日	14:30	0.610	3.470	4.065	灌注两排旋喷桩后

续表

日期	时间水位	灵渠水位	W4 水位	湘江水位	备注
2014 年 6 月 22 日	14:30	0.700	3.405	3.835	灌注三排旋喷桩后湘江水位较高时
2014 年 6 月 27 日	8:30	0.630	3.455	4.000	灌注三排旋喷桩后湘江水位较低时

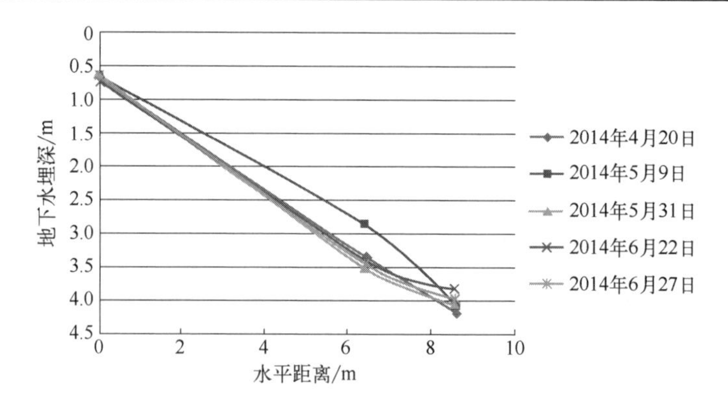

图 7-24　P4 剖面地下水位变化趋势

7.2.5　P5 剖面

1. 渗水情况

P5 剖面处湘江岸边渗水比较明显，并且路面塌陷严重，如图 7-25～图 7-27 所示。

图 7-25　P5 剖面路面塌陷

图 7-26　P5 剖面渗水点 a

图 7-27　P5 剖面渗水点 b

2. 水位观测孔设置

5 月 13—14 日在 P5 剖面处埋设仪器，共布置 3 个地下水位观测孔，包括一个地下水位观测孔 W5 和两个孔隙水压力计 D5、D6。孔隙水压力计 D5 编号为 34566，D6 编号为 3363。W5 埋深为 6m，D5 埋深为 4.55m，D6 埋深为 4.87m。在钻探试验孔时，湘江岸边渗水点渗水变浑浊明显（图 7-28、图 7-29），表明观测孔位于贯通的地下水渗流通道内。

图 7-28　P5 剖面渗水点 a 渗水变浑浊

图 7-29　P5 剖面渗水点 b 渗水变浑浊

各观测点水平距离：灵渠岸边观测点与 W5 间距为 7.4m，W5 与 D5 间距为 1.9m，D5 与 D6 间距为 1.9m，D6 与湘江岸边观测点间距为 8m。各观测点相对高差见表 7-9。

表 7-9 P5 剖面各观测点相对高差

位置	以 P5 处路面为基准	灵渠岸边观测点	W5	D5	D6	湘江岸边观测点
相对高差/m	0	-0.225	0.135	0.02	-0.11	-3.875

3. 防渗工程施工情况

P5 剖面处一共有五排孔，中间三排为旋喷桩，两边为泥浆孔，旋喷桩间距 0.5m，泥浆孔间距 1.2m，泥浆孔注浆的时间与第一排旋喷桩孔相同。

5 月18—23 日第一排及第二排的一部分高压旋喷桩注浆（位于 P4 一侧，P6 一侧未注）。6 月 8—9 日灌注第二排的另一部分旋喷桩（即 P5 剖面左侧部分）。6 月17—19 日灌注第三排的高压旋喷桩。灌浆中下侧的浆液渗漏不明显，灌浆时下方岸边湘江内局部水变浑浊，表明注浆对渗流通道进行了有效的填充和封堵。但在灵渠区内出现一定范围的返浆和浆液聚集，根据灵渠内的返浆情况和可能存在的堤坝深部渗流通道，调整了钻孔深度、注浆压力和旋喷桩注浆方向等，保证对堤坝中下部渗流通道有效封堵。

4. 注浆前后观测数据变化分析

表 7-10 中是选取的典型观测数据，反映了不同时间地下水埋深变化的趋势，如图 7-30 所示，可以看出防渗施工后秦堤堤内地下水位显著降低，有效起到防渗作用。

表 7-10 P5 剖面不同位置地下水位典型数据 单位：m

日期	灵渠水位	W5 水位	D5 水位	D6 水位	湘江水位	备注
2014 年 5 月 15 日	0.665	1.905	2.096	2.696	4.030	未灌注旋喷桩
2014 年 5 月 28 日	0.665	3.405	3.268	3.641	4.100	灌注一排半旋喷桩后
2014 年 6 月 15 日	0.645	3.665	3.503	3.720	4.235	灌注两排旋喷桩后
2014 年 6 月 27 日	0.690	3.845	3.462	3.530	4.055	灌注三排旋喷桩后

7.2.6 P6 剖面

1. 渗水情况

由于 P6 剖面处秦堤外侧与湘江距离较远，中间为宽阔的湘江一级阶地，

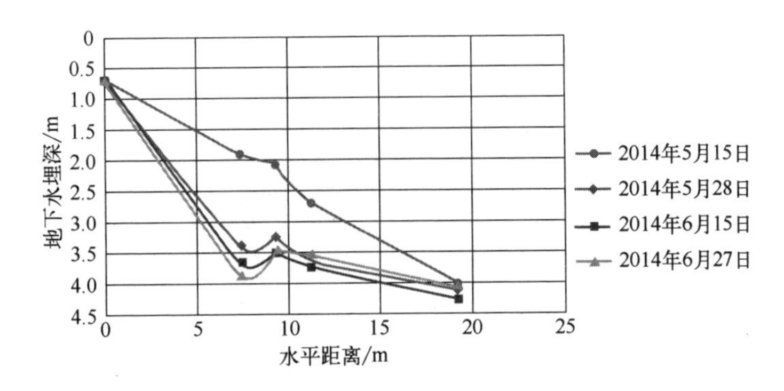

图 7-30　P5 剖面地下水位变化趋势

所以该处渗水不很明显，地表看不出明显的漏水点，但附近的地面塌陷还是较多的。

2. 水位监测

在 P6 剖面布置一个观察点，为 PVC 管地下水位观察孔（W6）。2014 年 7 月 7 日下午开始进行 P6 剖面观测点的布设，7 月 8 日上午将 W6 埋设完毕。

W6 与灵渠岸边观测点距离为 7.19m，与河沟岸边观测点距离为 28.14m，与湘江岸边观测点距离为 65.59m。各观测点相对高差见表 7-11。

表 7-11　P6 剖面各观测点相对高差

位置	观测孔 W6 孔口为基准点	灵渠岸边观测点	河沟岸边观测点	湘江岸边观测点
相对高差/m	0	-1.25	-4.44	-4.49

3. 防渗工程施工情况

P6 剖面附近设置有一排高压旋喷孔。2014 年 7 月 17—18 日进行高压旋喷桩注浆，注浆深度为 10m。注浆时灵渠内和湘江没有发现明显的浆液漏出点，W6 内也没有浆液渗入。钻孔情况显示该段堤坝岩体组成比较均一，分布比较均匀，下方渗流空洞较少，在注浆施工中注浆量一般为理论设计量的 1.3～1.6 倍，是合理的。具体施工情况和施工完成后的情况如图 7-31、图 7-32 所示。

4. 注浆前后观测数据变化分析

表 7-12 中是选取的典型观测数据，反映了不同时间地下水埋深变化的趋势，

如图 7-33 所示，可以看出防渗施工后秦堤堤内地下水位显著降低，有效起到防渗作用。

图 7-31　P6 剖面注浆

图 7-32　P6 剖面注浆完成

表 7-12　P6 剖面不同位置地下水位典型数据　　单位：m

日期	时间	灵渠水位	W6 水位	河沟水位	湘江水位	备注
2014 年 7 月 9 日	11:30	1.262	2.18	4.48	4.60	未注浆
2014 年 7 月 18 日	14:30	1.370	2.40	4.46	4.89	未停水注浆时
2014 年 7 月 28 日	14:30	1.385	3.60	4.45	4.83	注浆完成后
2014 年 8 月 10 日	8:30	1.345	4.02	4.44	4.94	注浆完成后

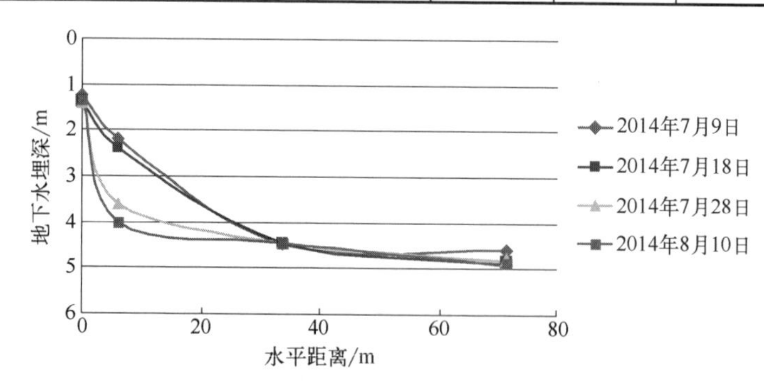

图 7-33　P6 剖面地下水位变化趋势

7.2.7　P7 剖面

1. 渗水情况

P7 剖面处有一明显的渗水出露点（图 7-34），并且在剖面附近塌陷较严重，如图 7-35 和图 7-36 所示。

图 7-34　墙后渗水出露点

图 7-35　P7 剖面附近塌陷（一）

图 7-36　P7 剖面附近塌陷（二）

2. 水位观测孔施工

2014 年 7 月 16 日下午开始 P7 剖面观测点的布设。P7 剖面布置有一个观察点，为 PVC 管地下水位观察孔（W7），具体如图 7-37 和图 7-38 所示，7 月 17 日上午埋设完毕。W7 与灵渠岸边观测点距离为 5.1m，与湘江岸边观测点距离为 44.05m。各观测点相对高差见表 7-13。

表 7-13　P7 剖面各观测点相对高差

位置	观测孔 W7 孔口为基准点	灵渠岸边观测点	湘江岸边观测点
相对高差/m	0	-0.165	-4.505

3. 防渗工程施工情况

P7 剖面附近设置有一排高压旋喷孔，2014 年 7 月 23—24 日进行高压旋喷注浆，注浆深度为10m。注浆时，W7内没有浆液渗入，但渗漏点渗水略有浑浊，注浆施工时注浆量一般为理论设计量的1.3～1.5倍（图7-39、图7-40）。

图7-37　P7剖面钻孔

图7-38　下PVC管

图7-39　P7剖面注浆完成（一）

图7-40　P7剖面注浆完成（二）

4. 注浆前后观测数据变化分析

表7-14中是选取的典型观测数据，反映了不同时间地下水埋深的变化趋势，如图7-41所示，可以看出防渗施工后秦堤堤内地下水位显著降低，有效起到防渗作用。

表7-14　P7剖面不同位置地下水位典型数据　　单位：m

日期	时间	灵渠水位	W7水位	湘江水位	备注
2014年7月22日	14:30	1.055	1.75	4.725	未注浆
2014年7月23日	14:30	1.04	4.095	4.765	未停水注浆时
2014年7月29日	8:30	1.07	4.135	4.675	注浆完成后
2014年8月12日	17:30	1.075	4.20	4.565	注浆完成后

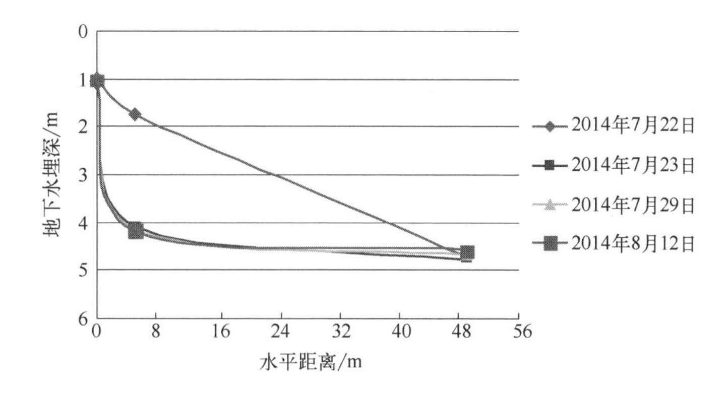

图 7-41　P7 剖面地下水位变化趋势

7.2.8　P8 剖面

1. 渗水情况

P8 剖面处有一处明显的渗水点（图 7-42）。

2. 水位观测孔施工

P8 剖面布置有三个观察点，包括一个地下水位观测孔 W8 和两个孔隙水压力计 D7、D8。2014 年 7 月 21 日下午开始观测点的布设。先埋设的是靠近湘江的孔隙水压力计，7 月 22 日上午埋设第二个孔隙水压力计和 PVC 管。

图 7-42　墙后渗水点

各观测点水平间距：灵渠岸边观测点与 W8 距离为 5.8m，W8 与 D7 距离为 1.5m，D7 与 D8 距离为 2m，D8 与湘江岸边观测点距离为 10.8m。各观测点相对高差见表 7-15（设定观测孔孔口标高为 0m）。

表 7-15　P8 剖面各观测点相对高差

位置	观测孔 W8 孔口为基准点	灵渠岸边观测点	D7	D8	湘江岸边观测点
相对高差/m	0	0.13	-0.14	-0.31	-4.32

3. 施工情况

P8 剖面附近设置有一排高压旋喷桩，2014 年 10 月 17—18 日进行注浆，深度为10m。注浆时观察孔W8内没有浆液渗入，渗水点没有浆液流出，注浆时渗水点出现渗水混浊。

4. 注浆前后观测数据变化分析

表7-16中是选取的典型观测数据，反映了不同时间地下水埋深变化的趋势，如图7-43所示，可以看出防渗施工后秦堤堤内地下水位显著降低，有效起到防渗作用。

表7-16　P8剖面不同位置地下水位典型数据　　单位：m

日期	时间	灵渠水位	W8水位	D7水位	D8水位	湘江水位	备注
2014年7月24日	11:28	0.520	1.940	2.424	2.804	4.375	未注浆
2014年8月18日	8:30	0.495	1.805	3.302	3.241	4.320	未注浆
2014年10月20日	14:30	0.560	1.920	4.374	4.689	4.640	注完浆
2014年10月24日	14:30	0.540	3.070	4.600	4.676	4.630	注完浆

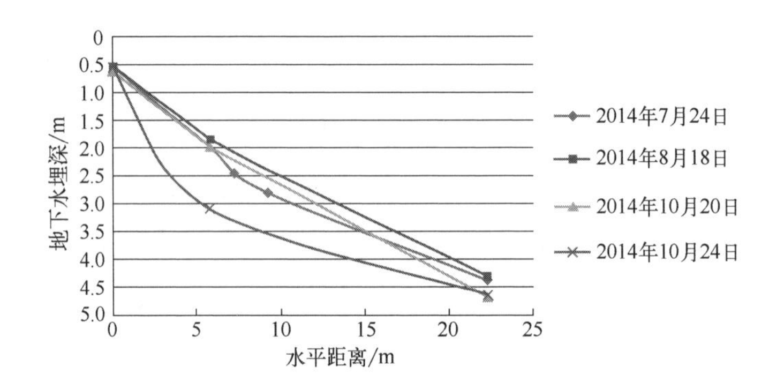

图7-43　P8剖面地下水位变化趋势

7.3 渗水治理效果分析

7.3.1 现场监测数据

为更直观地反映工程措施治理秦堤渗水的效果，在各监测断面不同位置根据施工进程对地下水位的变化进行了详细的监测，表7-17中是P1～P8剖面部分水位监测数据，对应的水位线图如图7-44～图7-51所示。

表 7-17　灌浆前后水位典型数据　　单位：m

剖面	位置	未注浆	灌注完第一排桩	灌注完第二排桩	灌注完第三排桩
P1	灵渠	213.215	213.235	213.165	213.275
	W1	212.110	211.860	210.790	210.335
	D1	212.006	211.790	211.365	211.511
	D2	211.592	211.217	210.635	210.410
	湘江	209.770	209.780	210.135	210.240
P2	灵渠	213.230	213.140	213.105	213.200
	W2	211.580	210.300	210.240	210.285
	湘江	209.990	210.160	210.060	210.225
P3	灵渠	213.400	213.475	213.490	213.480
	W3-1	211.405	213.225	211.665	211.855
	D3	210.751	212.961	210.495	210.593
	W3-2	210.435	210.260	210.175	210.240
	D4	210.429	210.448	210.188	210.207
	湘江	210.059	210.024	210.134	210.184
P4	灵渠	213.250	213.270	213.290	213.200
	W4	210.540	211.050	210.430	210.495
	湘江	209.710	209.820	209.835	210.650
P5	灵渠	212.900	212.925	212.945	212.900
	W5	211.705	210.185	209.925	209.745
	D5	211.221	210.322	210.087	210.128
	D6	210.491	209.949	209.870	210.060
	湘江	209.465	209.490	209.355	209.535
P6	灵渠	213.450	213.455	—	—
	W6	212.410	211.730	—	—
	河沟	210.345	210.360	—	—
	湘江	210.000	209.915	—	—
P7	灵渠	212.455	212.455	—	—
	W7	211.735	209.485	—	—
	湘江	208.785	208.735	—	—
P8	灵渠	212.660	212.670	—	—
	W8	211.240	209.090	—	—
	D7	210.756	208.249	—	—
	D8	210.376	208.638	—	—
	湘江	208.805	208.670	—	—

注：P1～P5 剖面每个剖面有三排桩，P6～P8 剖面每个剖面为一排桩。

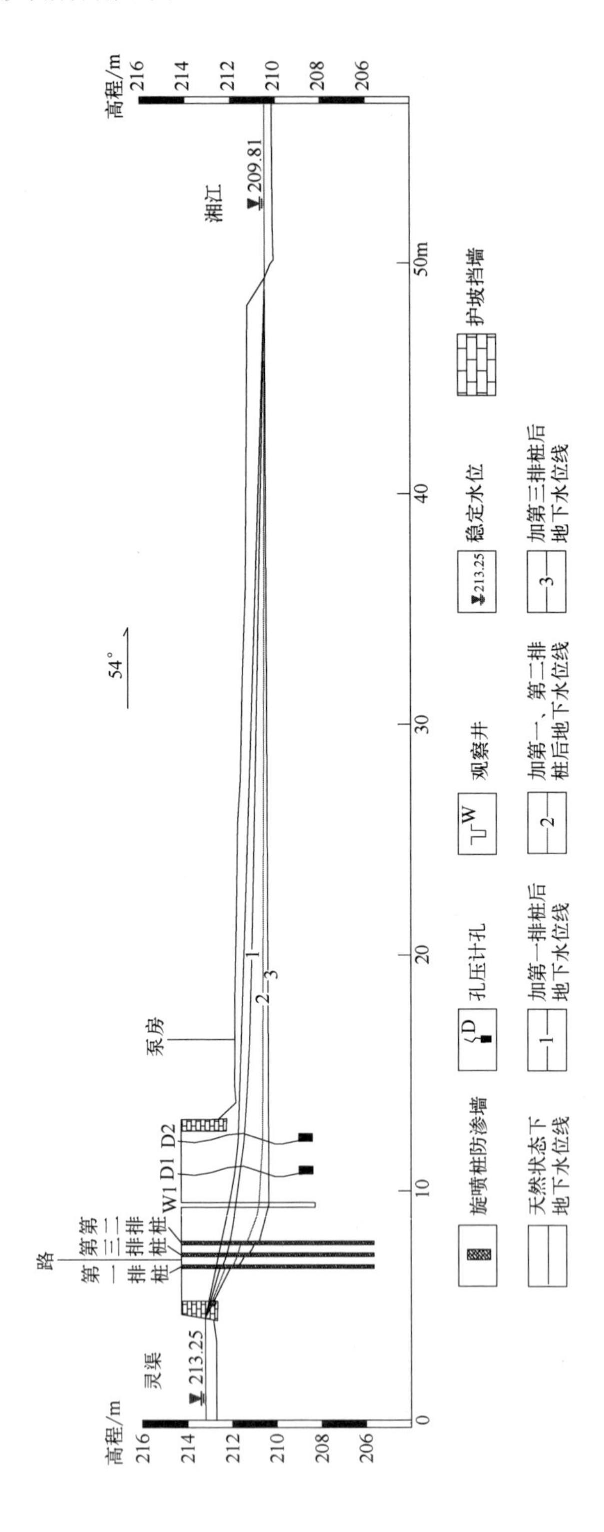

图 7-44 P1 剖面水位示意图

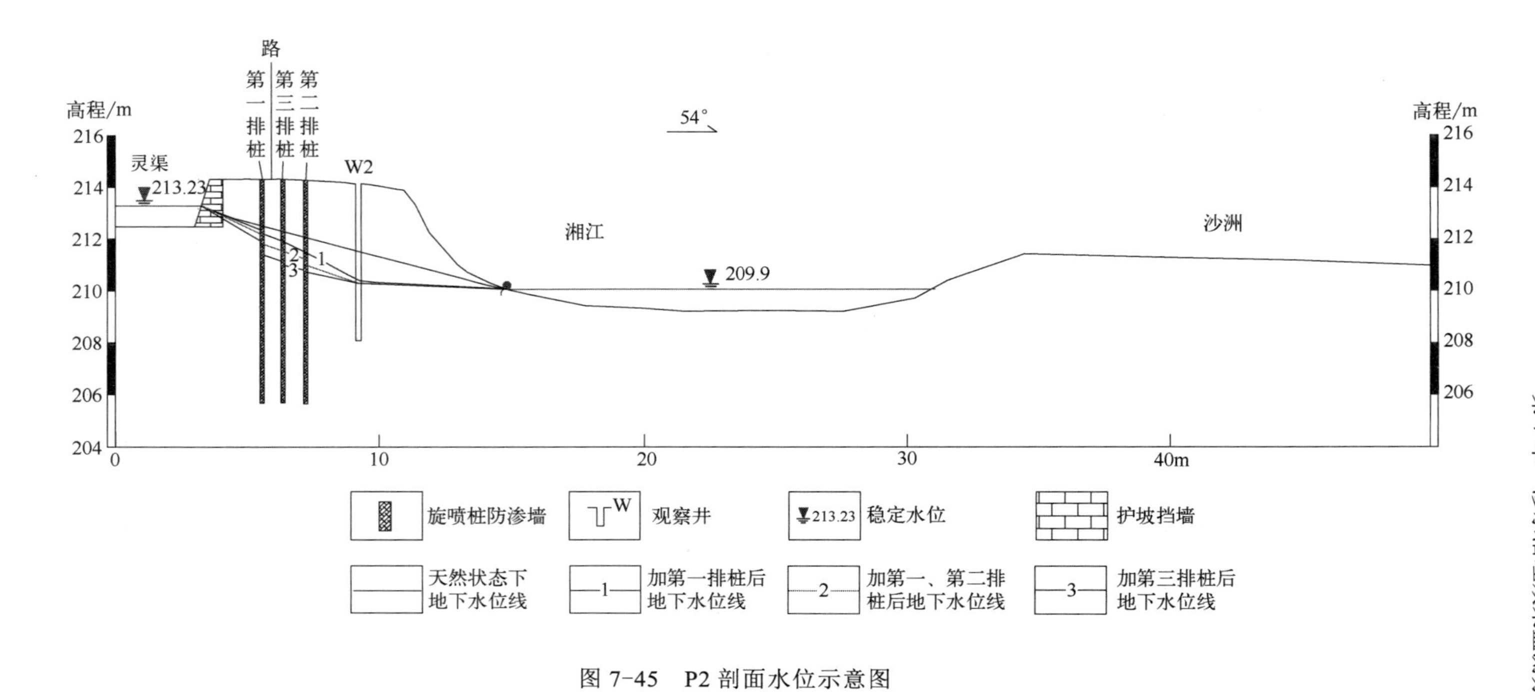

图 7-45　P2 剖面水位示意图

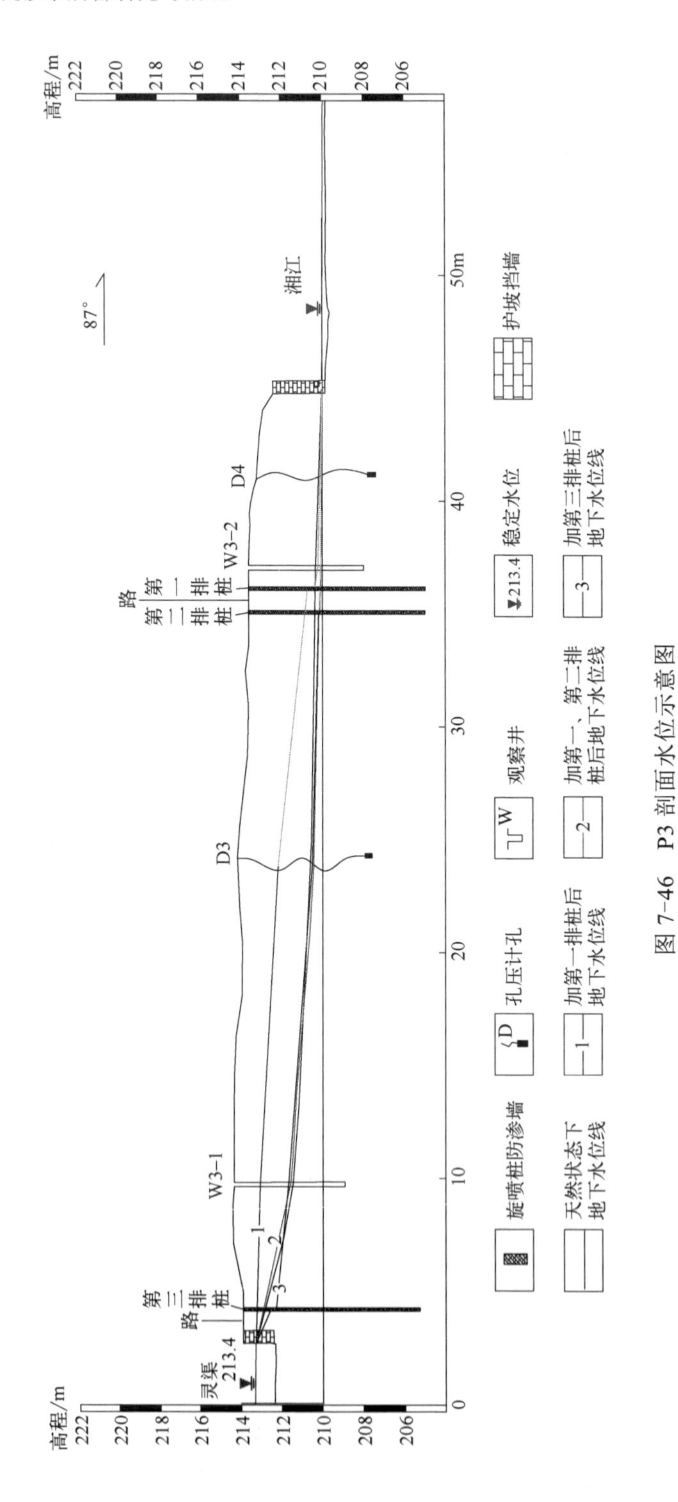

图 7-46 P3 剖面水位示意图

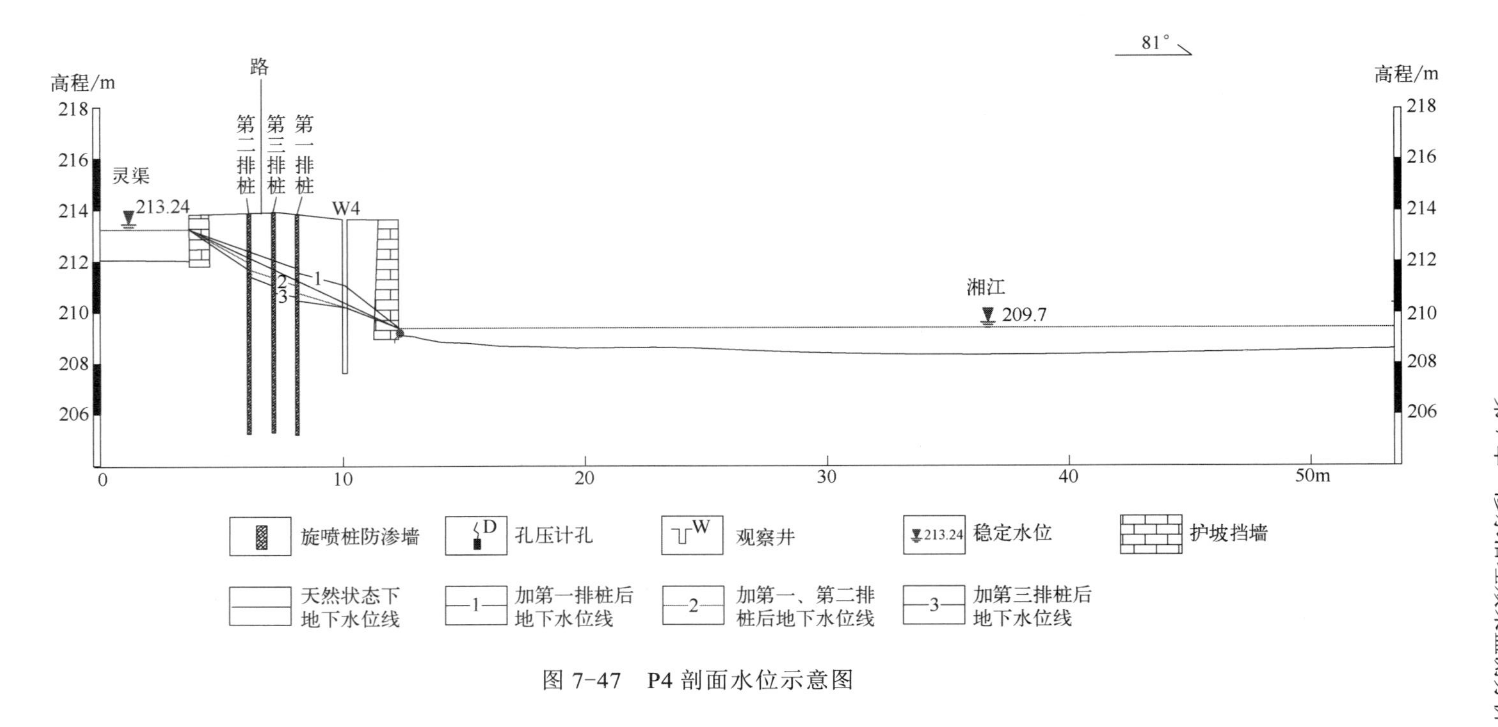

图 7-47　P4 剖面水位示意图

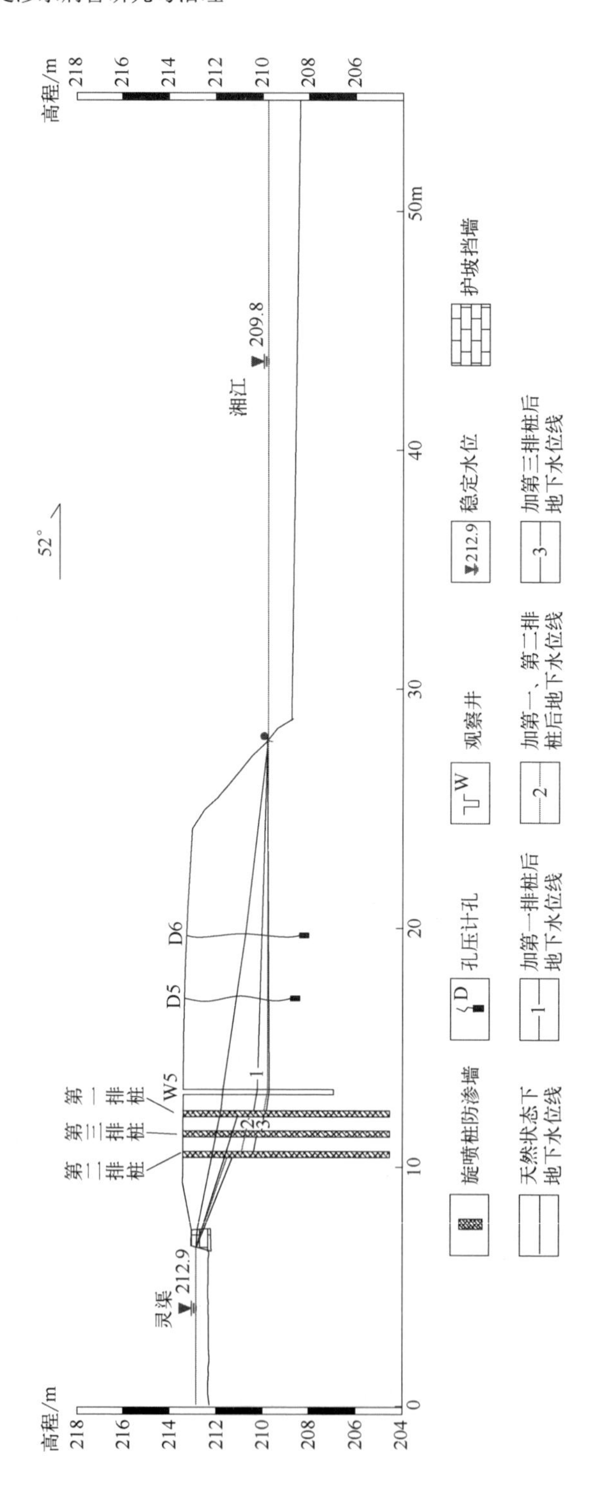

图 7-48 P5 剖面水位示意图

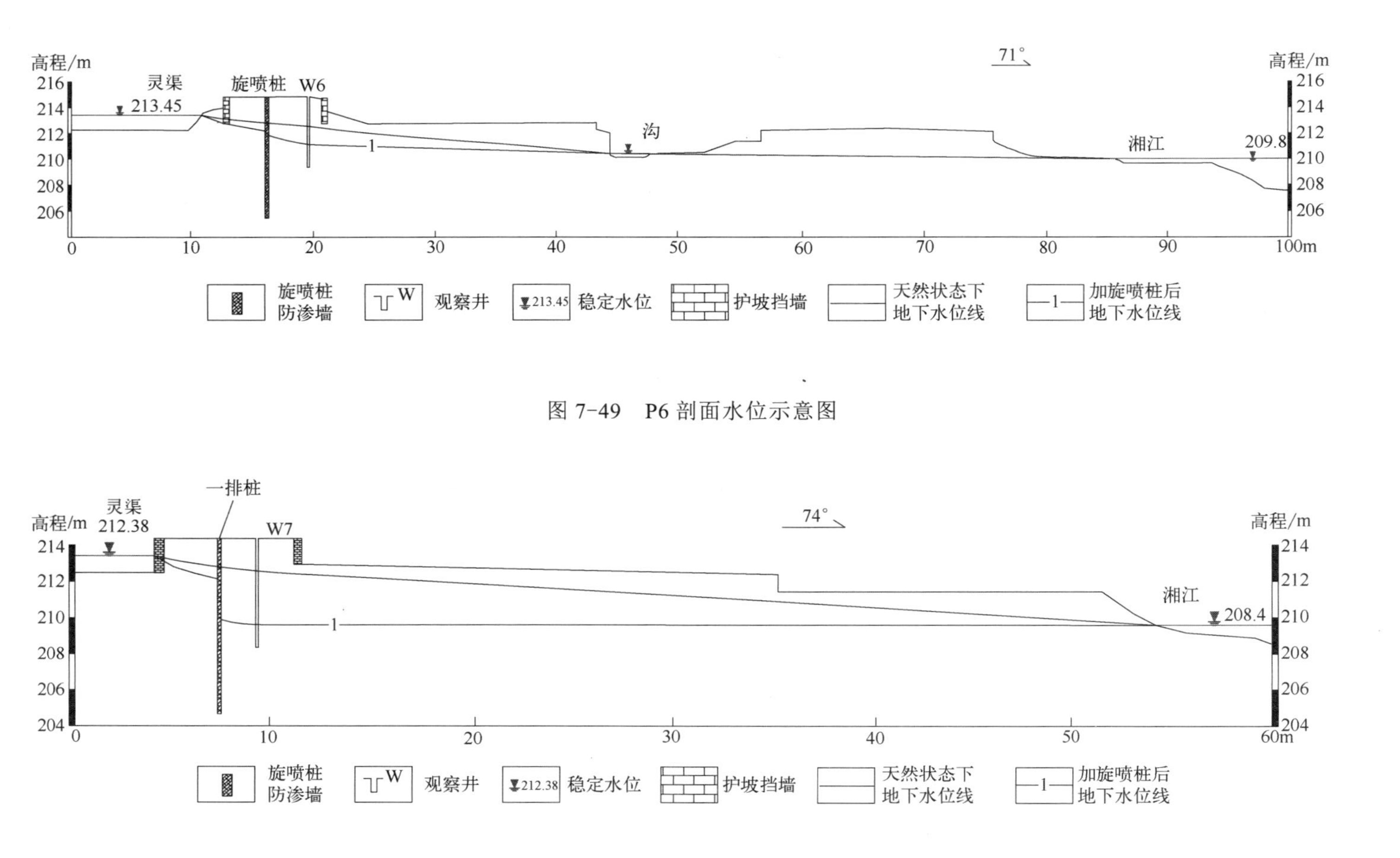

图 7-49　P6 剖面水位示意图

图 7-50　P7 剖面水位示意图

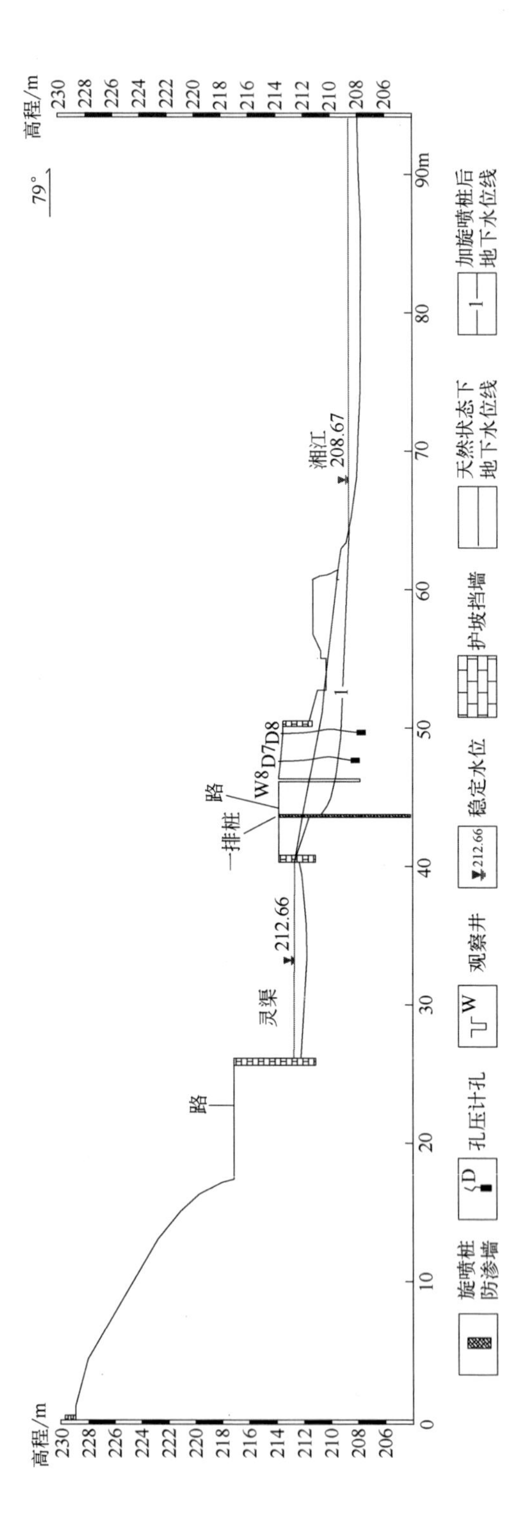

图 7-51 P8 剖面水位示意图

从上述监测数据和地下水位变化曲线可以看出，在旋喷桩施工前，秦堤地下水位由灵渠到湘江逐渐降低，且基本上连续，表明秦堤的透水性较好，渗水严重。在旋喷桩施工后，秦堤内地下水位发生了明显变化，在旋喷桩处地下水位突然降低，灵渠至旋喷桩之间地下水位线基本水平，旋喷桩与湘江之间地下水位也基本水平。对于多排旋喷桩，每增加一排，旋喷桩两侧至灵渠和湘江之间的地下水位更趋于水平，表明防治效果逐步改善。

从实地观察也可以看出，防渗工程治理效果十分明显。P1 剖面渗水十分严重，但旋喷桩施工完毕后原各渗漏点均无流水，如图 7-52～图 7-54 所示。

图 7-52　P1 剖面原渗水点 a

图 7-53　P1 剖面原渗水点 b

P2 剖面第一排旋喷桩施工完毕后，原渗漏点已基本不漏水，三排旋喷桩注浆完成后肉眼已经观察不到渗水。

P3 剖面防渗墙施工后肉眼也观察不到渗水，如图 7-55 所示。

图 7-54　P1 剖面原渗水点 c

图 7-55　原 P3 剖面渗水处

P4 剖面附近渗水点在防渗墙施工后无明显渗水，如图 7-56 和图 7-57 所示。

图 7-56　P4 剖面原挡墙根处渗水点 a　　　　图 7-57　P4 剖面原挡墙根处渗水点 b

P5～P8 剖面防渗墙施工完成后原渗水点均无明显渗水，如图 7-58 和图 7-59 所示。

图 7-58　P5 剖面原渗水点 a

图 7-59　P5 剖面原渗水点 b

监测结果表明，旋喷桩形成的防渗墙防渗效果理想，秦堤内渗水量显著降低，达到治理工程的效果。

7.3.2　监测数值模拟分析

1. P1 剖面

P1 剖面处共设置了三排旋喷桩，根据具体工况，旋喷桩的施工顺序为第一排、第三排、第二排，在 Visual Modflow 中，采用边界条件下的 wall 模块模拟桩，厚度设为 0.6m，深度为地面以下 8m。其数值模拟的分析结果如图 7-60～图 7-65 所示。

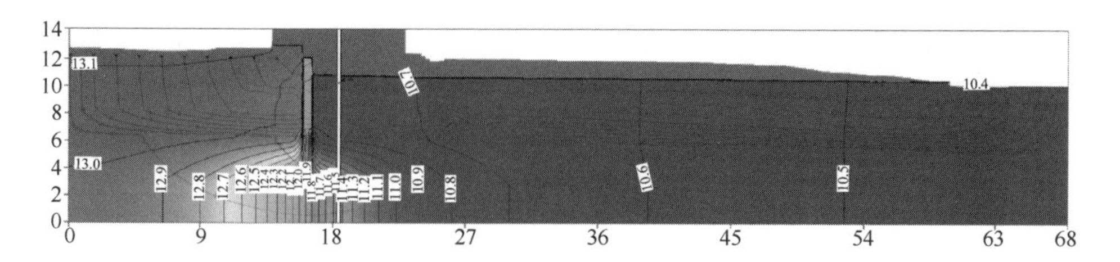

图 7-60　第一、三排旋喷桩流线、水头等值线图

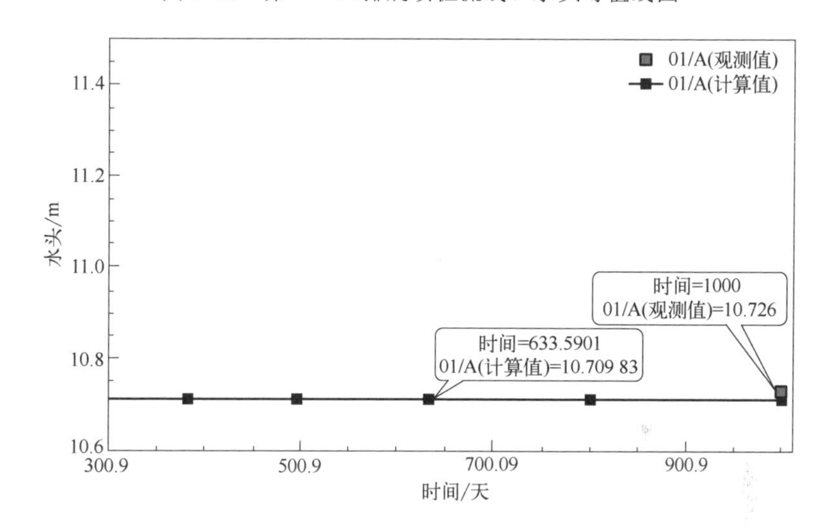

图 7-61　加第一、三排旋喷桩后 W2 地下水位

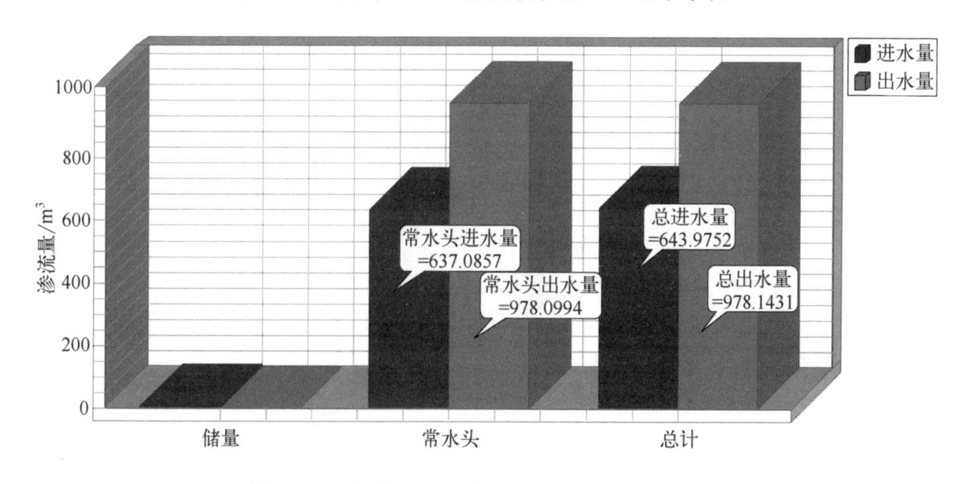

图 7-62　加第一、三排旋喷桩后进出水流量

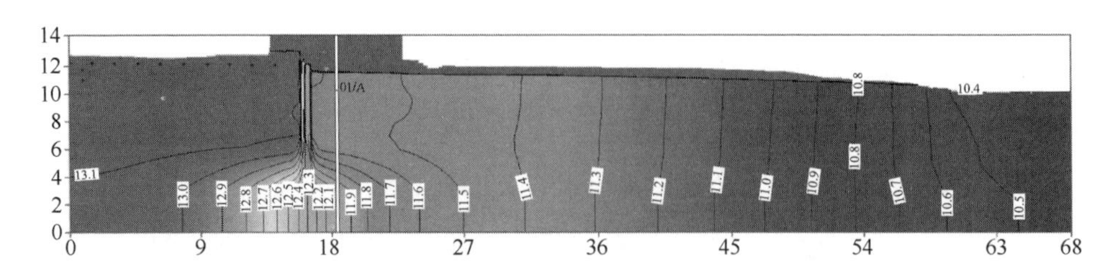

图 7-63 加第一、三、二排旋喷桩后流线、水头等值线图

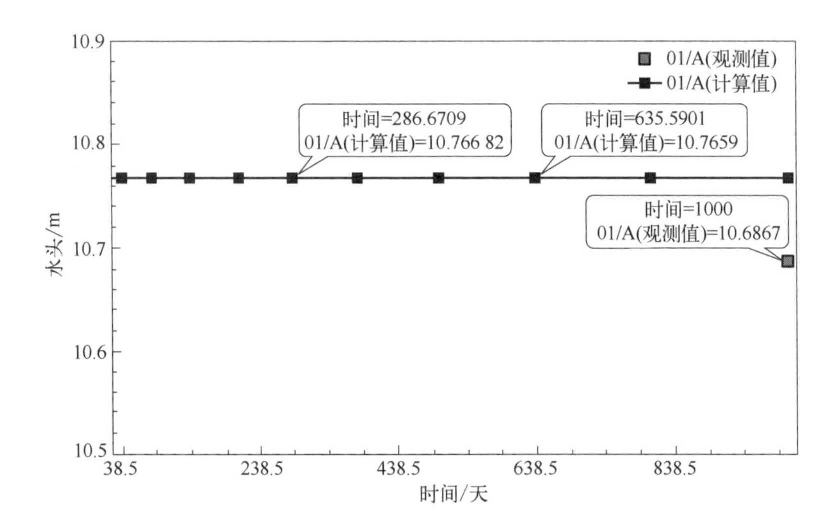

图 7-64 加第一、三、二排旋喷桩后 W2 地下水位

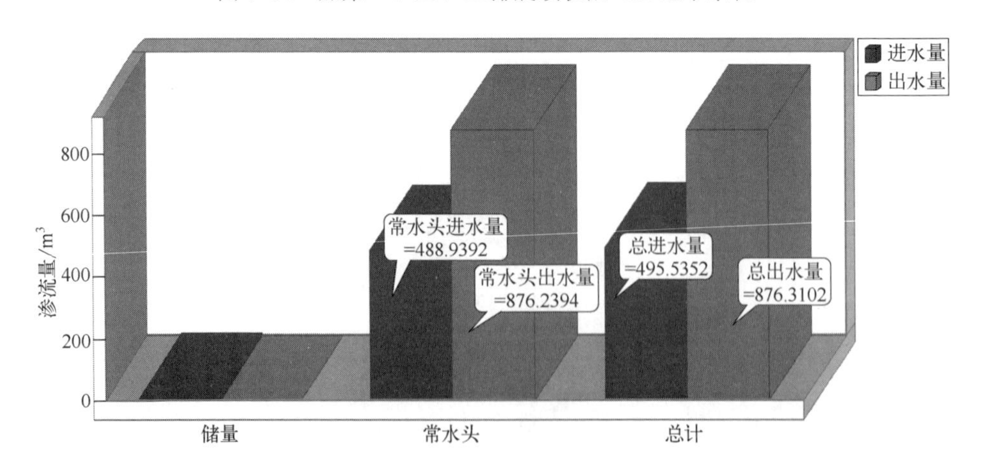

图 7-65 加第一、三、二排旋喷桩后进出水量

设置防渗墙后，防渗墙嵌于下伏中风化灰岩层顶部，被防渗墙阻隔的黏土层和砂卵石层与下部基岩一样，基本认为是隔水的，从而渗漏路径延长，渗透坡降减小。从施工旋喷桩后的渗流场特征分布图可以看出，因防渗墙的阻水作用，桩周围的水头线明显变密，间距变小，水头损失主要发生在防渗墙中，地下水位明显降低，基本与湘江水位相平，防渗墙阻断了部分渗漏通道，使渗漏路径改变。

从定量的角度验证设置防渗墙对渗流场的影响，不同工况下秦堤渗漏量见表7-18。加两排旋喷桩后，有效减少了流入的渗漏量约 81%；加三排旋喷桩后，有效减少了流入的渗漏量约 86%，起到了明显的防渗阻水作用。如表 7-19 所列，W2 计算水位和观测水位误差在 0.07%～0.74%，表明模型是可靠的。

表 7-18　不同工况下秦堤的渗漏量

项目	天然状态	加第一、三排旋喷桩后	加第一、三、二排旋喷桩后
进水量/（m^3/天）	3.362	0.638	0.484
出水量/（m^3/天）	5.531	0.962	0.874

表 7-19　W1 水位相对高程计算平均值与观测平均值

项目	天然状态	加第一、三排旋喷桩后	加第一、三、二排旋喷桩后
W2 计算平均值/m	12.314	10.726	10.686
W2 观测平均值/m	12.305	10.709	10.766
误差/%	0.07	0.15	0.74

2. P2 剖面

P2 剖面处共设置了三排旋喷桩。根据观测井 W2 的地下水位值，经过反演分析，桩的渗透系数为 2.5×10^{-7}m/s。根据具体工况，旋喷桩的施工顺序为第一排、第三排、第二排，在 Visual Modflow 中，采用边界条件下的 wall 模块模拟桩，厚度设为 0.6m，深度为地面以下 8m。其数值模拟的分析结果如图 7-66～图 7-74 所示。

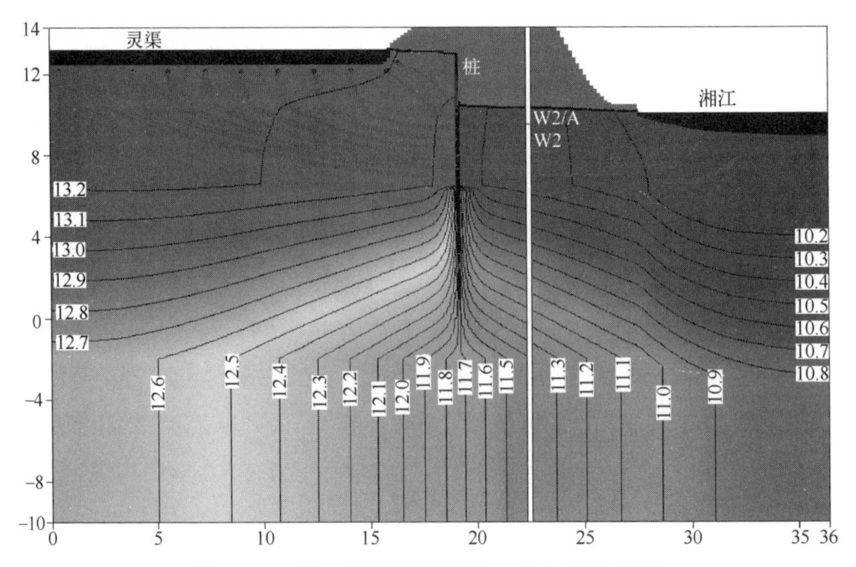

图 7-66　第一排旋喷桩流线、水头等值线图

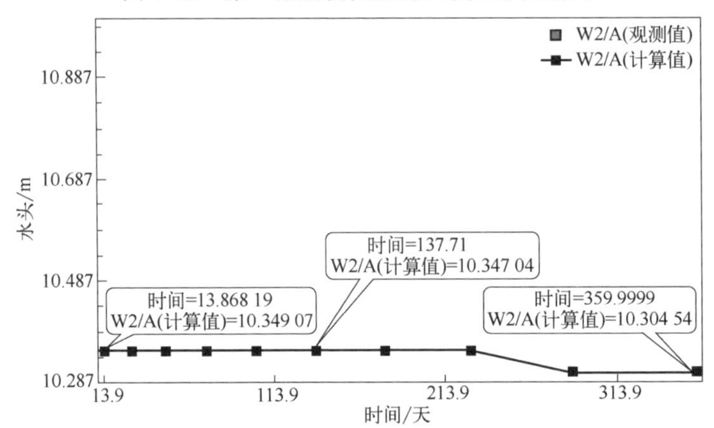

图 7-67　加第一排旋喷桩后 W2 地下水位

注：W2 实际观测数据平均值为 10.30m。

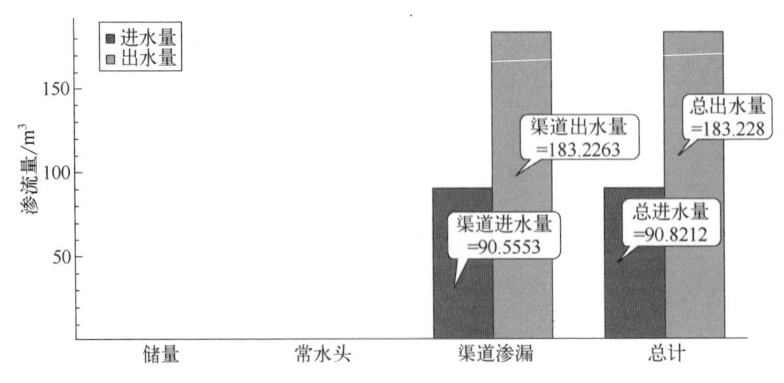

图 7-68　加第一排旋喷桩后进出水流量

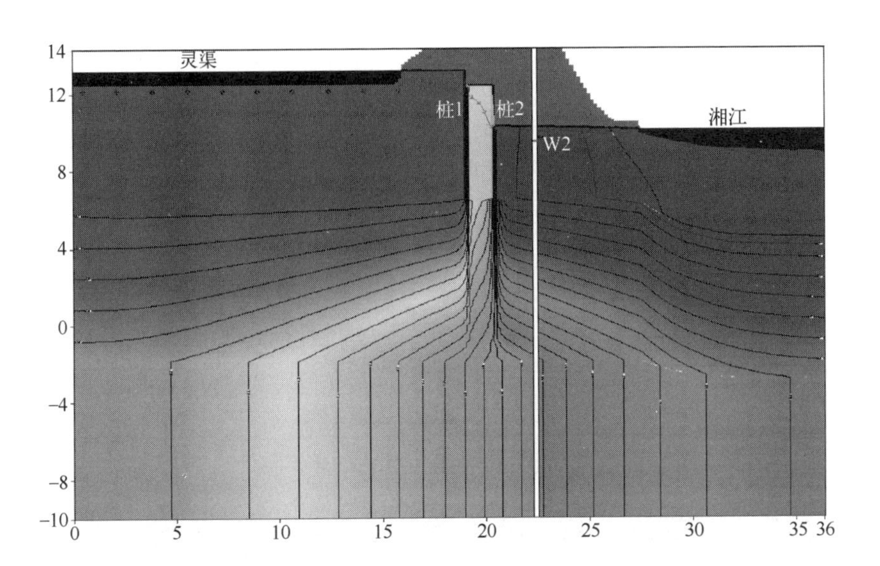

图 7-69　加第一、三排旋喷桩后流线、水头等值线图

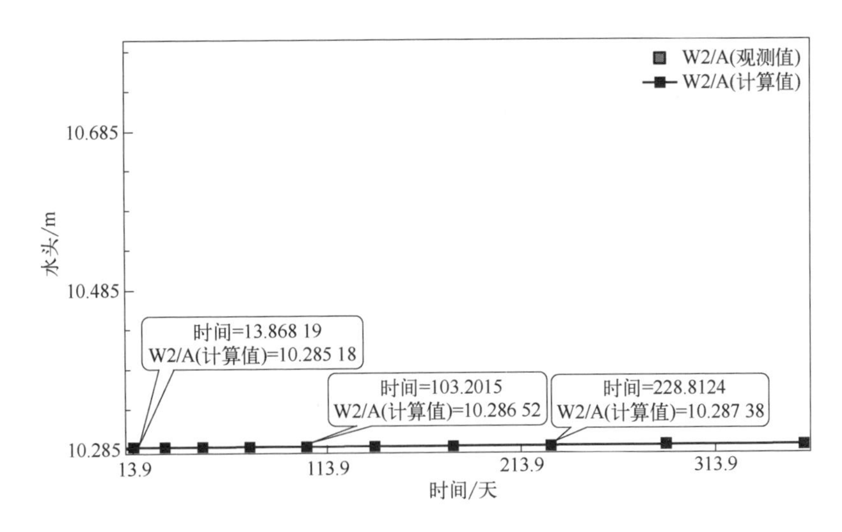

图 7-70　加第一、三排旋喷桩后 W2 地下水位

注：W2 实际观测数据平均值为 210.28m。

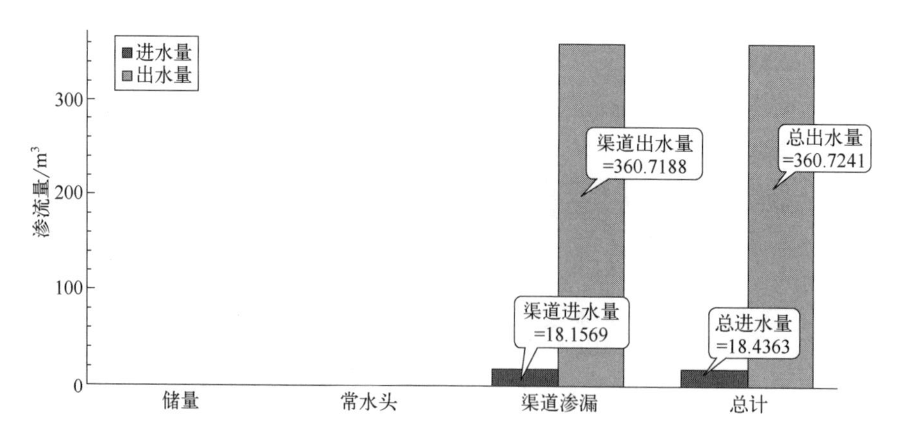

图 7-71　加第一、三排旋喷桩后进出水量

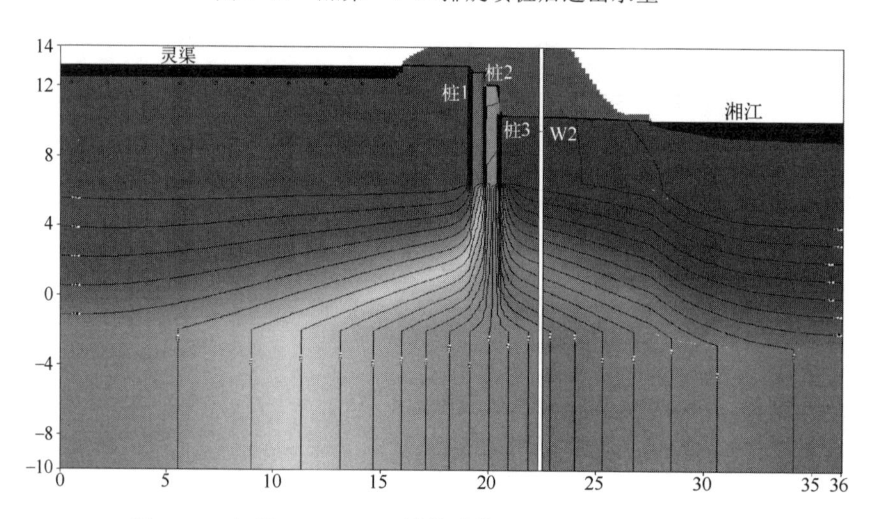

图 7-72　加第一、三、二排旋喷桩后流线、水头等值线图

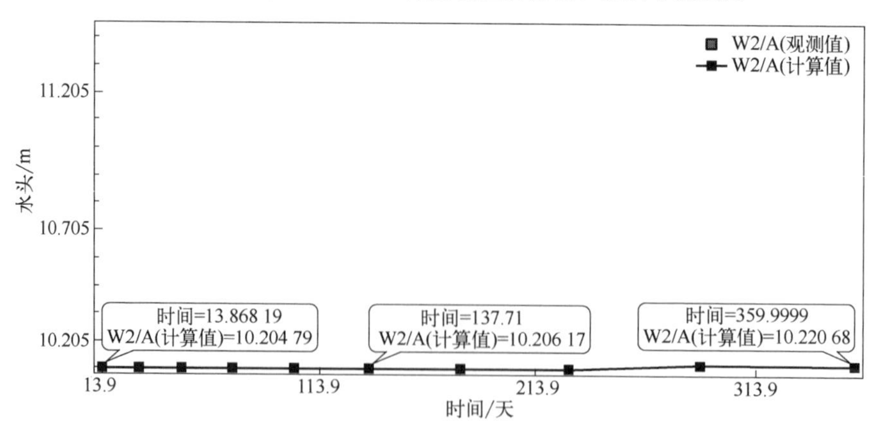

图 7-73　加第一、三、二排旋喷桩后 W2 地下水位

注：W2 实际观测数据平均值为 10.17m。

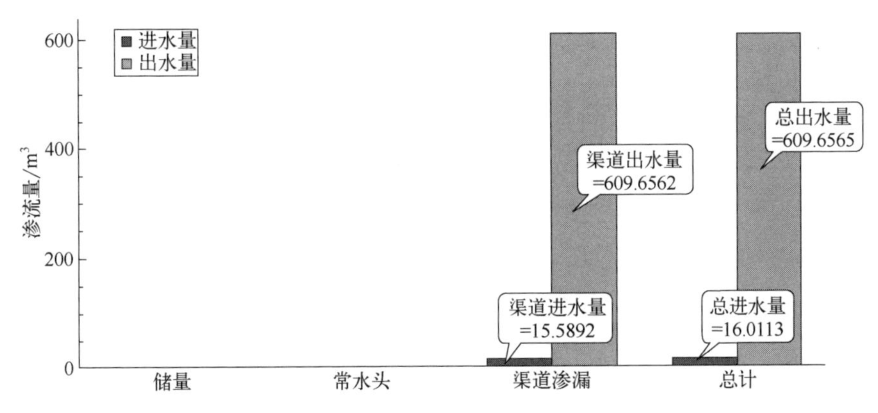

图 7-74　加第一、三、二排旋喷桩后进出水量

从施加旋喷桩后的渗流场特征分布图可以看出，因防渗墙的阻水作用，桩周围的水头线明显变密，间距变小，水头损失主要发生在防渗墙中，地下水位明显降低，基本与湘江水位相平，防渗墙阻断了部分渗漏通道，使渗漏路径改变。

从定量的角度验证设置防渗墙对渗流场的影响，不同工况下秦堤渗漏量见表 7-20。加第一排旋喷桩时，有效减少了流入的渗漏量约 87%；加第二排旋喷桩时，有效减少了流入的渗漏量约 97%；加第三排旋喷桩时，有效减少了流入的渗漏量约 98%，防渗墙起到了明显的防渗阻水作用。

如表 7-21 所列，W2 计算水位和观测水位误差在 0.02%～0.34%，表明模型是可靠的。

表 7-20　不同工况下秦堤的渗漏量

项目	天然状态	加第一排旋喷桩后	加第一、三排旋喷桩后	加第一、三、二排旋喷桩后
进水量/（m³/天）	1.97	0.25	0.05	0.04
出水量/（m³/天）	2.81	0.51	1.00	1.69

表 7-21　W2 计算平均值与观测平均值

项目	天然状态	加第一排旋喷桩后	加第一、三排旋喷桩后	加第一、三、二排旋喷桩后
W2 计算平均值/m	11.432	10.332	10.296	10.213
W2 观测平均值/m	11.434	10.314	10.283	10.178
误差/%	0.02	0.17	0.13	0.34

3. P3 剖面

P3 剖面处共设置了三排旋喷桩。根据具体工况，旋喷桩的施工顺序为第一排、第三排、第二排。在 Visual Modflow 中，采用边界条件下的 wall 模块模拟桩，厚度设为 0.6m，第一排深度为地面以下 10.2m，第二排深度为地面以下 10.3m，第三排深度为地面以下 11m。

数值模拟分析结果如图 7-75～图 7-80 所示。可以看出，因防渗墙的阻水

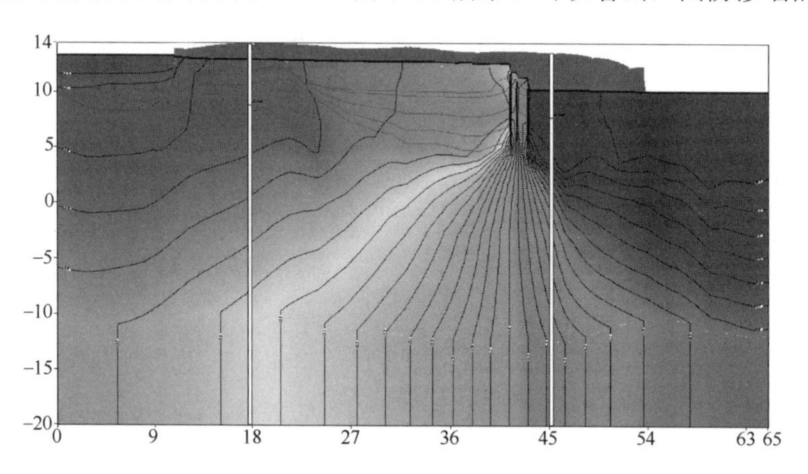

图 7-75　加第三、二排旋喷桩后流线、水头等值线图

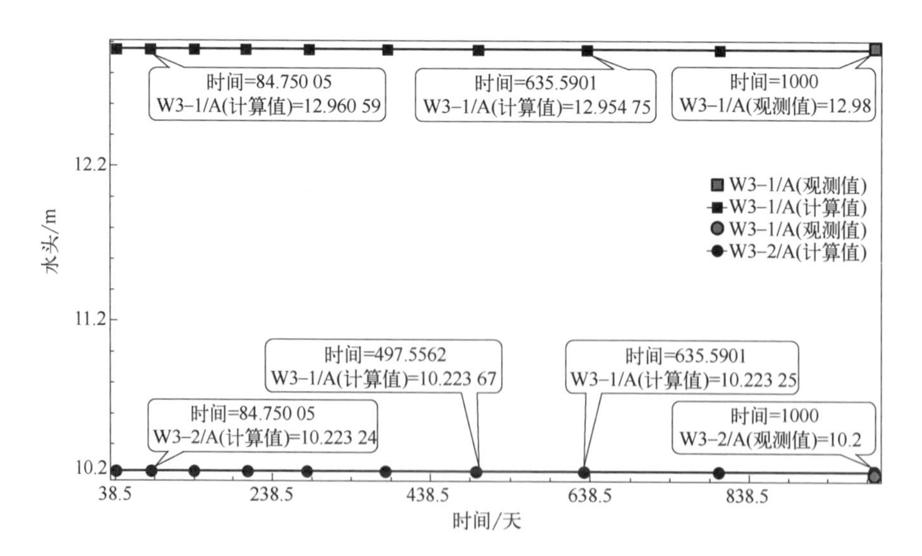

图 7-76　加第三、二排旋喷桩后 W3-1、W3-2 地下水位

作用，桩周围的水头线明显变密，间距变小，水头损失主要发生在防渗墙中，地下水位明显降低，基本与湘江水位相平，防渗墙阻断了部分渗漏通道，使渗漏路径改变。

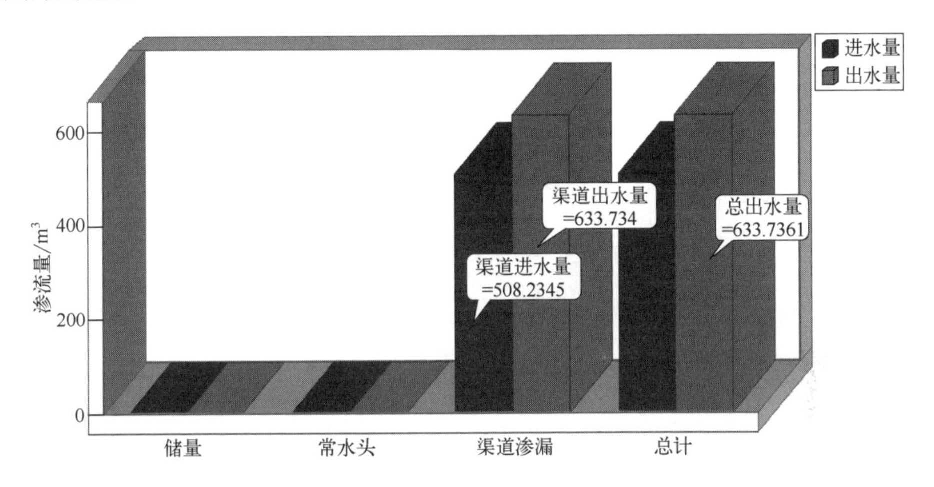

图 7-77　加第三、二排旋喷桩后进出水流量

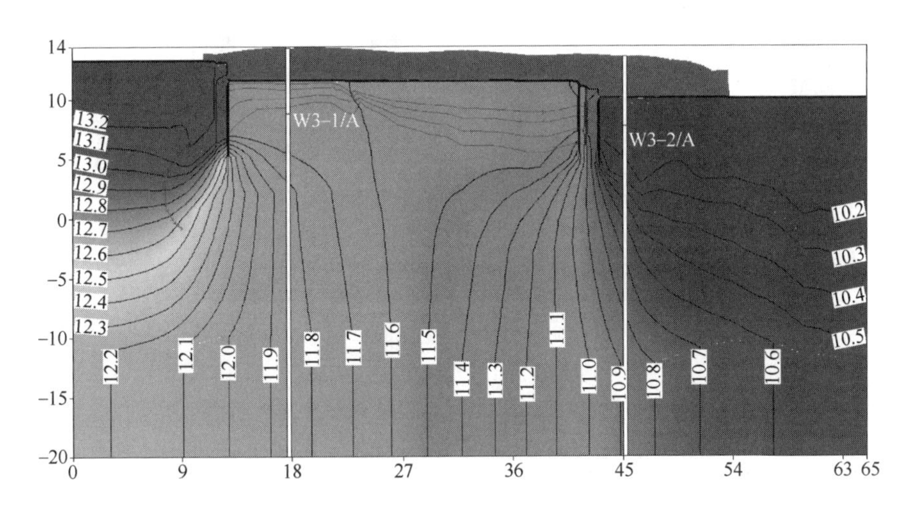

图 7-78　加第三、二、一排旋喷桩后流线、水头等值线图

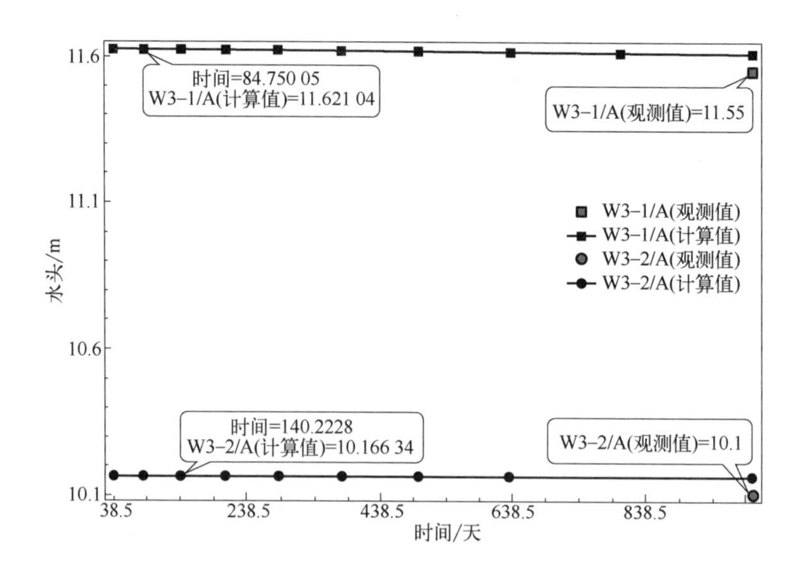

图 7-79 加第三、二、一排旋喷桩后 W3-1、W3-2 地下水位

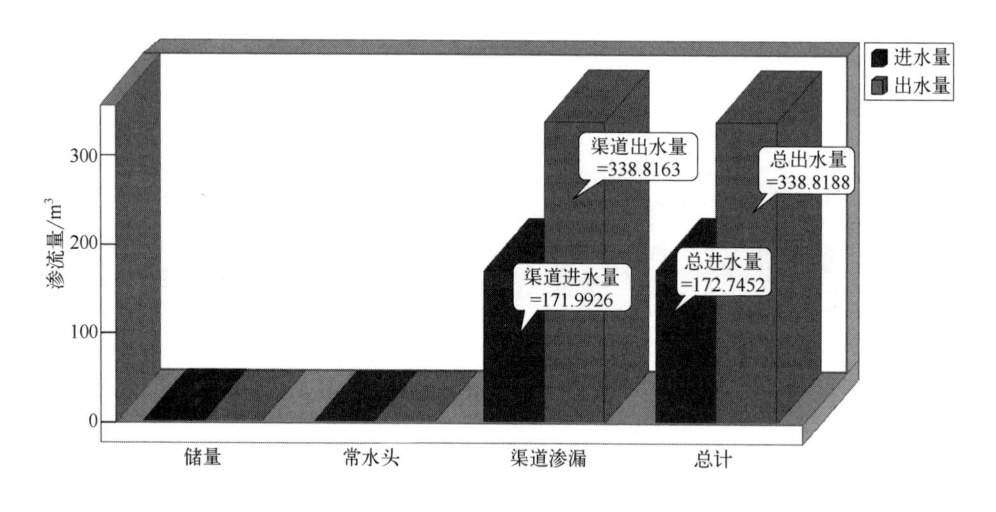

图 7-80 加第三、二、一排旋喷桩后进出水流量

不同工况下秦堤渗漏量见表 7-22。加第三排旋喷桩后，由于施工和地层问题，效果并不明显，注泥浆孔和第二排旋喷桩后发现所测 W3-2、D4 数据也存在问题，于是于 4 月 17 日进行洗孔，洗孔后发现监测数据与理论值符合，加旋喷桩后效果明显。所以，表 7-22、表 7-23 中把第三、二排旋喷桩一起与加第一排旋喷桩后进行比较。加第三、二排旋喷桩时，有效减少了流入的渗漏量约 80.7%；加第一排旋喷桩时，有效减少了流入的渗漏量约 93.3%，防渗墙起到了

明显的防渗阻水作用。如表 7-23 所列，W3-1、W3-2 计算水位和观测水位误差在 0.009%～0.59%，表明模型是可靠的。

表 7-22　不同工况下秦堤的渗漏量

项目	天然状态	加第二、三排旋喷桩后	加第一、二、三排旋喷桩后
进水量/（m^3/天）	2.64	0.51	0.18
出水量/（m^3/天）	2.76	0.63	0.32

表 7-23　W3-1、W3-2 计算平均值与观测平均值

项目	天然状态	加第二、三排旋喷桩后	加第一、二、三排旋喷桩后
W3-1 计算平均值/m	11.50	12.96	11.54
W3-1 观测平均值/m	11.50	12.98	11.54
W3-1 误差/%	0.009	0.180	0.026
W3-2 计算平均值/m	10.56	10.22	10.16
W3-2 观测平均值/m	10.5	10.2	10.1
W3-2 误差/%	0.57	0.20	0.59

4. P4 剖面

P4 剖面处共设置了三排旋喷桩，旋喷桩的施工顺序为第一排、第三排、第二排。在 Visual Modflow 中，采用边界条件下的 wall 模块模拟桩，厚度设为 0.6m，深度为地面以下 6m。其数值模拟的分析结果如图 7-81～图 7-90 所示。

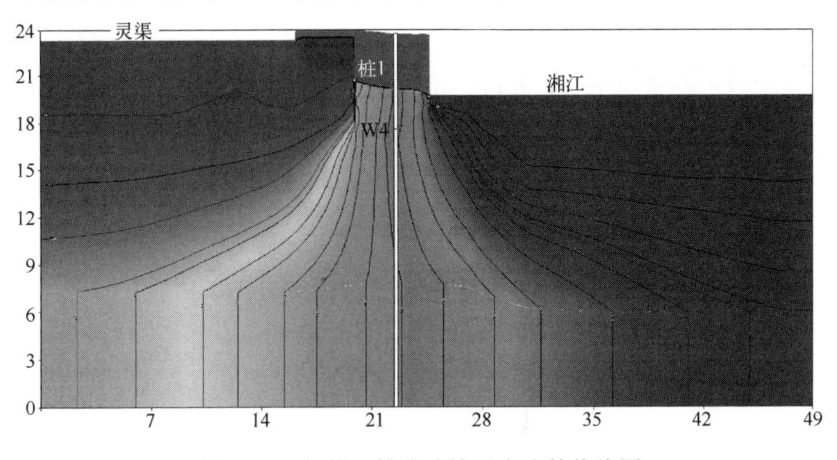

图 7-81　加第一排旋喷桩后水头等值线图

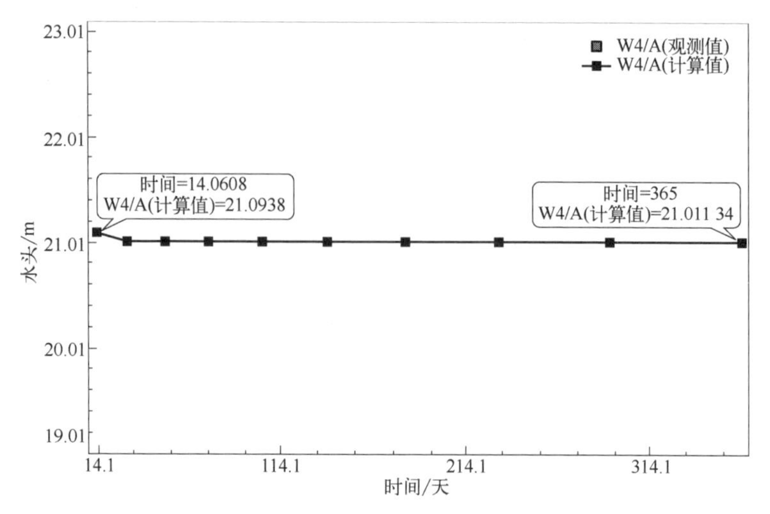

图 7-82 加第一排旋喷桩后 W4 地下水位

注：W4 实际观测数据平均值为 21.017m。

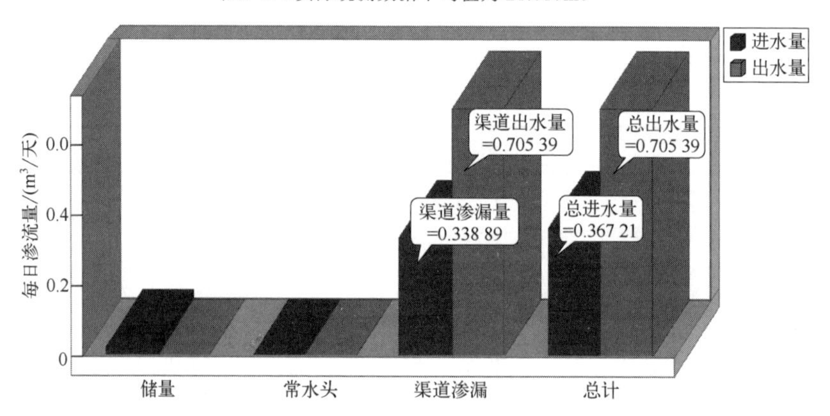

图 7-83 加第一排旋喷桩后进出水流量

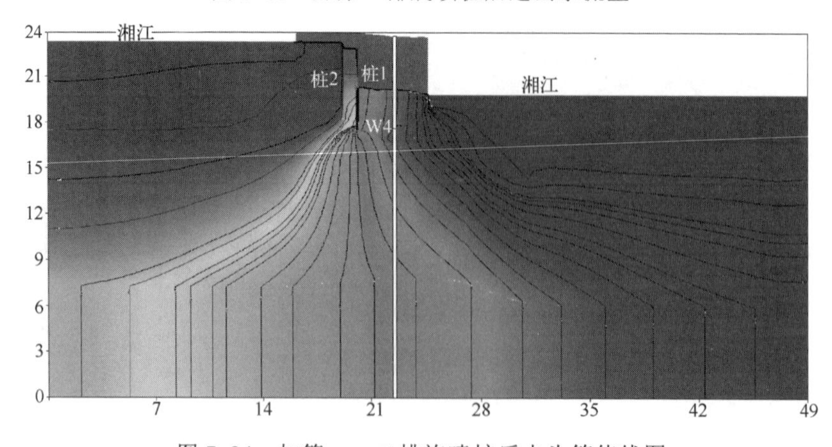

图 7-84 加第一、二排旋喷桩后水头等值线图

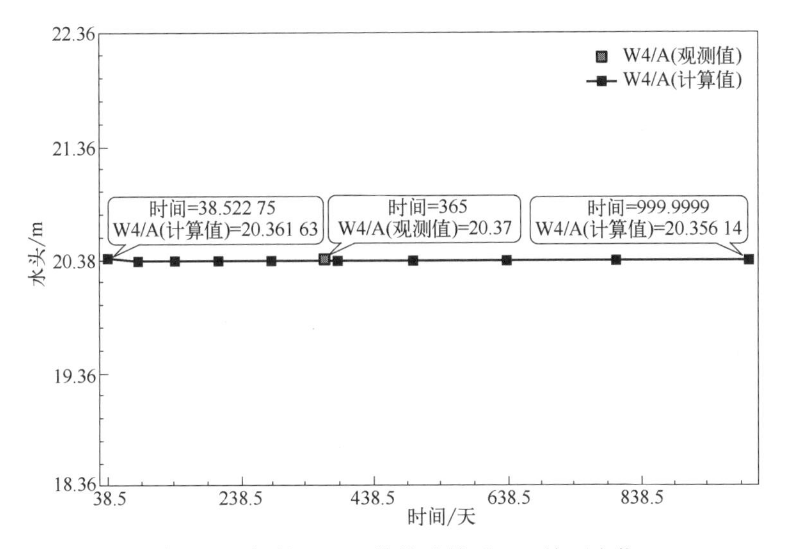

图 7-85　加第一、二排旋喷桩后 W4 地下水位

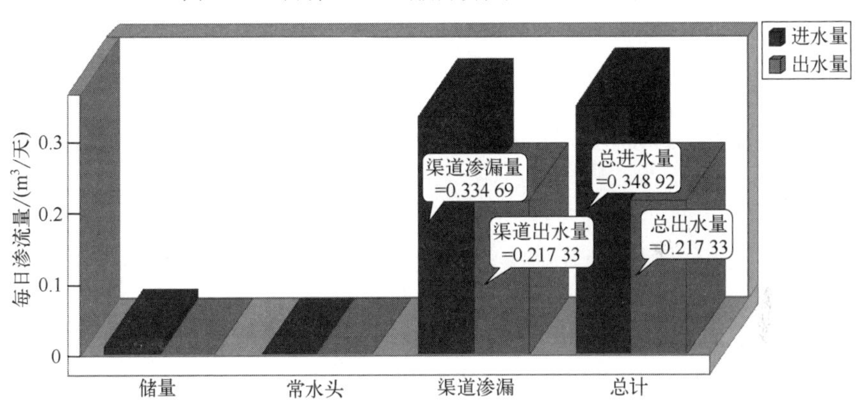

图 7-86　加第一、二排旋喷桩后进出水量

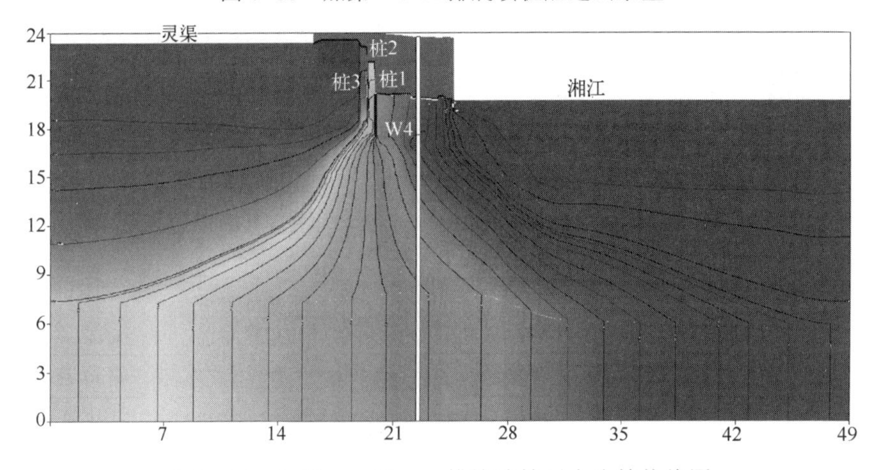

图 7-87　加第一、三、二排旋喷桩后水头等值线图

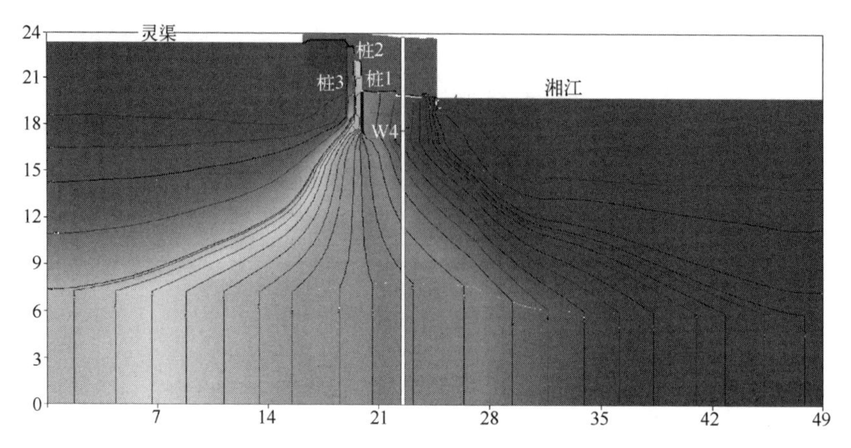

图 7-88 加第一、三、二排旋喷桩后流速图

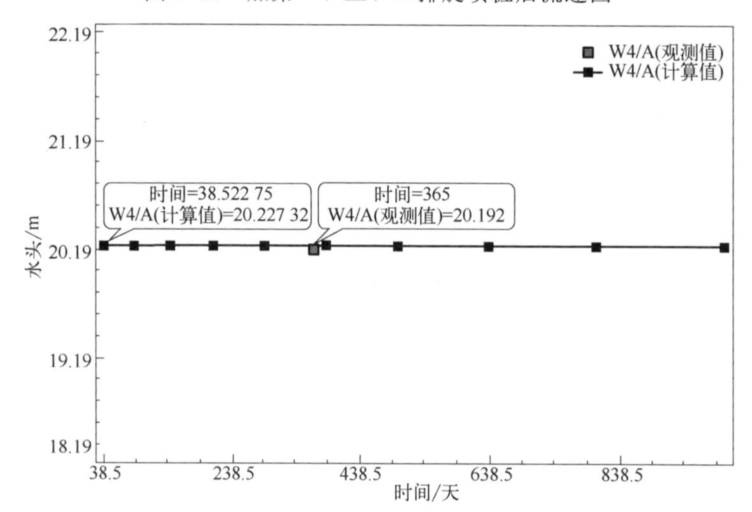

图 7-89 加第一、三、二排旋喷桩后 W2 地下水位

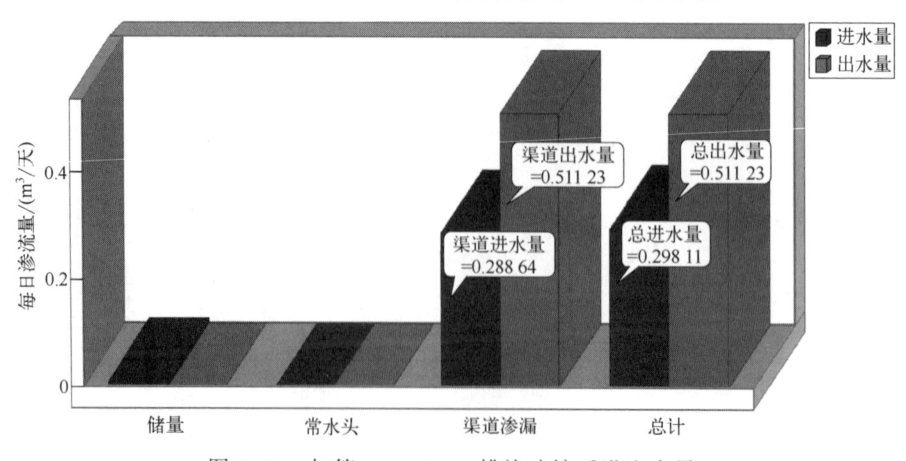

图 7-90 加第一、三、二排旋喷桩后进出水量

由于防渗墙的阻水作用，桩周围的水头线明显变密，间距变小，水头损失主要发生于防渗墙中，地下水位明显降低，最后仍高于湘江水位 22cm。不同工况下秦堤渗漏量见表 7-24。加第一排旋喷桩时，有效减少了流入的渗漏量约 48%；加第二排旋喷桩时，有效减少了流入的渗漏量约 50%；加第三排旋喷桩时，有效减少了流入的渗漏量约 58%。

如表 7-25 所列，W4 计算水位和观测水位误差在 0.024%～0.173%，表明模型是可靠的。

表 7-24　不同工况下秦堤的渗漏量

项目	天然状态	加第一排旋喷桩后	加第一、二排旋喷桩后	加第一、三、二排旋喷桩后
进水量 /（m^3/天）	0.705	0.367	0.349	0.298
出水量 /（m^3/天）	0.900	0.705	0.217	0.511

表 7-25　W4 计算平均值与观测平均值

项目	天然状态	加第一排旋喷桩后	加第一、二排旋喷桩后	加第一、二、三排旋喷桩后
W4 计算平均值/m	20.485	21.011	20.362	20.227
W4 观测平均值/m	20.480	21.017	20.370	20.192
误差/%	0.024	0.028	0.039	0.173

5. P5 剖面

P5 剖面处共设置了三排旋喷桩，施工顺序为第一排、第三排、第二排。在 Visual Modflow 中，采用边界条件下的 wall 模块模拟桩，厚度设为 0.6m，深度为地面以下 8m。其数值模拟的分析结果如图 7-91～图 7-99 所示。可以看出，因防渗墙的阻水作用，桩周围的水头线明显变密，间距变小，水头损失主要发生在防渗墙前，地下水位明显降低，基本与湘江水位相平，防渗墙阻断了部分渗漏通道，使渗漏路径改变。

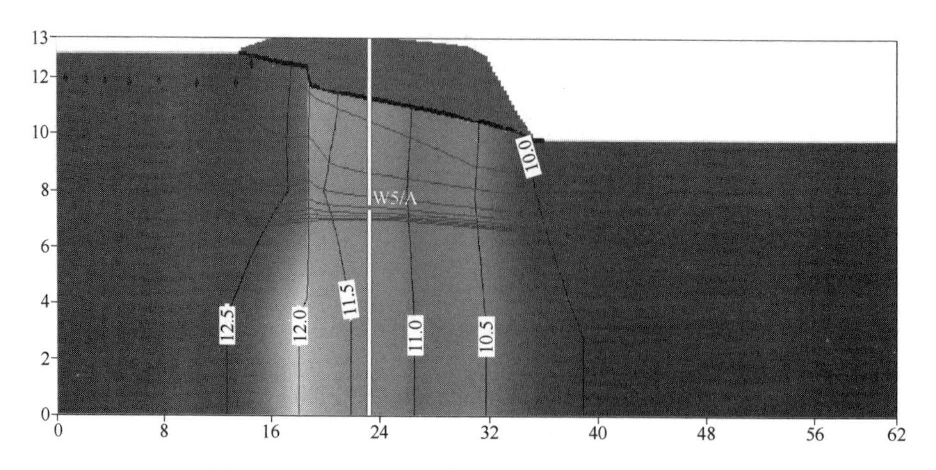

图 7-91 加第一排旋喷桩后流线、水头等值线图

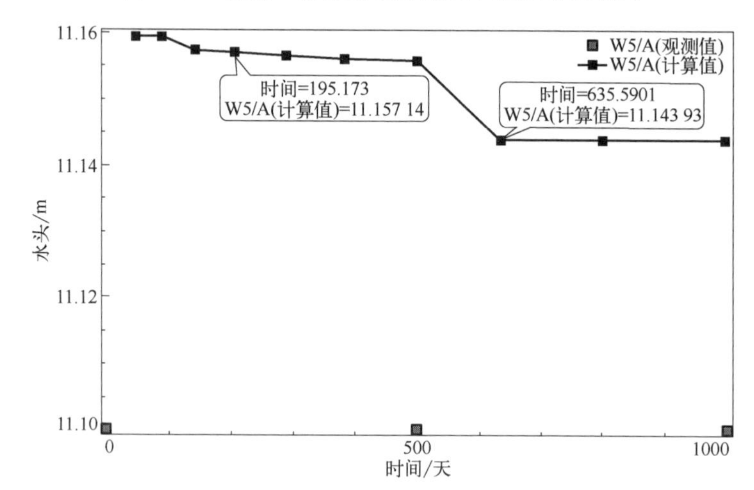

图 7-92 加第一排旋喷桩后 W5 地下水位

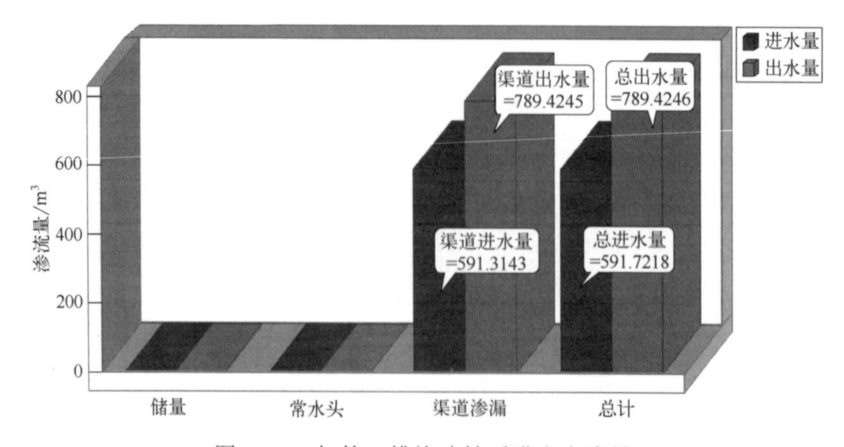

图 7-93 加第一排旋喷桩后进出水流量

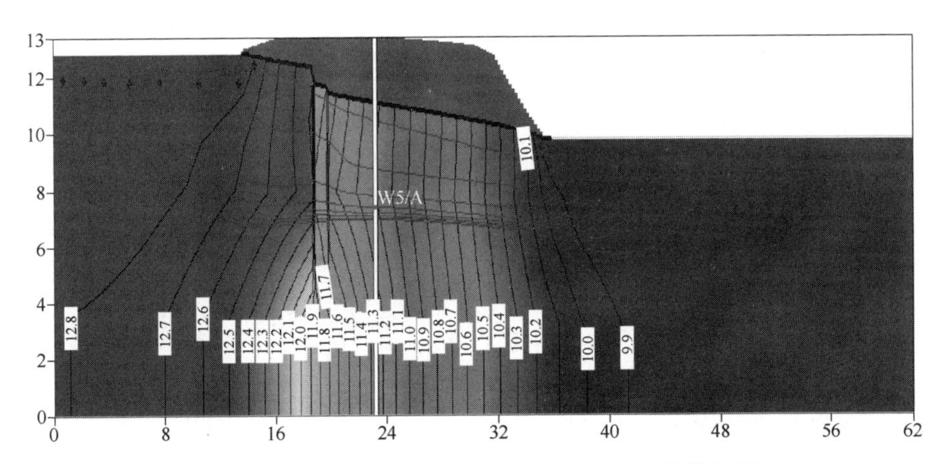

图 7-94　加第一、三排旋喷桩后流线、水头等值线图

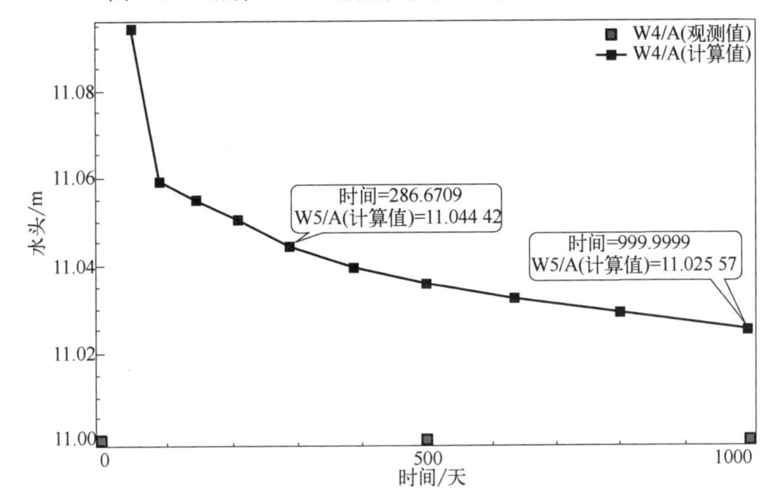

图 7-95　加第一、三排旋喷桩后 W5 地下水位

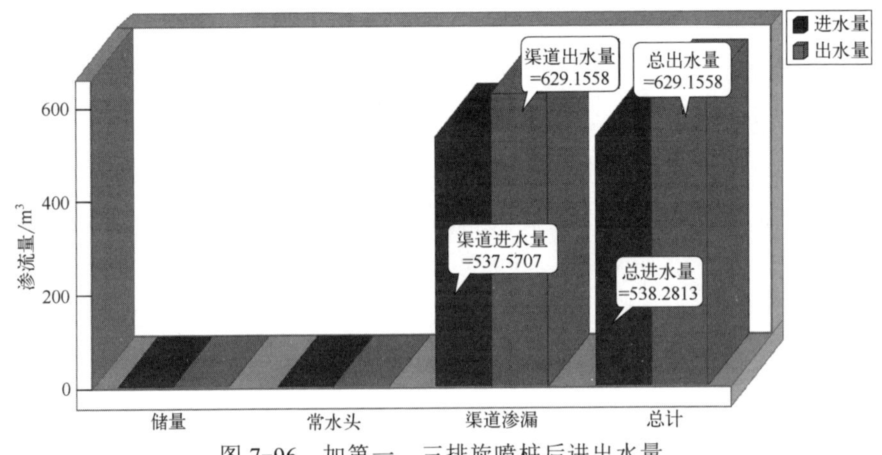

图 7-96　加第一、三排旋喷桩后进出水量

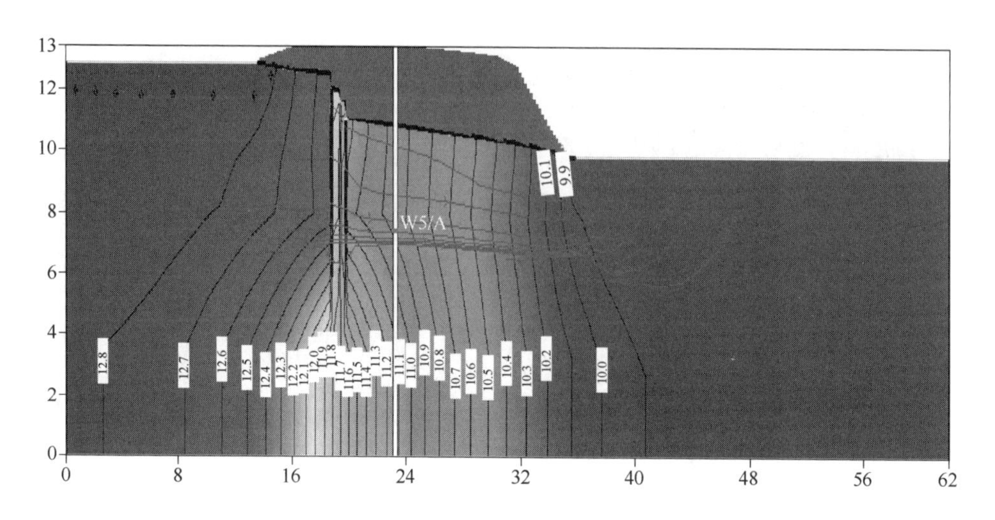

图 7-97　加第一、三、二排旋喷桩后流线、水头等值线图

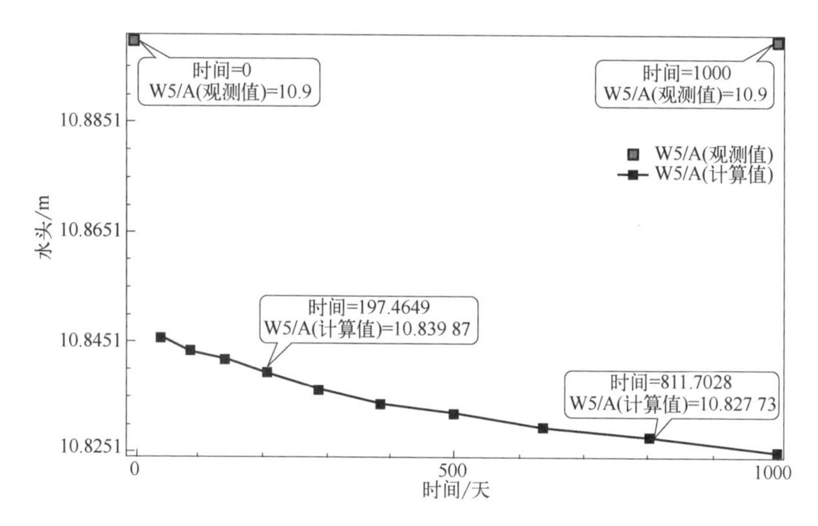

图 7-98　加第一、三、二排旋喷桩后 W5 地下水位

不同工况下秦堤渗漏量见表 7-26。加第一排旋喷桩时，有效减少了流入的渗漏量约 85%；加第二排旋喷桩时，有效减少了流入的渗漏量约 91%；加第三排旋喷桩时，有效减少了流入的渗漏量约 95%，防渗墙起到了明显的防渗阻水作用。

如表 7-27 所列，W5 计算水位和观测水位误差在 0.36%～0.64%，表明模型是可靠的。

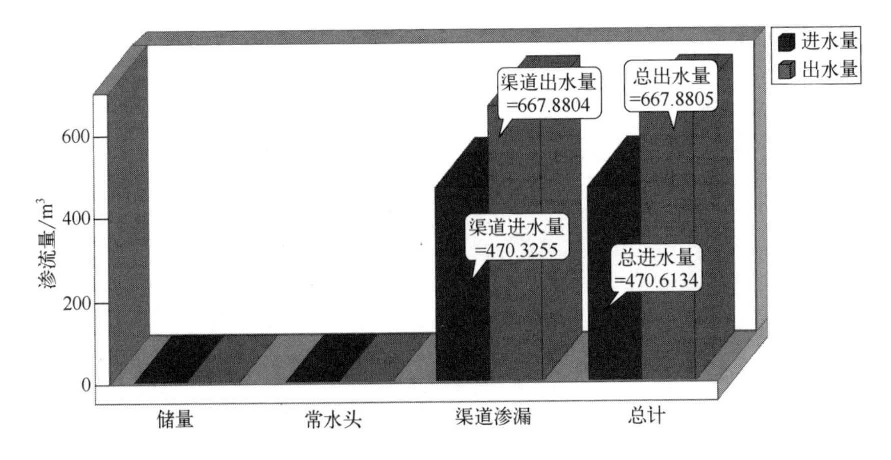

图 7-99　加第一、三、二排旋喷桩后进出水量

表 7-26　不同工况下秦堤的渗漏量

项目	天然状态	加第一排旋喷桩后	加第一、三排旋喷桩后	加第一、三、二排旋喷桩后
进水量/（m^3/天）	1.14	0.60	0.54	0.47
出水量/（m^3/天）	1.25	0.78	0.63	0.57

表 7-27　W5 计算平均值与观测平均值

项目	天然状态	加第一排旋喷桩后	加第一、三排旋喷桩后	加第一、三、二排旋喷桩后
W5 计算平均值/m	11.25	11.15	11.04	10.83
W5 观测平均值/m	11.20	11.10	11.00	10.90
误差/%	0.44	0.45	0.36	0.64

6. P6 剖面

P6 剖面处设置了一排旋喷桩。在 Visual Modflow 中，采用边界条件下的 wall 模块模拟桩，厚度设为 0.6m，深度为地面以下 10m。其数值模拟的分析结果如图 7-100～图 7-102 所示。从施加旋喷桩后的渗流场特征分布图可以看出，因防渗墙的阻水作用，桩周围的水头线明显变密，间距变小，水头损失主要发生在防渗墙中，地下水位明显降低，基本与湘江水位相平，防渗墙阻断了部分

渗漏通道，使渗漏路径改变。

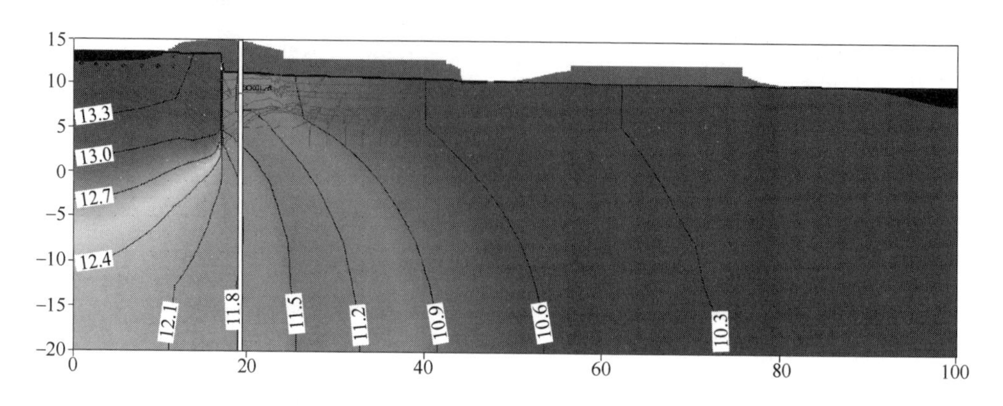

图 7-100　加旋喷桩后流线、水头等值线图

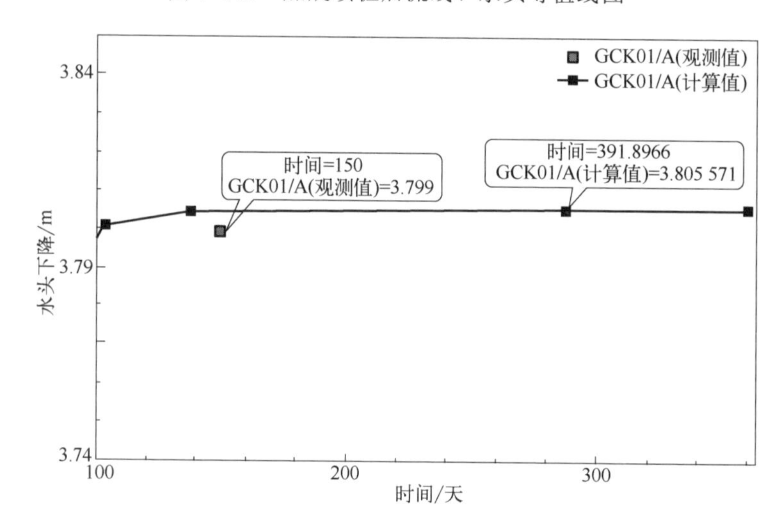

图 7-101　加旋喷桩后 W6 地下水位

不同工况下秦堤渗漏量见表 7-28。加旋喷桩后，有效减少了流入的渗漏量约 73.9%，防渗墙起到了明显的防渗阻水作用。如表 7-29 所列，W6 计算水位和观测水位误差在 0.29%～0.83%，表明模拟结果是可靠的。

表 7-28　不同工况下秦堤的渗漏量

项目	天然状态	加旋喷桩后
进水量/（m^3/天）	17.68	4.62
出水量/（m^3/天）	18.80	5.51

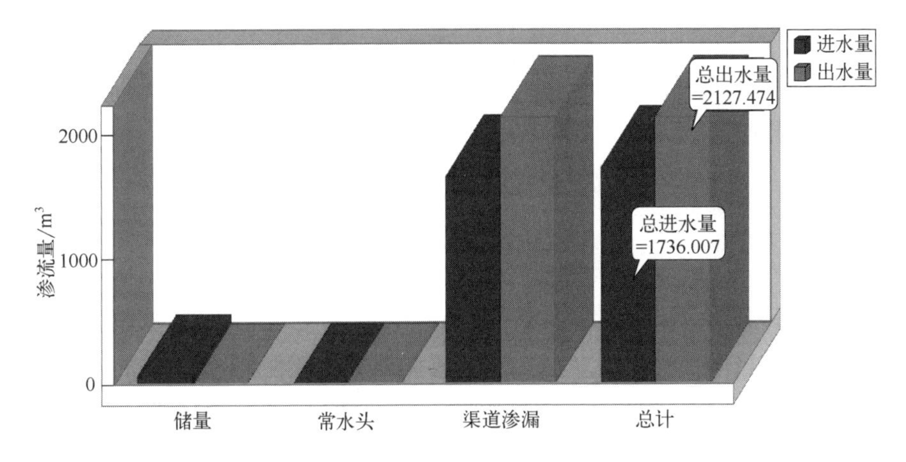

图 7-102　加旋喷桩后进出水流量

表 7-29　W6 计算平均值与观测平均值

项目	天然状态	加旋喷桩后
W6 计算平均值/m	2.402	3.810
W6 观测平均值/m	2.422	3.799
误差/%	0.83	0.29

7. P7 剖面

P7 剖面处设置了一排旋喷桩，旋喷桩距离灵渠岸边 2.64m，旋喷桩孔的间距为 0.5m。采用边界条件下的 wall 模块模拟桩，厚度设为 0.6m，深度为地面以下 10m。其数值模拟的分析结果如图 7-103～图 7-105 所示。可以看出，因防渗墙的阻水作用，桩周围的水头线明显变密，间距变小，水头损失主要发生在防渗墙中，地下水位明显降低，基本与湘江水位相平，防渗墙阻断了部分渗

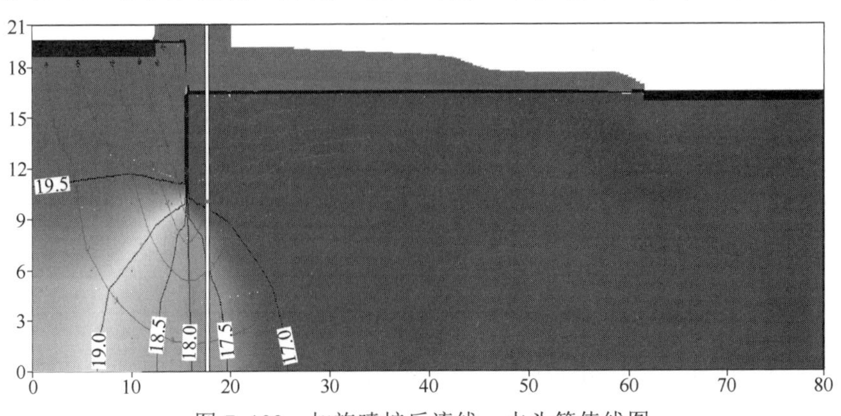

图 7-103　加旋喷桩后流线、水头等值线图

漏通道，使渗漏路径改变。

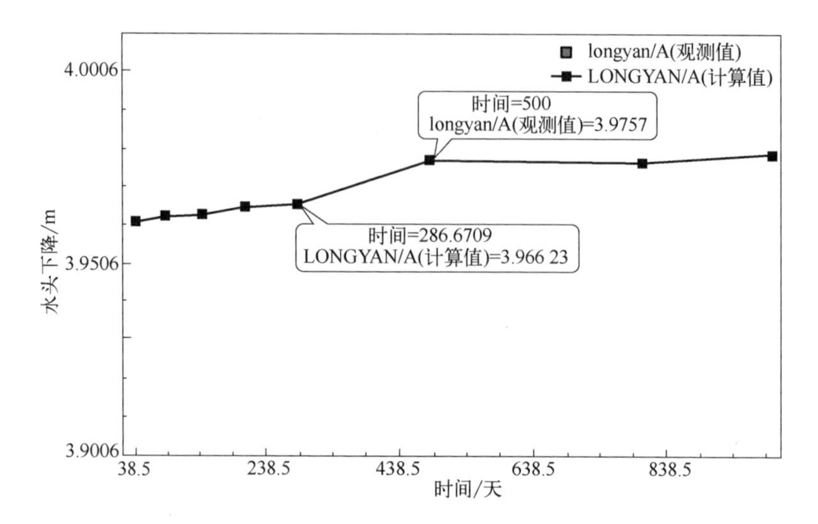

图 7-104　加旋喷桩后 W7 地下水位

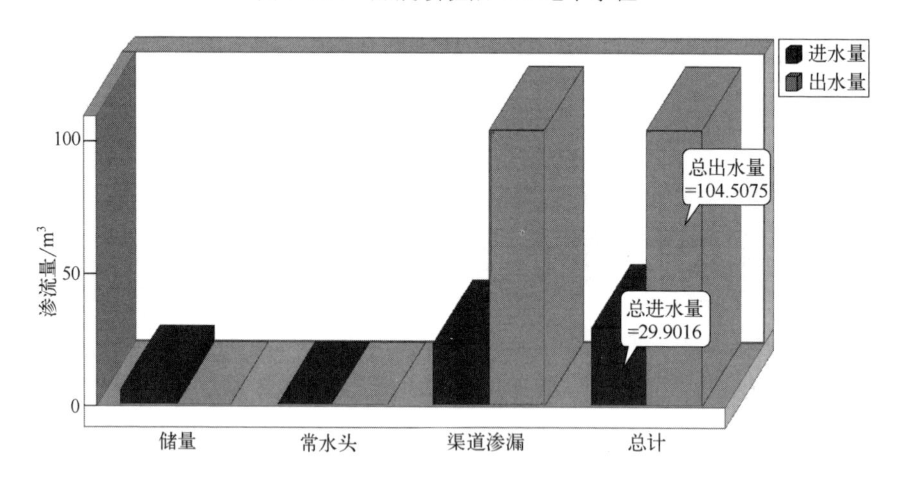

图 7-105　加旋喷桩后进出水流量

不同工况下秦堤渗漏量见表 7-30。加旋喷桩后，有效减少了流入的渗漏量约 99.1%，防渗墙起到了明显的防渗阻水作用。如表 7-31 所列，W7 计算水位和观测水位误差在 0.24%～0.57%，表明模拟结果是可靠的。

表 7-30　不同工况下秦堤的渗漏量

项目	天然状态	加旋喷桩后
进水量/（m^3/天）	3.47	0.03
出水量/（m^3/天）	3.81	0.11

表 7-31　W7 计算平均值与观测平均值

项目	天然状态	加旋喷桩后
W7 计算平均值/m	1.740	3.966
W7 观测平均值/m	1.750	3.976
误差/%	0.57	0.24

8. P8 剖面

P8 剖面处设置了一排旋喷桩，旋喷桩距离灵渠岸边 3.4m，旋喷桩孔的间距为 0.5m。在 Visual Modflow 中，采用边界条件下的 wall 模块模拟桩，厚度设为 0.6m，深度为地面以下 10m。其数值模拟的分析结果如图 7-106～图 7-108 所示。可以看出，因防渗墙的阻水作用，桩周围的水头线明显变密，间距变小，水头损失主要发生在防渗墙中，地下水位明显降低，基本与湘江水位相平，防渗墙阻断了部分渗漏通道，使渗漏路径改变。

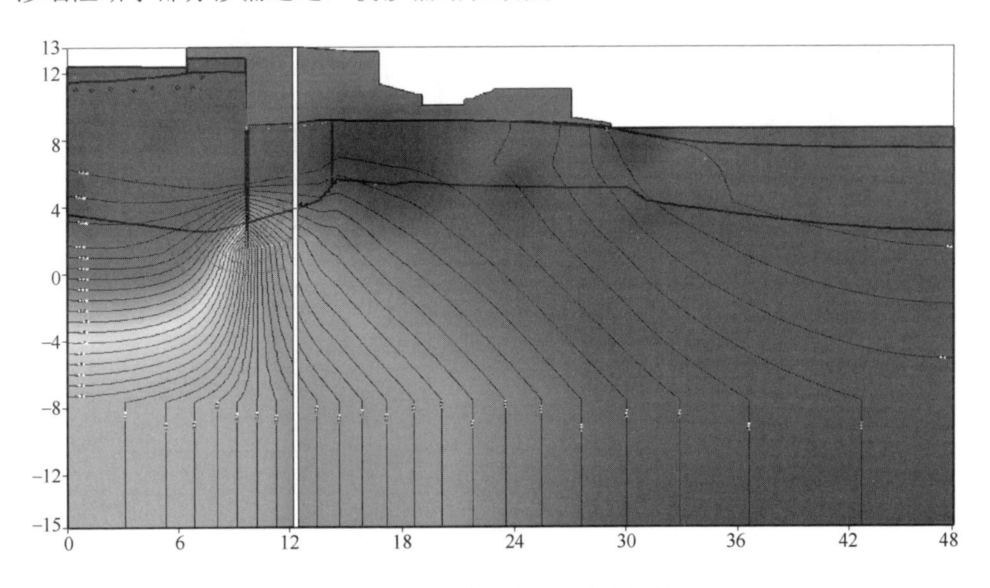

图 7-106　加旋喷桩后流线、水头等值线图

不同工况下秦堤渗漏量见表 7-32。加旋喷桩后，有效减少了流入的渗漏量约 97%，防渗墙起到了明显的防渗阻水作用。如表 7-33 所列，W8 计算水位和观测水位误差在 0.4%～1%，表明模拟结果是可靠的。

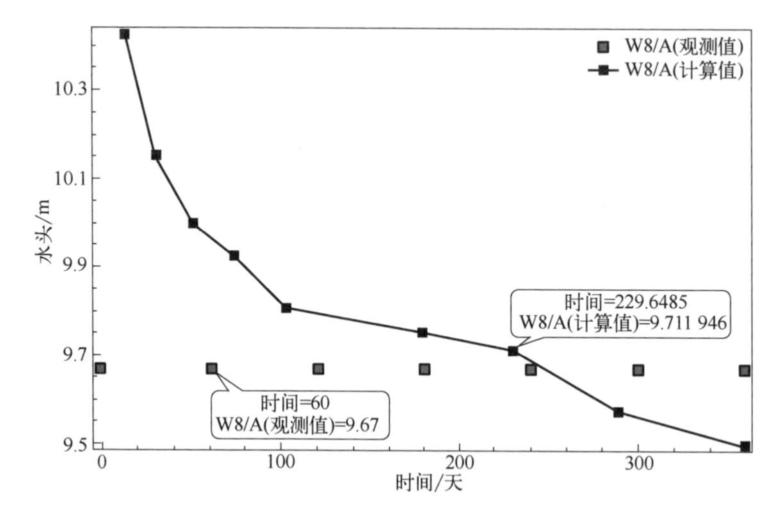

图 7-107　加旋喷桩后 W8 地下水位

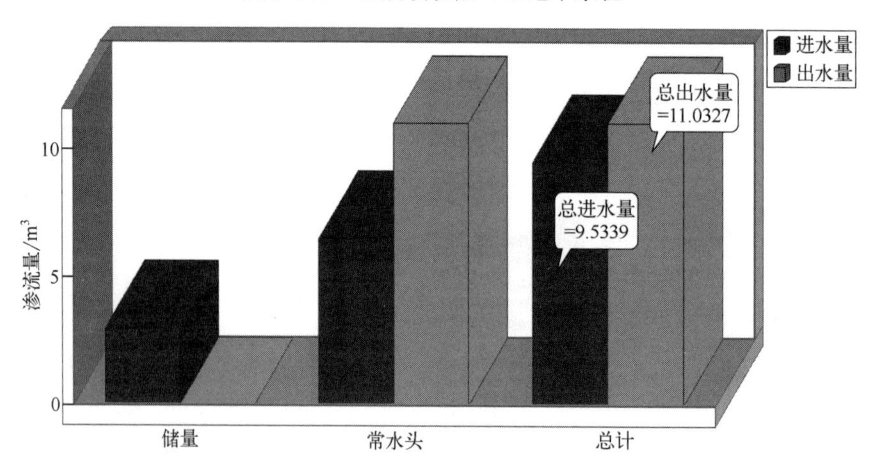

图 7-108　加旋喷桩后进出水流量

表 7-32　不同工况下秦堤的渗漏量

项目	天然状态	加旋喷桩后
进水量/（m^3/天）	0.950	0.026
出水量/（m^3/天）	0.985	0.031

表 7-33　W8 计算平均值与观测平均值

项目	天然状态	加旋喷桩后
W8 计算平均值/m	1.870	3.839
W8 观测平均值/m	1.862	3.880
误差/%	0.4	1.0

7.4　三维数值模拟

前文利用 Modflow 软件建立了部分秦堤的三维数值模型，对比分析防渗工程施工前后地下水渗流场各要素的变化情况，以评价防治效果。如图 7-109 所示为添加旋喷桩防渗墙后的三维模型，灰色区域代表防渗墙，黑色区域为灵渠和湘江，白色区域为秦堤。根据观测孔监测的实际地下水位值，经过反演分析，桩的渗透系数为 2.5×10^{-7}cm/s，其他土层渗透系数同前文一致。将模型不同单元分别赋予相应的水文地质参数，进行模拟计算。

图 7-110～图 7-112 所示为三个典型剖面地下水渗流场空间分布图，可以看出：因防渗墙渗透性很小，具有良好的阻水作用，桩周围的等水头线明显变密，间距变小，水头损失主要发生在防渗墙上；地下水流线在桩端发生绕流，从而使渗漏路径延长，渗透坡降减小；在桩后，水流主要沿着砂卵石层与灰岩层接触面流动，流线箭头间隔变小，表明流速减缓，水力坡度变小，地下水浸润曲线下降，并由原来的平滑曲线变为折线；在防渗墙后，地下水位下降，浸润曲线坡度变缓，基本与湘江水位相平。图 7-112 中 P3 流线绕过桩端，沿着防渗墙与凸起的基岩缝隙进入上覆黏土层与砂卵石层接触面，绕过凸起的基岩顶部后又沿着砂卵石层与底部基岩层接触面流动。防渗墙阻断了部分渗漏通道，使渗漏路径改变，明显地降低了地下水位。

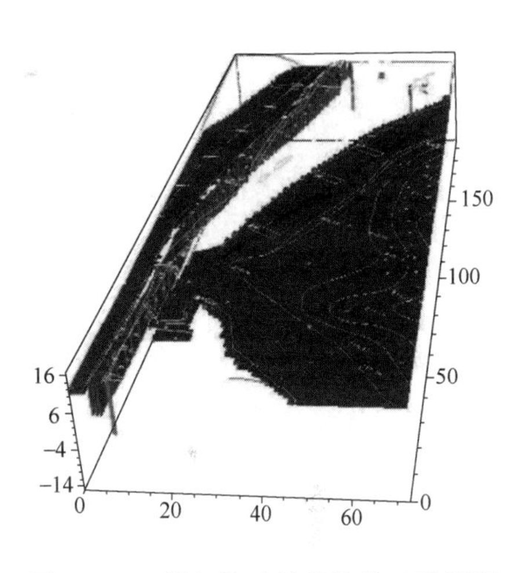

图 7-109　增加旋喷桩的防渗三维模型

从渗流场等水头线分布范围可以看出：W1 未防渗时等水头值为 12.2～12.5m，防渗后等水头值为 10.5～11.0m；W2 未防渗时等水头值为 11.4～12.0m，防渗后等水头值为 10～10.5m；W3-1 未防渗时等水头值为 11.5～12.0m，防渗后等水头值为 11.2～11.6m；W3-2 未防渗时等水头值为 10.3～10.6m，防渗后等水头值为 10.2～10.5m。

表 7-34 为观测孔水位和湘江水位统计表，经过分析得知，P1、P2 剖面在防渗后水位下降 1m 多，最终地下水位线基本与湘江水位相平，表明防

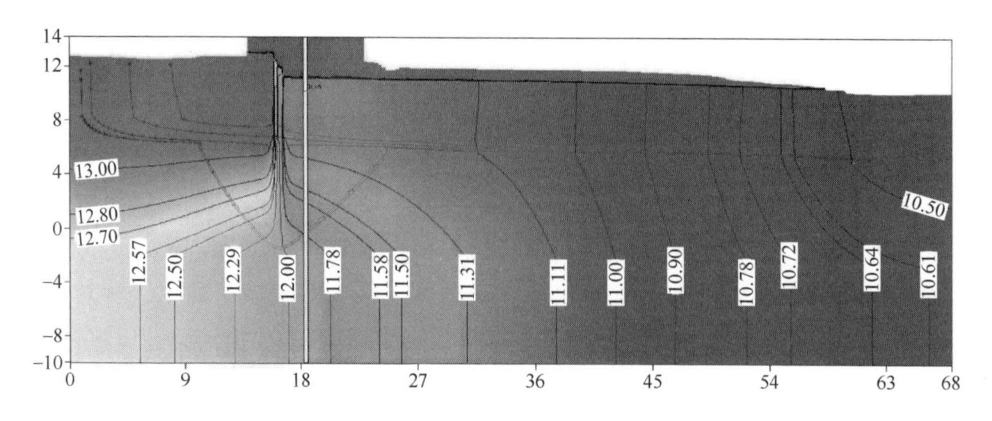

图 7-110　P1 剖面地下水渗流场分布图

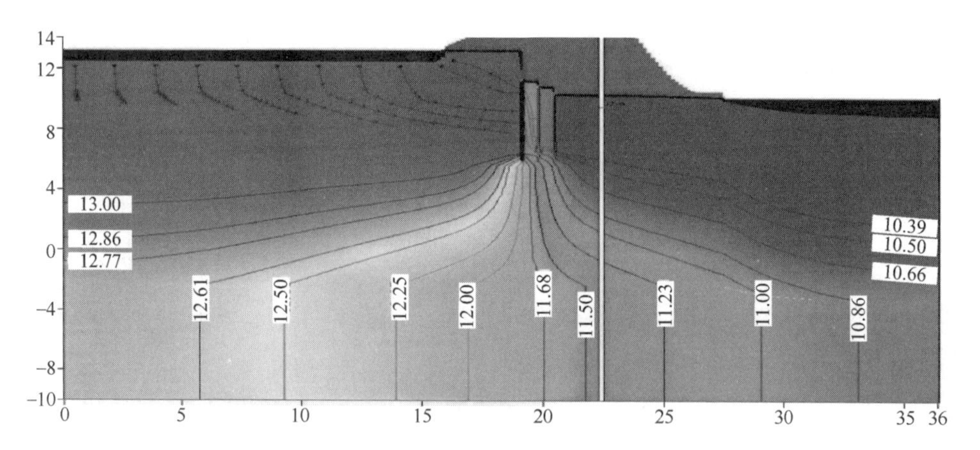

图 7-111　P2 剖面地下水渗流场分布图

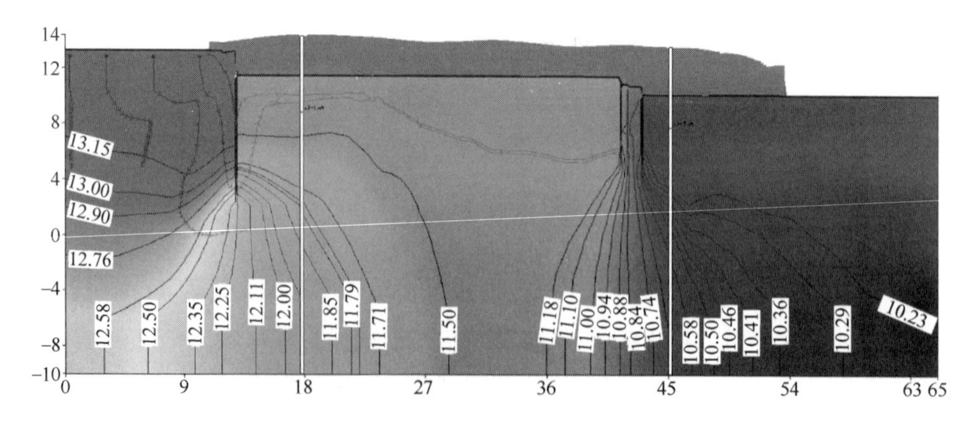

图 7-112　P3 剖面地下水渗流场分布图

渗措施取得了较好的效果。P3 剖面处水位下降很少，主要是由于此处基岩起伏较大，底部灰岩凸入上覆砂卵石层中，阻隔了地下水渗流路线，迫使水流绕过凸起的基岩顶部进入黏土层，地下水位在W3-2处较低。另外，P3处地形比较复杂，并且存在土质疏松层、裂隙、小的溶洞和土洞，漏浆比较严重，而且剖面Ⅲ上没有明显的渗水点，未防治前W3-2地下水位与湘江水位相差就不大，所以注浆后没有明显地降低地下水位，但由流速分布图可知P3处地下水流速明显减小。P3剖面主要病害是附近地面塌陷严重，通过高压旋喷注浆，封堵地层中的裂隙、溶洞、土洞，取得了良好的效果。对观测孔防渗施工前后的误差进行分析，见表7-35，误差绝对值范围为2～8cm，相对较小，误差在合理范围内，表明了地下水渗流模拟的准确性和可靠性。

表7-34 水位统计表

位置	W1		W2		W3-1		W3-2	
取值	观测值	计算值	观测值	计算值	观测值	计算值	观测值	计算值
未防渗/m	212.29	212.23	211.32	211.36	211.83	211.81	210.65	210.73
已防渗/m	210.70	210.63	210.25	210.20	211.40	211.32	210.52	210.48
水位降深/m	1.59	1.60	1.07	1.16	0.43	0.49	0.13	0.25
湘江水位/m	210.48		210.13		210.40		210.40	

表7-35 观测值与计算值误差绝对值 单位：cm

位置	W1	W2	W3-1	W3-2
未防渗	6	4	2	8
已防渗	7	5	8	4

7.5 渗水治理工程对渗透变形的影响

通过实测和数值模拟计算，渗水治理工程施工后，各剖面实际水力坡度与允许水力坡度的对比见表7-36。

表7-36 治理前后各剖面实际水力坡度与允许水力坡度对比

剖面	土层	实际水力坡度$J_{实}$		允许水力坡度$J_{允}$	$J_{允}$经验值
		治理前	治理后		
P1	粉质黏土	0.1701	—	0.157	0.13
	砂卵石层	0.1120	0.0667	—	0.10

续表

剖面	土层	实际水力坡度 $J_{实}$		允许水力坡度 $J_{允}$	$J_{允}$经验值
		治理前	治理后		
P2	粉质黏土	0.3578	—	0.157	0.13
	砂卵石层	0.1530	0.0220	—	0.10
P3	含砾黏土	0.0301	0.0020	0.040	0.10
P4	粉质黏土	0.3030	0.1190	0.157	0.13
P5	粉质黏土	0.1695	0.0632	0.157	0.13
P6	砂卵石层	0.1937	0.0207	—	0.10
P7	粉质黏土	0.1300	—	0.157	0.13
	砂卵石层	0.0340	0.0127	—	0.10
P8	砂卵石层	0.1045	0.0632	—	0.10

由表 7-36 可以看出，防渗施工后，水力坡度明显降低，远远低于允许水力坡度，渗透变形发生的可能性大大降低，基本上排除了发生渗透变形的可能性，进而防止秦堤地面塌陷、沉陷，很好地达到了防治施工的目的。

7.6 灵渠渗水治理工程总结

1）灵渠场地构造上位于兴安复向斜核部，地形上为兴安盆地，地貌上为河谷阶地，地壳属稳定区。灵渠场地地表水、地下水对混凝土结构及钢筋混凝土结构中的钢筋具有微腐蚀性。

2）场地以冲洪积层连续分布为主，下伏基岩面起伏较小，区内无明显地下暗河，岩溶局部发育，易于砂土液化的粉土、粉砂零星分布，但是秦堤存在渗水严重、护岸淘蚀变形、路面沉陷、大小天平坝砌体冲蚀磨损等病害现象。

3）堤面下沉塌陷、护岸墙变形破坏、渗水是秦堤面临的主要病害，尤以渗水最严重，影响秦堤的安全。渗水表现为涌泉或潜蚀渗透等形式，堤内土体以管涌或流土等形式发生渗透变形，造成堤面下沉、护岸墙变形。

4）秦堤所处的岩土体性质是渗水的基础，灵渠与湘江较大的水位差是秦堤渗水的水动力源泉和主要控制因素。湘江故道的直接顶冲、秦堤护岸墙本身功能的衰退及植物的根劈作用加剧了秦堤渗水。

5）根据地下水的赋存条件和含水介质特征，将秦堤段地下水划分为孔隙水和岩溶裂隙水两类。孔隙水主要分布在第四系冲洪积层河谷一级阶地中，水量较丰富，渗透性好，水位埋深较浅，与秦堤场地西侧灵渠及东侧湘江有密切的水力联系；岩溶裂隙水主要分布于下伏石炭系灰岩裂隙、基岩风化带网状裂隙、沿裂隙形成的溶隙和小溶洞中，为岩溶、裂隙含水带，埋藏较深，受基岩面控制。

6）针对灵渠秦堤段渗水成因及渗水破坏情况的复杂性和不确定性，通过工程地质钻探、现场试验、现场踏勘调查、工程物探（面波、地质雷达、高密度电法）等勘察手段的综合运用，对秦堤段渗水的成因、分布、渗流方式、渗流量和渗水产生的护面墙的破坏类型、分布、成因及渗流产生的堤内空洞和路面塌陷变形的成因、破坏分布情况均进行了比较全面的分析。

7）利用 Visual Modflow 地下水数值模拟软件开展秦堤二维、三维数值模拟分析，可以看出表层黏土层渗透性小，地下水流动缓慢，形成近水平流动；砂卵石层渗透性大，地下水流动快，径流通畅，形成绕堤基的渗流路径。在两种渗透性不同的岩土层接触面处，流线发生明显偏转，流速改变，地下水主要沿着砂卵石层水平流动。

8）利用 PFC 3D 颗粒流离散元软件从细观模拟渗透变形的过程和现象，发现颗粒流失过程中其速率基本保持稳定，反映出水流的流速较稳定，符合达西定律。随着时间的增长，细颗粒运动状态发生了巨大变化，细颗粒不断流失，将产生类似管涌的破坏现象；随着水压力的增加，当浮力足以抵消颗粒重力作用时，骨架颗粒流失，将产生类似流土的破坏现象。

9）通过单因素分析和多因素的正交分析，发现在堤基渗透变形的敏感性方面，水位差影响最大，其次是堤宽，最后是双层堤基的上层覆盖层厚度及透水层厚度。覆盖层厚度增加，下游坡脚处水力坡度降低，渗透变形的可能性减小；堤宽增加，渗透变形发生的概率将逐步降低。

10）秦堤地面塌陷（沉陷）与渗水点、岩溶洞穴、堤宽及地层岩性有一定的相关性。渗水点密集的部位容易发生地面塌陷，地面塌陷的数量随堤宽的减小而增加，砂质黏土/砂卵石层结构易于发育地面塌陷，上薄下厚时更容易发育地面塌陷。

11）以已有的堤坝实例作为训练样本，通过支持向量机（SVM）理论，建立预测分析堤基发生管涌等渗透变形的模型，可准确预测灵渠秦堤具体区段发生渗透变形的可能性，具有一定的理论研究和实际意义。

12）模拟对比防渗施工前后地下水渗流各要素（流线、流速、等水头线、浸润曲线等）变化，以及监测到的秦堤堤身水位的变化，显示防渗工程取得理想的效果，防渗施工之后的实际水力坡度远小于渗透变形发生的允许水力坡度，不会再进一步引发渗透变形，从而有效避免了堤身塌陷的发生。

13）针对秦堤的渗水现状和渗透变形特征，根据建模研究分析和类似工程经验，采用高压旋喷桩形成防渗墙的防渗治理方案对其地下水渗流进行封堵。根据监测结果分析和现场钻孔情况适当调整高压旋喷桩防渗墙的排数、桩深等，可有效地保证旋喷桩完成后形成一整体防渗墙。在项目实施过程中做到理论和现场监测数据的有效结合，才能保证工程措施的有效性。

14）通过理论研究和监测结果分析可知，采用高压旋喷桩形成防渗墙的防渗措施可有效地对地下水进行封堵；高压注浆孔可对原地下水渗流通道孔洞进行有效地填充，防止上部岩土因自身重力或结构等原因产生局部塌陷。旋喷桩和高压注浆孔对秦堤渗水的整体治理效果较好，且对文物整体结构和外观没有影响，有利于文物的保护，符合文物的保护理念，在类似工程中可以借鉴使用。

参 考 文 献

［1］毛昶熙．渗流计算分析与控制［M］．北京：中国水利水电出版社，1990．

［2］刘杰．土的渗透稳定与渗流控制［M］．北京：水利电力出版社，1992．

［3］刘杰．土石坝渗流控制理论基础及工程经验教训［M］．北京：中国水利水电出版社，2006．

［4］苑莲菊，李振栓，武胜忠，等．工程渗流力学及应用［M］．北京：中国建材工业出版社，2001．

［5］J B SELLMEIJER，M A KOENDERS．A mathematical model for erosion under a dam［J］．Applied Mathematical Modeling，1991（15）：646-651．

［6］M A KOENDERS，J B SELLMEIJER．Mathematical model for piping［J］．Journal of Geotechnical Engineering（ASCE），1992，118（6）：943-946．

［7］WEIJERS J B A, SELLMEIJER J B．A new model to deal with the piping mechanism［C］. 1st International Conference on Geo-filters: Filters in Geotechnical and Hydraulic Engineering，the Netherlands，1993，349-557．

［8］OJHA C S P，SINGH V P，ADRIAN D D．Influence of porosity on piping models of levee failure ［J］. Journal of Geotechnical and Geoenvironmental Engineering，2001，127（12）：1071-1074．

［9］OJHA C S P，SINGH V P，ADRIAN D D．Determination of critical head in soil piping［J］．Journal of Hydraulic Engineering ASCE，2003，129（7）：511-518．

［10］THEVANAYAGAM S，NESARAJAH S，et al．Model for flow through saturated soils［J］. Journal of Geotechnical and Geoenvironmental Engineering，1998，124（1）：53-66．

［11］YIN JIANHUA．FE modeling of seepage in embankment soils with piping zone［J］．Chinese Journal of Rock Mechanics and Engineering，1998，17（6）：679-686．

［12］朱伟，山村和也．堤防地基渗透破坏机制及其治理［J］．水利水运科学研究，1999（4）：338-347．

[13] 张我华，余功栓，蔡袁强．堤与坝管涌发生的机理及人工智能预测与评定［J］．浙江大学学报（工学版），2004，38（7）：902-908．

[14] 朱伟，山村和也．雨水-洪水渗透时河堤的稳定性［J］．岩土工程学报，1999，21（4）：414-419．

[15] 吴世余．双层堤基的非稳定渗流［J］．水利学报，2002（8）：82-86．

[16] 张家发，朱国胜，曹敦履．堤基渗透变形扩展过程和悬挂式防渗墙控制作用的数值模拟研究［J］．长江科学院院报，2004，21（6）：47-50．

[17] 李守德，徐红娟，田军．均质土坝管涌发展过程的渗流场空间性状研究［J］．岩土力学，2005，26（12）：2001-2004．

[18] 李广信，葛锦宏，介玉新．有自由面渗流的无单元法［J］．清华大学学报（自然科学版），2002（11），1552-1555．

[19] 张刚，周健，姚志雄．堤坝管涌的室内试验与颗粒流细观模拟研究［J］．水文地质工程地质，2007（6）：83-86．

[20] BILDIK S，LAMAN M．Experimental investigation of soil-structure-pipe interaction［J］．KSCE Journal of Civil Engineering，2019，23（9）：3753-3763．

[21] DAIYAN N，KENNY S，PHILLIPS R，et al．Numerical investigation of oblique pipeline/soil interaction in sand［J］．Proceedings of the ASME International Pipeline Conference，2010（2）：157-164．

[22] 毛昶熙，段祥宝，蔡金傍，等．北江大堤典型堤段管涌试验研究与分析［J］．水利学报，2005，36（7）：818-824．

[23] 张家发，吴昌瑜，朱国胜．堤基渗透变形扩展过程及悬挂式防渗墙控制作用的试验模拟［J］．水利学报，2002（9）：108-112．

[24] 丁留谦，姚秋玲，孙东亚，等．三层堤基管涌砂槽模型试验研究［J］．水利水电技术，2007，38（2）：19-22．

[25] 李端有，陈鹏霄，王志旺．温度示踪法渗流监测技术在长江堤防渗流监测中的应用初探［J］．长江科学院院报，2000，17（增）：48-51．

[26] 朱伟，刘汉龙，高玉峰，等．河堤内非稳定渗流的实测与分析［J］．水利学报，2001（3）：92-97．

[27] 汪自力，张宝森，田治宗，等．黄河堤防漏洞形成与发展机理初探［J］．人民黄河，2002，24（1）：11-13．

[28] 房纯刚，葛怀光，鲁英，等．瞬变电磁法探测堤防隐患及渗漏［J］．大坝观测与土工

试验，2001，25（4）：30-32.
[29] 王传雷，董浩斌，刘占永. 物探技术在监测堤坝隐患上的应用[J]. 物探与化探，2001，25（4）：294-299.
[30] 郭玉松，谢向文，马爱玉，等. 从堤防隐患探测到堤防隐患监测的思考 [J]. 水利技术监督，2003，11（3）：34-37.
[31] 邹声杰，汤井田，朱自强，等. 堤防管涌渗漏实时监测技术研究与应用 [J]. 水利水电技术，2005，36（1）：77-79.
[32] 李广信，周晓杰. 堤基管涌发生发展过程的试验模拟 [J]. 水利水电科技进展，2005，25（6）：21-24.
[33] 张家发，吴昌瑜，朱国胜. 堤基渗透变形扩展过程及悬挂式防渗墙控制作用的试验模拟 [J]. 水利学报，2002（9）：108-112.
[34] 毛昶熙. 管涌与滤层的研究：管涌部分 [J]. 岩土力学，2005，26（2）：209-215.
[35] 钱玉林，严斌，胡唐伯. 渗透变形的防治及其工程应用 [J]. 土工基础，2001，15（3）：57-60.
[36] 李相然，赵春富，张绍河. 地下与基础工程防渗加固技术 [M]. 北京：中国建筑工业出版社，2005.